BIBLIOTHÈQUE DU « PROGRÈS AGRICOLE ET VITICOLE »

LES

VINS DE LUXE

MANUEL PRATIQUE

POUR LA PRÉPARATION

DES VINS DE LIQUEUR ET DES VINS MOUSSEUX

PAR

VICTOR SÉBASTIAN

CHIMISTE-ŒNOLOGUE, DÉLÉGUÉ DU MINISTÈRE DE L'AGRICULTURE,
EX-DIRECTEUR DE STATION ŒNOLOGIQUE

AVEC UNE PRÉFACE DE M. A. FERNBACH
DOCTEUR ÈS SCIENCES, CHEF DE LABORATOIRE A L'INSTITUT PASTEUR

AVEC 57 FIGURES DANS LE TEXTE

MONTPELLIER
CAMILLE COULET, LIBRAIRE-ÉDITEUR
Libraire de l'École nationale d'Agriculture
PARIS
MASSON et Cie, LIBRAIRES-ÉDITEURS
Boulevard Saint-Germain, 120

1897

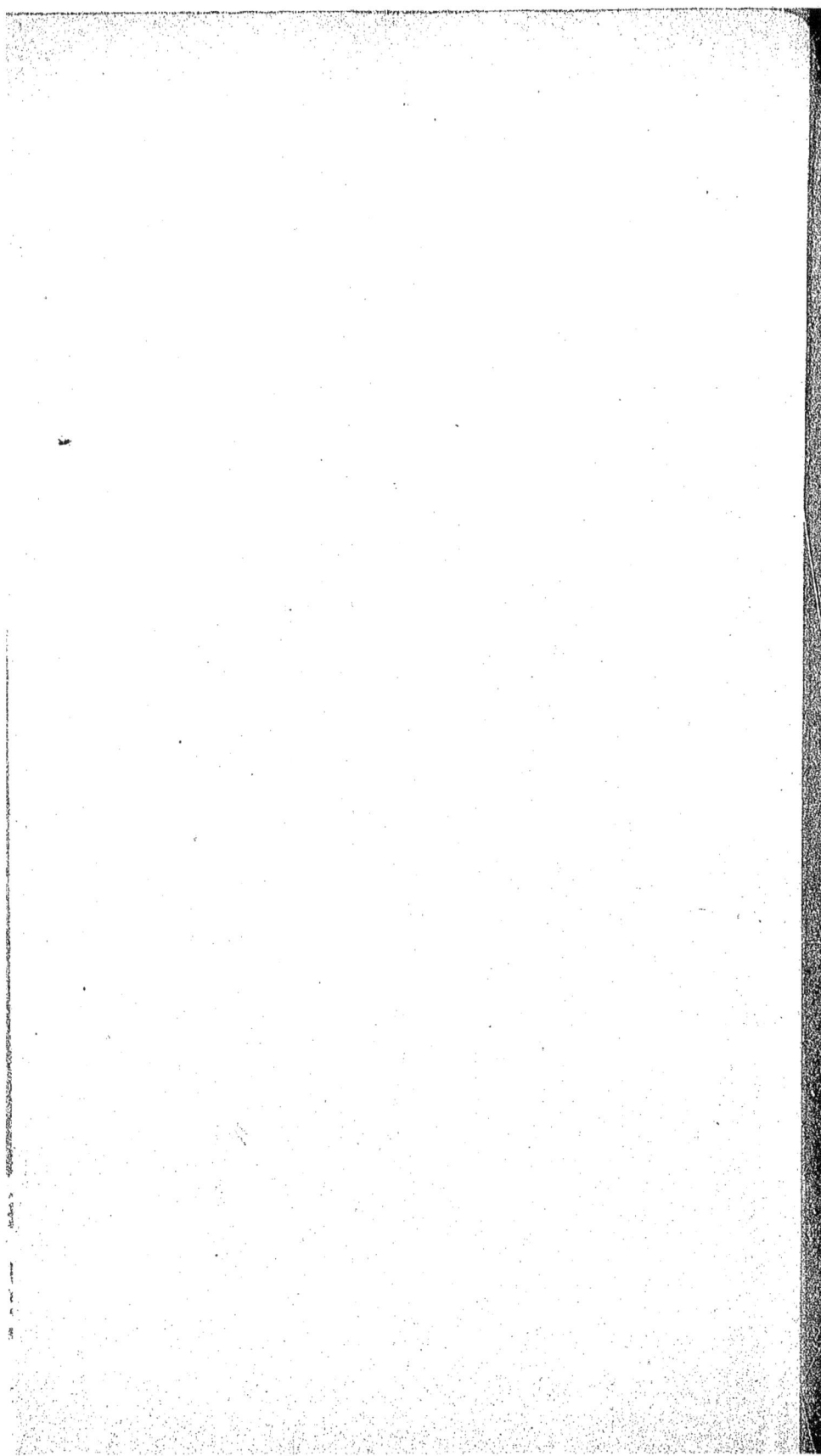

A M. E. TISSERAND

CONSEILLER D'ÉTAT

DIRECTEUR HONORAIRE DE L'AGRICULTURE

ET

ORGANISATEUR DE L'ENSEIGNEMENT AGRICOLE EN FRANCE

Hommage de l'auteur.

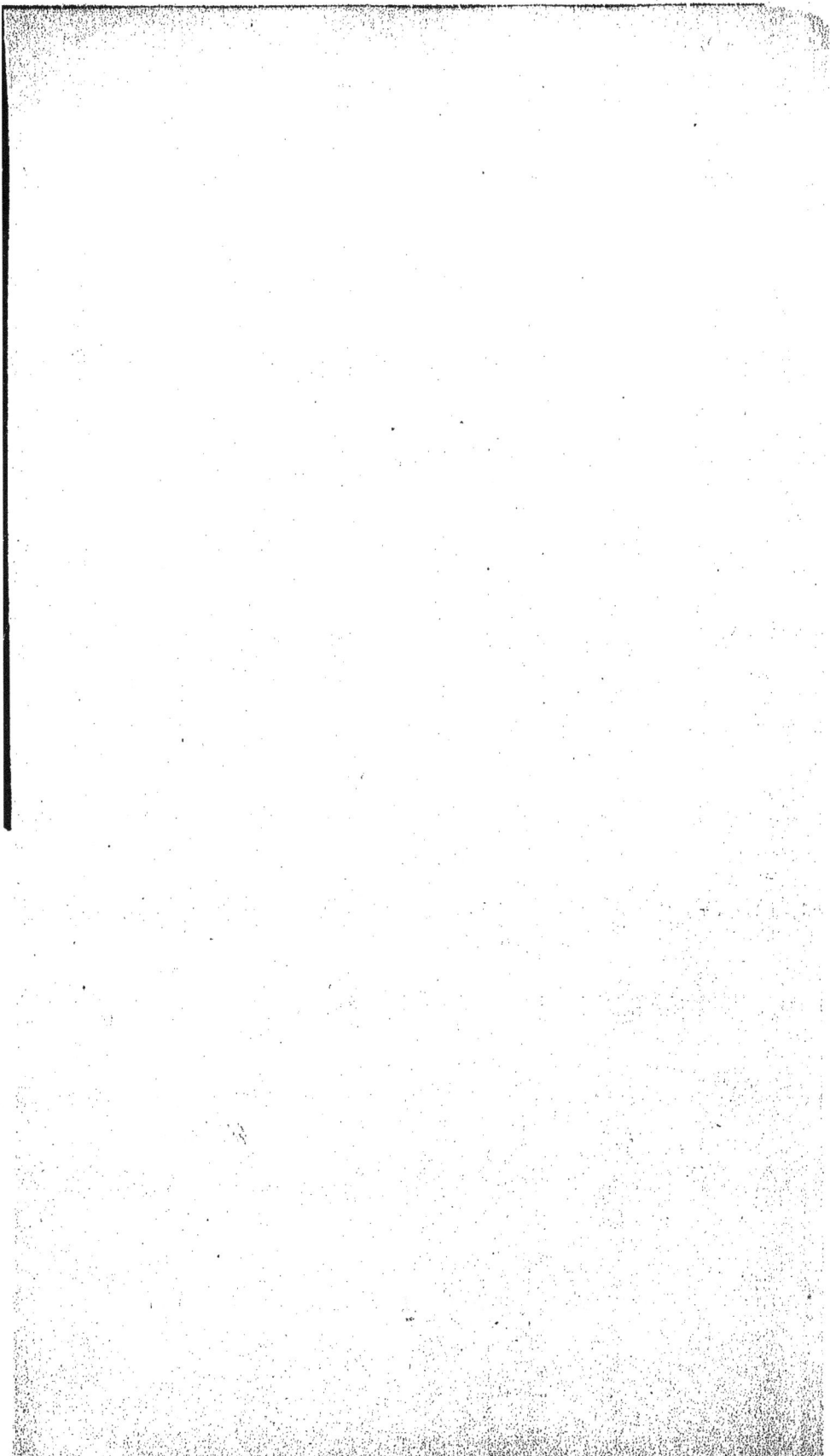

A MES LECTEURS

Je cède aux sollicitations de mes amis en publiant ce modeste Traité sur *les Vins de luxe*.

Les missions œnologiques accomplies en Italie et en Espagne, ainsi que de nombreuses excursions à travers les régions viticoles de France et d'Algérie, m'ayant permis de recueillir «de visu» quelques observations pratiques sur la préparation des divers types de vins que nous rangeons dans cette classe, cela justifie, sans doute, la bienveillante insistance de ceux qui m'ont mis la plume en main. Je m'estimerai largement récompensé de mes efforts si je ne suis pas resté trop au-dessous de leurs espérances.

Notre bibliographie œnologique est pauvre en documents se rapportant à ces vins spéciaux (à l'exception des vins mousseux, façon champagne) et j'ai pensé qu'il y aurait intérêt à fixer les bases plus ou moins empiriques sur lesquelles repose encore leur fabrication, car cela doit nécessairement contribuer à faciliter les recherches touchant leur amélioration.

Il m'a paru, en outre, que nos viticulteurs sauraient tirer profit de connaissances susceptibles d'augmenter la valeur de leurs produits et d'en faciliter l'écoulement.

On peut dire que chaque viticulteur, surtout dans les régions méridionales et tempérées, possède la matière première nécessaire pour préparer convenablement *un vin de luxe*. Celui qui ne peut entreprendre une élaboration considérable en vue de la vente au public a le moyen — au prix de soins faciles — d'égayer de temps en temps son dîner ou les fêtes de famille par le joyeux éclat d'une bouteille de vin pétillant.

Le convive est toujours heureux de couronner le repas par une rasade de vin généreux et de lever, en l'honneur de son hôte, un verre plein d'un nectar à reflets d'or, de topaze ou de rubis.

V. SÉBASTIAN.

AVANT-PROPOS

M. Victor Sébastian — chimiste-œnologue délégué du Ministère de l'Agriculture, ancien directeur de la Station œnologique Algérienne — nous donne aujourd'hui un *Traité des vins de luxe* qui sera favorablement accueilli par tous ceux que les questions vinicoles intéressent.

Mettant à profit ses nombreuses recherches personnelles et les observations recueillies pendant les missions œnologiques et viticoles qu'il a brillamment accomplies à l'étranger, l'auteur a su condenser et présenter avec clarté une masse de faits importants

Le traité de M. Sébastian comporte deux divisions principales. L'une est consacrée aux cépages, au raisin, au moût, au vin et à son vieillissement, aux soins de propreté, aux méthodes d'analyse, etc. ; l'autre s'occupe de la description des diverses manipulations pratiques que nécessite la fabrication des vins de luxe tels que :

Vins doux aromatiques et non aromatiques. — Vins de paille ou passerillés. — Vins alcooliques secs. — Vins liquoreux. — Vins forcés. — Vins

*mutés. — Vins cuits. — Vins mousseux secs et
doux. — Vermout. — Vins toniques, etc.*

On peut dire que chaque viticulteur possède la
matière première pour produire un vin de luxe au
prix de quelques soins faciles. Il lui suffira de prendre M. Sébastian pour guide.

Le convive est toujours heureux de vider, en
l'honneur de son hôte, une coupe pleine d'un vin
mousseux pétillant ou d'un nectar embaumé à reflets d'or.

Il n'est pas d'industrie de fermentation qui n'ait
retiré des travaux de Pasteur toute une série d'avantages incalculables, et le jour où les savants se sont
résolument lancés dans la voie féconde qu'il avait
inaugurée a marqué, pour nombre de ces industries, le début d'une ère de prospérité. Mais jusqu'à
ces dernières années, on peut dire que c'est presque uniquement la fabrication de la bière qui avait
bénéficié de ces grandes découvertes : la microbio-
logie avait inauguré toute une série de pratiques
introduites dans l'industrie aussi bien que dans la
médecine, sous les noms d'antisepsie et d'asepsie,
et les brasseurs les plus soucieux de leurs intérêts
n'avaient pas tardé à comprendre le bénéfice qu'il
y avait pour eux à utiliser ces pratiques dans leurs
usines. En même temps, ils apprenaient à mieux
connaître la levure, à savoir qu'il en existe un nombre considérable de races diverses et qu'au lieu
d'imposer un moût déterminé à l'une quelconque
d'entre elles, il faut, au contraire, choisir parmi ces

races celle qui se prête le mieux à la transformation de ce moût.

Il semble que la vinification soit restée bien loin en arrière dans la voie du progrès ; et, pour peu qu'on y réfléchisse, on arrive bien vite à se convaincre que la nature a accumulé toute une série d'obstacles qui, dans cette industrie, rendent la routine plus difficile à déloger qu'ailleurs. Tout d'abord les nombreux fléaux qui ont successivement fondu sur la vigne ont naturellement détourné un peu l'attention du viticulteur des questions de fermentation. Il a fallu, par des plantations nouvelles, réparer les désastres causés par le phylloxera ; il a fallu combattre les maladies cryptogamiques et nombre d'autres parasites ; et ce n'est que depuis quelques années qu'on est suffisamment armé pour pouvoir se permettre de tourner son attention d'un autre côté.

D'autre part, si nous envisageons la question de la fermentation du vin lui-même, il nous faut avouer que la nature de cette fermentation n'en exigeait pas l'étude approfondie d'une manière aussi impérieuse que la fermentation de la bière. Le raisin, en effet, apporte avec lui sa levure et, quoi qu'on fasse, le moût de raisin commence toujours par fermenter alcooliquement, tandis que le moût de bière devient rapidement la proie de ferments de maladie qui lui communiquent un goût détestable s'il n'est pas rapidement peuplé par la levure que le brasseur y ajoute.

La nature même du moût de bière et en particu-

lier sa faible acidité fait qu'il offre un terrain propice à une infinité d'êtres divers et que sa fermentation alcoolique doit être *artificielle*, tandis qu'elle
est *naturelle* pour le moût de raisin qui, à cause de
son acidité considérable, se laisse difficilement en-
vahir par des êtres autres que la levure.

La nature avait donc, on peut le dire, préparé le
vigneron à porter son attention ailleurs que sur ce
phénomène fatal et à se désintéresser tant soit peu
des progrès que réalisaient les autres industries de
fermentation. Il n'ignorait pas cependant que lorsque la fermentation principale dans la cuve de vendange est terminée, et que le vin, soutiré en foudres, continue à y subir une fermentation secondaire lente, et surtout pendant la période ultérieure
du vieillissement, l'agréable boisson peut devenir le
siège d'un processus maladif qui en altère notablement la saveur. C'est dans ses célèbres *Etudes sur le
vin* que Pasteur a le premier démontré que les maladies qui produisent les altérations de cette boisson
sont dues à des êtres microscopiques qui l'envahissent peu à peu. En découvrant la cause du mal, il
découvrit aussi dans l'application de la chaleur le
moyen d'y porter remède, et le nom même de *pasteurisation* qu'on a donné à l'opération qu'il préconisa
atteste les services immenses qu'elle a rendus.

Il semble que, jusqu'à ces dernières années, ce
soit là à peu près le seul bénéfice que la vinification
ait retiré des recherches de Pasteur. On pouvait
cependant encore trouver dans les *Etudes sur le
vin* toute une série d'indications fécondes sur le

rôle de l'oxygène et de la lumière dans le vieillissement des vins ; et il ne fallait pas non plus oublier que cette œuvre célèbre n'est qu'une pierre de l'immense édifice constitué par les travaux de ce grand génie.

Nombre de savants se sont, depuis peu, remis à l'étude systématique de la fermentation du vin et ont déjà, en s'inspirant des progrès réalisés dans d'autres branches de l'industrie des fermentations, accumulé des matériaux considérables dont la vinification peut et doit faire son profit.

Ce n'est pas seulement au début de la fermentation du vin que le ferment alcoolique doit rester maître du terrain ; il faut faire tous ses efforts pour que le moût devenu vin soit à l'abri de l'envahissement des ferments de maladie qui le guettent, et les mesures de désinfection, c'est-à-dire de propreté rigoureuse, au sens que nous savons aujourd'hui attribuer à ce terme, doivent être appliquées à tout le matériel vinaire, et devenir dans la fabrication du vin d'un emploi aussi général que dans celle de la bière.

Le brasseur et le distillateur savent par expérience que toute fermentation qui languit est compromise et que le moût dont elle est le siège est exposé à l'envahissement par les faux ferments. Cette observation s'applique avec non moins d'exactitude à la fermentation du vin, et le remède de l'aération qui s'est appliqué chez les uns peut aussi être employé chez les autres.

Enfin, les enseignements féconds qu'a fournis au

brasseur l'étude des levures de bière, le vigneron les retirera vraisemblablement aussi de l'étude des levures de vin, et c'est sans doute dans cette voie que la fabrication des vins de luxe rencontrera ses plus grands succès, en tenant compte, bien entendu, de l'influence du milieu physique et chimique.

Déjà on sait que la fermentation des vins de grand cru est produite par des levures spéciales qui, avec la nature du cépage, contribuent pour une large part au bouquet constituant l'un des éléments d'appréciation de ces vins; et on est arrivé, dans des expériences décisives, à améliorer considérablement, par l'emploi de levures convenablement choisies, la valeur de certaines vendanges.

On voit donc que, comme le montre fort bien l'auteur de cet ouvrage, si, pour quelques crus renommés, la nature du cépage et l'exposition du vignoble suffisent à constituer le vin de luxe, pour beaucoup d'autres, le vigneron a entre les mains des moyens qui lui permettent d'améliorer considérablement le produit de sa récolte et d'en augmenter ainsi la consommation.

Il est grand temps qu'il songe à utiliser les armes que la science a mises à sa disposition et c'est leur utilisation rationnelle que le présent ouvrage a le désir de lui faciliter.

Paris, 1er septembre 1896.

A. FERNBACH,
Docteur ès sciences,
Chef de Laboratoire à l'Institut Pasteur.

LES

VINS DE LUXE

Nunc te, Bacche, canam.....
(Virgile. — Géorgiques, liv. II.)

CHAPITRE PREMIER

Esquisse historique sur les boissons fermentées à travers le passé

La culture de la vigne et l'art de faire le vin se perdent dans la nuit des temps préhistoriques. La question d'origine est en toutes choses difficile à résoudre parce que les faits dérivent ordinairement d'une observation fortuite et existent durant des siècles avant d'avoir une histoire précise.

Les belles recherches de Saporta dans les couches lacustres de Sézanne (Marne), appartenant à l'éocène inférieur, ont démontré la présence sur notre sol, à ces époques lointaines, d'un *Cissus* et d'un *Vitis* (V. Sezannensis), qui vivaient à côté de végétaux dont les représen-

2

tants actuels habitent les régions chaudes. Nous citerons, entre autres, le genre *Cinnamomum*, Laurinée qui fournit aujourd'hui les vraies cannelles (Chine, Ceylan), et le genre *Sterculia*, duquel dérive le *Sterculia acuminata* du Soudan producteur des semences désignées sous le nom de *noix de kola*.

La tradition mythologique égyptienne attribuait la découverte de la vigne à Osiris le Dieu bienfaisant, comme la genèse l'attribuait à Noé, etc.... peu importe ! La poésie qui accompagne la religiosité chante les fictions et projette sur ces vieux âges des lueurs vacillantes incapables de nous éclairer.

Les monuments figurés de la civilisation égyptienne, parvenus jusqu'à nous, prouvent que la vigne était déjà soigneusement cultivée, huit ou dix mille ans environ avant notre ère, dans la haute et la moyenne Égypte. Voici quelques croquis fidèlement reproduits qui ne laissent subsister aucun doute à cet égard.

La *fig. 1* représente une vigne conduite en treille arrosée par un ouvrier; d'autres font la cueillette.

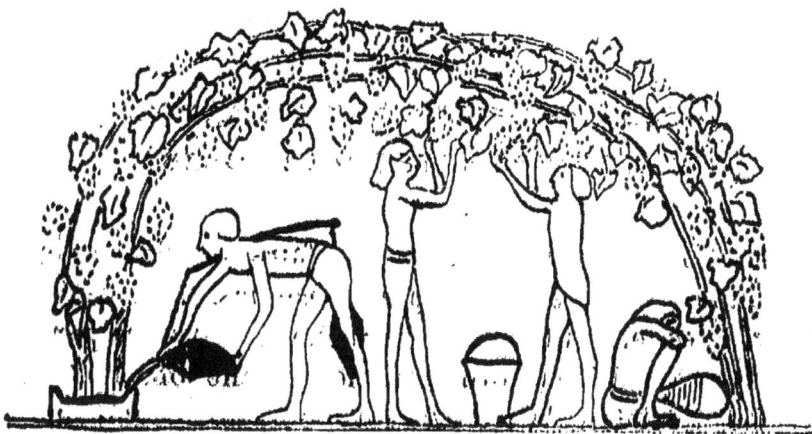

Fig. 1.

La *fig. 2* montre des vignerons piétinant la vendange; ils se tiennent à des cordelettes pendantes au-dessus de leurs têtes afin d'éviter les chutes par suite de glissades.

Le moût s'écoule dans des auges; un ouvrier le recueille et le verse dans des amphores.

Le siphon dont on se sert pour transvaser les liquides

Fig. 2.

est clairement indiqué sur une peinture de Thèbes (Apit ou Tapit de l'Égypte pharaonique).

Les hypogées de Beni-Hassan (1) qui datent de 43 siècles nous ont livré la figure d'un pressoir aussi bizarre que primitif (*fig. 3*). Le raisin, enfermé dans un sac, était pressé au moyen de deux longs bâtons fixés aux extrémités et tournés en sens inverse à main d'homme ; un vase recevait le moût.

Nous n'avons trouvé aucune indication précise sur la présence d'un pressoir proprement dit chez les Grecs. Leurs auteurs parlent de l'action de fouler (πατεῖν τὰς σταφυλάς), du lieu où l'on foule (σταφυλοβολεῖον). Cependant, les hellénistes traduisent ὁ ληνεών par lieu où est le pressoir, lieu où l'on presse la vendange. Nous ne croyons pas que cela soit exact. D'après eux, ἡ ληνός signifierait

---

(1) Tombeaux des princes héréditaires de *Meh*, dans l'heptanomide, entre Thèbes et Memphis.

bien «pressoir», mais comme nous voyons que les Grecs désignaient *le pétrin* par le même mot, il faut admettre que ἡ ληνός représentait une sorte d'appareil analogue au *trel* du Bas-Languedoc et à la *benaccia* du Piémont.

Fig. 3.

L'analogie est d'autant plus frappante qu'en certaines localités du Midi, le trel a pour synonyme *pastièro*, qui signifie pétrin.

On remarque dans une fresque de Pompéï la reproduction d'un pressoir à coins, non loin duquel un génie fait évaporer du moût sur une sorte de réchaud et lui imprime un mouvement giratoire avec une palette en bois…. etc. Ces exemples suffisent pour établir l'ancienneté de la vigne, de la préparation du vin et des instruments adaptés à cet usage.

Selon toute apparence, la vigne cultivée doit avoir eu l'Asie pour berceau. Elle était connue des Aryens, des Chaldéens, des Hébreux, des Egyptiens, des Phéniciens. Ces derniers, grands navigateurs et colonisateurs, contribuèrent puissamment à la diffuser dans tout le bassin méditerranéen.

Dès l'époque de la *pierre polie*, nos ancêtres consommaient des liqueurs fermentées. Le savant archéologue de Mortillet admet que l'accumulation considérable, en certains points, de graines de framboise (Rubus idæus) et de mûre (Rubus fructicosus) est l'indice de la fabrication de la boisson alcoolique la plus ancienne.

Pendant la deuxième partie de la période lacustre, à l'époque du bronze, les habitants des palaffites du Mincio fabriquaient une liqueur fermentée avec la nuculaire ou drupe du cornouiller mâle (Cornus mascula). Près de Peschiera, on trouve en si grande abondance les noyaux de ce fruit rouge, sucré, acidule et astringent, qu'il est impossible d'expliquer autrement leur présence. D'ailleurs, beaucoup de paysans italiens préparent encore du vin de cornouille.

L'origine de la *bière* est aussi fort ancienne ; son usage était répandu en Egypte, en Grèce, en Italie, en Germanie, en Gaule, etc. *Osiris* passait pour l'avoir inventée en faveur des peuples dont le pays ne se montrait point propice à la culture de la vigne. Les Gaulois buvaient de la bière d'orge appelée *cervoise* (cervisia) ; du *zythus,* bière de froment dans laquelle on ajoutait du miel, ou du *corma*, bière de froment sans miel. Souvent ils parfumaient leur boisson avec les semences du *cumin* (Cuminum cyminum).

L'*hydromel*, qu'on obtenait en laissant fermenter une solution de miel, était en grande faveur chez les peuples primitifs. Dans ces temps reculés, le miel tenait lieu de sucre.

Les Grecs et les Romains ont connu le *vin de poire et de pomme* ; les Hébreux l'appelaient «sichar» que Saint-Jérôme, auteur de la Vulgate, a traduit par «sicera», d'où nous avons fait *cidre*.

Chez les Anciens, l'agriculture était honorée et plus florissante qu'on ne le suppose généralement. Il suffit de lire les grands écrivains de l'antiquité pour s'en convaincre.

Parmi les Grecs, Hésiode, qui vivait *environ* un millier d'années avant notre ère, a écrit un poème sur l'agricullure. Nos modernes critiques trouvent que ce vénérable document de la pensée humaine est chargé de détails minutieux et d'images puériles, sans tenir compte des défauts inhérents à la première esquisse du poème géorgique. Au point de vue œnologique, retenons cette phrase du vieil auteur : «Quand tu auras cueilli tous les raisins, apporte-les dans ta demeure, espose-les au soleil dix jours et dix nuits. Conserve-les à l'ombre pendant cinq jours, et, le sixième, renferme dans les vases les présents du joyeux Bacchus».

Démocrite, Xénophon, Aristote, Théophraste, etc., fournissent aussi d'utiles renseignements sur les choses de l'agriculture.

L'histoire nous a pieusement transmis la mémoire des hommes illustres qu'on allait prendre à la charrue au moment des calamités publiques et qui, comme dit Pline, «du Capitole où ils étaient montés triomphants, retournaient dans leurs terres enorgueillies de se voir cultivées par leurs mains victorieuses».

L'agriculture, après l'art de vaincre, était l'art favori des Romains, et ils se vantaient de lui devoir leur grandeur.

Caton (234 à 145 avant notre ère), l'austère censeur, ne trouvait pas indigne de ses méditations l'étude des questions agricoles. Naturellement les leçons d'un tel esprit abondent en sentences ; il entremêle les récits sur les travaux des champs de rigoureux préceptes, mais cependant l'ensemble de son œuvre dégage une impression saine marquée au coin de l'expérience. C'est le premier auteur qui parle de l'emploi des mèches soufrées.

Virgile (70 à 19 ans avant notre ère) cultiva ses terres de Mantoue jusqu'à l'âge de vingt ans, et c'est assurément à cette circonstance qu'il doit son amour exquis des beautés de la nature, ses plus sublimes accents et la première place dans le poème géorgique.

Les Grecs séparaient avec soin les différents éléments du raisin;

Le moût, qui coule de lui-même avant que les grappes soient pressées, fournissait le vin le plus estimé appelé *protopon*. Le jus extrait par le pressoir donnait le *deuterion*.

Les Romains imitaient ces coutumes. Un de leurs auteurs, Baccius, s'exprime en ces termes : « *Qui primus liquor, non calcatis uvis defluit, vinum efficit virginum, non inquinatum fœcibus; lacrymam vocant Itali; cito potui idoneum et valde utile.* »

Ce que nous traduirons par : « Cette première liqueur qui coule avant qu'on ait pressé les grappes, produit le vin vierge, non souillé de marcs; les Italiens l'appellent *lacryma* (larme, goutte); et il peut être bu de suite; son utilité est grande. »

Les vins grecs jouissaient autrefois d'une haute réputation. *Horace*, fin gourmet, cite souvent avec éloges le vin de Lesbos, île de la mer Égée. Le Maréotique dont il fait mention en parlant de Cléopâtre (*mentemque lymphatam Mareotico redegit in veros timores*) était un vin blanc d'Egypte récolté près du lac Maréotis.

Le célèbre poète comique d'Athènes, *Aristophane*, qui vivait 500 ans environ avant Horace, compare le vin de Thasos à l'ambroisie (*amrita des Védas*) et au nectar, boissons mythiques des Dieux.

Les vins grecs les plus renommés se récoltaient à *Naxos, Chio, Lesbos, Clazomène, Chypre, Sicyone, Thasos*. Ces vins alcooliques et surtout sirupeux atteignaient un si grand prix que les riches Romains, jusqu'au temps de Lucullus, n'en buvaient qu'une coupe à la fin des plus somptueux repas pour faire des libations en l'honneur des Dieux.

Les vins d'Asie, du Mont-Liban, de Tyr, de Calébon, etc, étaient aussi très prisés.

Les Grecs affectionnaient particulièrement les vins moelleux, doux et parfumés — à tel point qu'un de leurs poètes, Athénée, attribue au nectar divin « neuf fois plus de qualités qu'au miel. » — Sans doute, les influences traditionnelles dont ils avaient hérité — surtout celles d'Egypte — pouvaient leur avoir transmis quelques enseignements œnologiques ; mais, quoi qu'il en soit, ils apparaissent à l'horizon de l'histoire comme nos premiers maîtres dans l'art de préparer les vins de liqueur, vins sirupeux, vins aromatisés, etc.

Ils savaient cueillir la vendange très mûre, et, après l'avoir purgée avec soin des grains avariés, l'exposer au soleil pendant une dizaine de jours ; ils la conservaient ensuite quelque temps à l'ombre et ne la foulaient que parfaitement refroidie.

L'usage des tonneaux étant alors inconnu, le moût fermentait dans des outres en peau ou dans des amphores (*dolium*) dont les énormes *tinajas* de la Manche Espagnole sont de nos jours les représentants.

Souvent aussi, ils tordaient simplement le pédoncule du raisin et le laissaient atteindre, sur le cep même, le degré de maturité voulu.

Par l'évaporation d'une certaine quantité de moût, ils obtenaient une sorte de sirop sucré à l'aide duquel ils pouvaient rendre leurs vins plus savoureux.

Ils édulcoraient et aromatisaient fréquemment les vins avec du miel, des fleurs de sureau, de l'absinthe, des oranges, des roses et des Labiées telles que le thym, l'origan, le serpolet.

. L'*Hypocras*, le vinum hypocraticum des Latins, était un vin blanc additionné d'une infusion de cannelle, d'amandes douces, d'ambre gris, et édulcoré avec du miel. On sait que l'ambre gris exhale une odeur assez analogue à celle du musc.

Parfois, ils pratiquaient le mutage par refroidissement. C'est en plongeant les vases vinaires dans l'eau fraîche des sources qu'ils parvenaient à suspendre la fermentation et à conserver jusqu'à l'hiver les vins doux et sirupeux.

Homère dit que les vins de Zacinthe et de Leucade, comme d'ailleurs les grands crus de Samos, Chio, etc., étaient additionnés de plâtre au moment du pressurage. Cette coutume fut observée chez les Carthaginois. Pline rapporte qu'ils adoucissaient les vins acerbes soit par ce moyen (*africa gypso mitigabat asperitatem*), soit avec des cendres de lies ou de sarments.

Les Romains pratiquèrent aussi le plâtrage à la cuve, qui s'est perpétué jusqu'à nos jours sur tout le littoral de la Méditerranée. On en use couramment, à l'heure actuelle, dans toute l'Espagne, en Portugal, en Italie, dans les îles de l'Archipel. Il était très apprécié dans le Midi de la France, car il activait la fermentation, hâtait notablement le dépouillement du vin et contribuait ainsi à éliminer une foule de causes de maladies; en outre, il facilitait la dissolution et la fixation des matières colorantes avivées par une augmentation d'acidité définitive. On lui a reproché de provoquer la formation d'un excès de bisulfate de potasse, sel prétendu dangereux pour l'organisme humain, et, sur l'avis motivé du conseil d'hygiène, malgré une expérience plusieurs fois séculaire, malgré les réclamations véhémentes du commerce et des vignerons méridionaux, la loi du 27 janvier 1880, mise en vigueur le 1er avril 1891, est venue interdire — sous peine de poursuites à titre de falsification — la vente, à la consommation, de vins contenant une quantité de sulfate de potasse supérieure à 2 grammes par litre.

Les idées œnologiques évoluent comme tout le reste, et nous classons aujourd'hui parmi les sophistications des pratiques que les Anciens considéraient comme une réelle amélioration. Le plâtrage, le salage, la coloration artificielle, etc., sont dans ce cas. Cependant, il est bon d'ajouter qu'ils allèrent un peu trop loin dans cette voie (parfois les acides du moût étaient saturés avec de la litharge; il se formait de l'acétate de plomb!), puisque le frelatage des boissons menaça un moment la santé publique et nécessita, à Athènes, la création d'un contrôleur général. Nos directeurs de laboratoires municipaux ont là un respectable précurseur! On disait alors «artificieux comme *Canthare* », car si nous en croyons les récits des contemporains, l'eau se changeait en vin entre les mains de ce cabaretier peu scrupuleux. Nous sera-t-il permis d'ajouter que nombreux sont les marchands de vins qui, sans avoir appris le grec, possèdent sur le bout du doigt les secrets de Canthare?

Les Romains, moins raffinés que les Hellènes, se contentaient généralement de fouler le raisin dès qu'il était coupé et de filtrer le moût à travers une toile grossière. Ils le recueillaient dans des amphores qu'ils bouchaient ensuite avec de la poix, comme nous l'apprend Horace.

Leurs vins les plus estimés venaient de la Campanie. Au premier rang brillait le *Massique*, cru estimé de *Falerne* (1) — *Nec cellis ideo contende Falernis*, a dit Virgile. —On est surpris que ce dernier n'ait point parlé du *Cécube* tant vanté par Horace. Sans doute, parce que le proverbe des scolastiques du moyen âge était déjà aussi judicieux qu'il l'est aujourd'hui, qu'il le sera demain : « Des goûts et des couleurs il ne faut pas disputer. »

Quoique plus récente, l'introduction de la vigne cultivée dans les Gaules n'a pas une origine plus nettement certaine. On peut admettre tout au moins que les Phocéens (Grecs d'Ionie) en fondant Marseille (Massilia) vers l'an 600 avant notre ère, y apportèrent plusieurs cépages de leur patrie. Plus tard, la conquête de la Gaule par Jules César et l'arrivée des colonies romaines dut contribuer à répandre la culture de la vigne.

Pline l'Ancien, qui écrivait vers l'an 50, parle de plusieurs vins de la Gaule. Il rapporte que les vins de Vienne avaient un arrière-goût de poix et que ceux de Marseille

---

(1) Les principaux crus de Falerne portaient le nom de *Massique*, *Gaurum*, *Privernum*, *Faust n :* ce dernier surtout était fameux. Après le V⁰ siècle, il ne restait plus de traces des antiques vignobles de Falerne. On conjecture que le village de Rocca Mandragone, au nord de la Campanie, est bâti sur les ruines de Falerne.

étaient trop gras (pinguis). Les vins de Béziers (Bitterea) sont assez favorablement appréciés, mais tous les autres crus de la province sont qualifiés de drogues et de poisons (*Aloen mercantur qua saporem coloremque adulterant*).

Sous Domitien, vers l'an 90 de notre ère, la vigne occupait des surfaces très étendues, puisqu'on crut devoir lui attribuer le déficit considérable qui frappa alors la récolte des céréales. Soit par ignorance, soit par faiblesse, comme le dit Montesquieu, l'empereur ordonna d'arracher les vignes cultivées dans les Gaules. Ce fut le sage Probus qui, deux siècles après, rendit aux Gaulois la liberté de replanter la vigne. « *Gallis omnibus.... permisit ut vites haberent vinumque conficerent.* » (Vopiscus),

Le poète Ausone célébrait, au IVᵉ siècle, (*sic mea flaventem pingunt vineta Garumnam*) les vignobles des bords de la Moselle, près Metz, et les vins de Bordeaux. Nous nous trouvons déjà en présence d'une production vinicole importante.

Saint-Rémi, archevêque de Reims, qui baptisa Clovis fondateur de la monarchie française en 496, laissa, par testament, aux prêtres de Reims, une *vigne nouvellement plantée.*

Grégoire, de Tours (544-595), cite avec grands éloges les vins de Dijon.

Au XIᵉ siècle, les vins des environs de Paris — les crus de la butte Montmartre — cette *Butte sacrée* des chansonniers fin de siècle — étaient réputés. Les vins de l'Orléanais jouissaient aussi d'une faveur notable. Henri Iᵉʳ (1031-1060) en faisait provision lorsqu'il allait guerroyer, car, disait-il, « cette boisson divine excite aux grands exploits ! » — Louis VII le Jeune (1137-1180) leur accordait une préférence marquée.

En ce temps-là, les ducs de Bourgogne étaient souvent désignés sous le nom de « princes des bons vins ».

Urbain II, le pape qui prêcha la première croisade (1095), avait — en sa qualité de Champenois — une prédilection native pour le vin d'Ay, dont il établit la réputation; mais à cette éqoque le vin mousseux n'avait pas encore pris naissance.

Charles-Quint, François Ier, Charles IX, eurent des vendangeoirs à Ay, donnant des vins gris ou fauves, vins tranquilles, que l'on bouchait avec quelques gouttes d'huile et un tampon de chanvre. Ce n'est que vers 1670 qu'apparurent les *premiers vins mousseux*, simples produits de la fermentation secondaire en bouteilles non suivie du *dégorgement*, etc.

L'invention du vin mousseux est attribuée à Dom Pérignon, cellerier et procureur du prieuré d'Hautvillers (Marne), vers la fin du XVIIe siècle.

De nos jours, la vigne est sans contredit le plus beau fleuron de l'agriculture française. Par l'importance de son vignoble, par la variété et la qualité de ses vins, la France est supérieure à tous les pays du globe.

Neuf départements seulement sur 86 ne cultivent pas la vigne, ce sont: le *Nord*, le *Pas-de-Calais*, la *Somme*, le *Calvados*, la *Seine-Inférieure*, le *Finistère*. La précieuse Ampélidée est rare dans les Ardennes, dans le Morbihan, dans l'Oise, dans le territoire de Belfort, surtout dans l'Ille-et-Vilaine, où elle occupe à peine une soixantaine d'hectares. L'ensemble de ces départements s'étend depuis la frontière de Belgique jusqu'au Morbihan, en longeant la Manche ; partout ailleurs, la vigne occupe des étendues plus ou moins considérables.

Les crus de la Champagne, de la Bourgogne, du Bordelais, de la vallée du Rhône, du Beaujolais, sont sans rivaux dans le monde entier. Les produits du Saumurois, des Charentes, de la Gascogne, du Languedoc, de la Provence, du Roussillon, etc., forment une série de types extrêmement variés, parmi lesquels on remarque beaucoup de vins possédant un cachet personnel très distingué.

Le tableau que nous venons d'ébaucher, malgré ses imperfections et ses lacunes, fixera le lecteur sur les progrès accomplis par l'œnologie à travers les âges et

répondra ainsi au but que nous nous sommes proposé.—
On constatera sans doute avec étonnement que la plupart des pratiques traditionnelles des Grecs, vieilles de
plus de 25 siècles, sont encore, de nos jours, extrêmement vivaces. La plupart des vins doux, des vins cuits,
des vins liquoreux, tels que le Xérès, le Malaga, le Banyuls, etc., se rattachent directement à ces antiques coutumes.

Chose étrange au premier abord, tous les progrès accomplis depuis 25 ans, en médecine ou en hygiène, dérivent des belles recherches de notre immortel Pasteur sur
le vin et *la bière*, mais les boissons n'ont pas profité avec
autant d'éclat et de bonheur des connaissances nouvelles
que ces géniales études avaient fait naître.

Suivant la poétique expression de Renan, *cette traînée
lumineuse* de la doctrine pastorienne n'est pas près de
s'éteindre ! Il est permis d'espérer que la pratique œnologique sera bientôt plus largement vivifiée par elle. —
Déjà l'industrie de la brasserie s'est avancée à grands
pas dans la voie du progrès, et nous pouvons prévoir
dès aujourd'hui l'importance considérable que l'avenir
réserve à la bactériologie et au régime des fermentations, non seulement en médecine, mais encore en agriculture et dans l'industrie.

CHAPITRE II

Considérations sur quelques vins de luxe français et les cépages dont ils proviennent.

La culture de la vigne en France — sauf les exceptions qu'imposent diverses causes — notamment l'altitude, le climat, — est bornée au nord par une ligne sinueuse qui se dirige obliquement, par rapport au méridien, depuis l'embouchure de la Loire jusqu'à la frontière de Belgique (vers Mézières, Ardennes), en passant près du Mans, Paris, Beauvais, Saint-Gobain.

L'ensemble de la superficie occupée par cette riche région vinifère dépasse deux millions d'hectares, donnant annuellement une récolte que l'on peut évaluer en moyenne à 1 milliard de francs.

Au point de vue de la production quantitative et de la surface viticole, c'est l'*Hérault* qui se place en tête.

Avant l'invasion phylloxérique, la vigne couvrait *226.000 hectares* dans ce beau département, et donnait jusqu'à *quinze millions d'hectolitres.*

Sous l'influence des enseignements et des exemples de l'École d'agriculture de Montpellier, dirigée par M. Foëx et un personnel d'élite, l'œuvre de la reconstitution à l'aide des cépages américains résistants et greffés a pu être utilement entreprise. Le vigneron méridional, qu'on accuse si souvent d'inconstance et de légèreté, a su faire preuve d'une ténacité incomparable ; il s'est montré à la hauteur de sa grande infortune et on peut affirmer qu'à l'heure actuelle il est sorti victorieux de la plus cruelle épreuve.

Nous nous garderons bien d'essayer d'établir une classification des différents vins de France, car nous risquerions de froisser tous ceux dont les produits ne figureraient pas au premier rang. Chacun sait, en effet, que les prétentions du vigneron sont irréductibles. Lorsqu'il s'agit du vin de sa «chère vigne », il n'hésite point à déclarer avec conviction que ce vin est supérieur à celui du voisin.

Ce sentiment invétéré prend racine dans un ardent amour du terroir, dans le culte de la propriété, et, aussi, dans l'habitude qui est une seconde nature. Quand les organes de l'odorat et du goût sont accoutumés à une boisson, ils éprouvent toujours quelque peine à en changer.

S'il est impossible de décerner le premier prix en ce qui concerne la qualité, nous pouvons affirmer cependant, sans offenser personne, que les vins de l'*Hermitage*, de la *Bourgogne*, de la *Gironde*, sont universellement considérés comme les plus grands vins de table et que le *Champagne* est un vin mousseux sans rival... Cela dit, nous ajouterons promptement qu'il existe, un peu partout, sur cette bonne et forte terre de France, des crus capables de donner des vins exquis. Il suffit de choisir convenablement les cépages et d'appliquer judicieusement les prescriptions de l'œnologie rationnelle et scientifique. Certes, la science n'est pas encore à la veille d'introduire des méthodes d'une précision mathématique dans la conduite de la fermentation vinique, car quelques phénomènes importants échappent plus ou moins à son action directe et autoritaire, mais néanmoins, à l'heure actuelle, la réussite ne demeure point tout à fait une question de chance, uniquement réglée par un empirisme aveugle.

D'ailleurs, on ne renverse pas du jour au lendemain les usages fixés par la routine traditionnelle. Chaque pays a des coutumes culturales, œnologiques, etc., qui reposent souvent sur des faits exacts. Il est donc sage de se livrer à un examen approfondi, avant d'attaquer et de chercher à détruire les choses existantes. L'observateur attentif et scrupuleux parvient souvent, en fouillant ces vestiges du passé, à y découvrir des conséquences entraînant un véritable progrès.

On peut avancer sans témérité que chaque vigneron trouvera dans sa propre vendange la matière première d'un *vin de luxe*, mais qu'il obtiendra naturellement des résultats infiniment supérieurs s'il cultive des cépages choisis parmi ceux auxquels une longue suite d'expériences pratiques a donné, en quelque sorte, des titres de noblesse.

Les soins apportés à la culture de la vigne et à la vinification exercent une influence notable sur la qualité du vin; toutefois ce qui constitue le *cru* dérive, en principe, du CÉPAGE et du *milieu physique et chimique* dans lequel il vit.

Nous n'avons pas l'intention de donner à l'ampélographie un développement considérable ; son étude complète formerait à elle seule plusieurs volumes ; cependant, pour appuyer l'affirmation précédente et esquisser quelques indications utiles, nous croyons devoir citer au courant de la plume un certain nombre de cépages et de crus, pris en diverses régions, d'où on tire ces *vins de luxe*, objet de nos recherches.

Le département de la Gironde renferme des vignobles que la qualité exceptionnelle de leurs produits place parmi les plus renommés.

Œnologues et praticiens savent que les caractères qui distinguent ces produits ont pour principaux facteurs l'encépagement, la nature du sol, l'exposition, les méthodes de culture et de vinification. Ils divisent le département en un certain nombre de régions viticoles que différencient un ou plusieurs des facteurs précités.

Dans la Gironde on distingue :

1.º Le Médoc
2º Les Graves
3º Le pays de Sauternes

} à gauche de la Gironde
et de la Garonne

4º Le Saint-Emilionnais — qui appartient au bassin de la Dordogne.

5º L'Entre-deux-Mers — entre la Garonne et la Dordogne ;

6º Le Palus — constitué par les terrains d'alluvions qui bordent la Gironde, la Garonne, la Dordogne.

Les premiers crus des célèbres vins rouges du *Médoc* se récoltent à Château-Latour et Château-Lafite, canton de Pauillac, arrondissement de Lesparre. Dans *le Palus* on remarque Château-Etoile-Cantenac et Château-Moulin-d'Issan, commune de Cantenac, arrondissement de Bordeaux. C'est à Pessac, presque aux portes de Bordeaux, sur la route de la Taste, que se récoltent les meilleurs *Graves* (château Haut-Brion). Les sables argileux colorés de Saint-Emilion, château Saint-Georges, château Pavie, château Bel-Air, sont comptés parmi les premiers crus avec les Pomerol (château Pétrus, château La Gazin). Dans le *pays de Sauternes*, c'est le Château-Yquem qui est classé premier grand cru ; à sa suite viennent: château La Tour-Blanche, château Peyraguey, château Vigneau, etc.).

Les grands vins rouges du Médoc ont une belle couleur rubis, une ampleur, une finesse et un moelleux qu'accompagnent un arome et un bouquet particulièrement distingués.

Les vins de Graves ont de la couleur, du corps, de la finesse, une sève agréable et très prononcée, mais les vins du Médoc leur sont supérieurs par leur bouquet unique et merveilleux.

Les vins de Saint-Emilion ou vins de côtes ont une couleur brillante et veloutée, une générosité, un bouquet fort agréable, avec un certain cachet d'amertume qui flatte le palais.

Les vins blancs du pays de Sauternes représentent une liqueur sans rivale ici-bas, pleine d'onctuosité, de corps, embaumée par un bouquet précieux; d'une limpidité admirable nuancée de reflets d'or.

Les principaux cépages à raisins rouges sont les *Cabernets*, notamment le *Cabernet-Sauvignon*, qui est peu sujet à la coulure, à la pourriture et au mildew. Son vin, assez dur pendant sa jeunesse, acquiert de grandes qualités en vieillissant. Ce cépage a des feuilles à cinq lobes assez semblables à celles du *Cabernet franc*, mais plus fines et plus luisantes; face inférieure duveteuse; grappe conique, serrée, portant des petits grains sphériques, à peau ferme, d'un bleu-noirâtre, très pruinée; saveur agréable et spéciale aux Cabernets. Maturité : deuxième époque tardive; un peu plus précoce que le Cabernet franc.

Après les Cabernets, nous devons signaler le Merlot et le Cot ou Malbeck.

Le *Merlot* est un vigoureux cépage, fertile, mais très sensible à la pourriture, au mildew et à l'anthracnose. Son vin est moelleux et bouqueté, plus coloré que celui des Cabernets, mais moins distingué. Maturité: deuxième époque de Pulliat.

Le *Cot* est fertile, ses produits ont moins de finesse que les précédents, mais plus de couleur. Sa sensibilité aux attaques du mildew, aux gelées printanières et à la coulure, rend sa production irrégulière. Par contre, il se montre assez résistant à l'anthracnose et à l'oïdium. Maturité: à la fin de la première époque de Pulliat.

Les vins et les cépages de Sauternes doivent attirer plus particulièrement notre attention.

Le pays de Sauternes s'étend sur une partie des communes de Barsac, Bommes, Fargues, Preignac et Sauternes; il est constitué par un sol très accidenté argilo-calcaire ou argilo-graveleux, généralement de couleur ocreuse. Les graviers, qui reposent sur une couche d'argile-calcaire, fournissent des produits supérieurs à ceux qui recouvrent un lit de sable.

C'est le choix des cépages et une vinification spéciale qui impriment aux vins de Sauternes leur cachet distinctif.

Les meilleurs cépages sont le *Sauvignon*, le *Sémillon* et la *Muscadelle*.

Le Sauvignon blanc ou Feigentraube des Allemands est assez fertile, quoique un peu sujet à la coulure. Feigentraube signifie «raisin-figue» et se rapporte à la saveur sucrée du raisin qui est comparable à celle d'une figue sèche. La grappe serrée, petite et cylindrique, porte des grains ovoïdes d'une couleur ambrée, doués d'un arome agréable et excellents pour la table.

Les feuilles du Sauvignon sont petites, épaisses, trilobées, d'un beau vert foncé à la face supérieure, tomenteuses à la face inférieure. Sarments couleur cannelle tachée de brun. Débourrement unicolore.

Le Sauvignon réussit dans la plupart des sols mais il semble affectionner les terrains caillouteux, argileux et légers, supportés par un sous-sol calcaire. Se conduit bien à la taille courte. Maturité : deuxième époque de Pulliat.

Le *Sémillon blanc* mûrit à peu près en même temps que le Sauvignon. C'est un cépage très fructifère lorsque les gelées printanières ne troublent pas son débourrement hâtif.

Les feuilles du Sémillon sont grandes, épaisses, trilobées ou quinquelobées ; vert pâle à la face supérieure et légèrement duveteuses à la face inférieure. Débourrement à folioles colorées. Sarments légèrement aplatis, couleur acajou. Grappe serrée à grains ronds ou presque ronds d'une teinte dorée et d'un goût délicat. Supporte la taille courte.

La *Muscadelle*, dont la sève et la douceur tempèrent ce que le Sauvignon et le Sémillon auraient de trop chaud et de trop vigoureux, est un cépage à recommander pour les régions du Centre et du Nord, partout où les vrais Muscats mûrissent difficilement, car sa maturité est assez hâtive comme celle du Sauvignon et du Sémillon.

Malgré son nom, la Muscadelle n'a qu'un très vague parfum muscaté. On peut dire que sa saveur semble dériver du Sauvignon autant que du Muscat. Associée au Sémillon, elle donne le fameux vin de Monbazillac (Dordogne). Sujette à la coulure et à la pourriture.

Feuilles trilobées ou quinquelobées, grandes et épaises vert clair à la face supérieure, légèrement duveteuses à la face inférieure. Débourrement à folioles colorées. Sarments gros, couleur acajou, mais moins aplatis que ceux du Sémillon.

Dans la DORDOGNE, les vins blancs du Bergeracois — Fougueyrolles; St-Antoine-de-Breuil; Vélines; Lamothe-Travel — proviennent des mêmes cépages que le Sauternes. Ces vins, pleins de corps et de sève (1), dégagent un bouquet agréable. Ils sont très prisés à Paris, à Bordeaux, au Mans, à Laval, etc., et consommés ordinairement quelques mois après la vendange sous le nom de *vin blanc doux de Bergerac*.

Les vins de Monbazillac sont des vins de la catégorie des Muscats, d'une très grande réputation. Ils ont beaucoup de corps, du moelleux et un excellent goût analogue à celui des Frontignan et Maraussan, mais moins exalté. Le vieillissement les améliore beaucoup.

Les trois cépages girondins précités — Sauvignon; Sémillon; Muscadelle — sont cultivés dans la région de Monbazillac et aussi le *Muscat commun*, quoique sa maturité soit plus tardive (maturité entre la deuxième et la troisième époque de Pulliat). Il est vrai d'ajouter qu'on vendange à Monbazillac suivant la méthode du Haut-

---

(1) Le *bouquet* flatte plutôt l'odorat, tandis que la *sève* flatte le palais Un vin ou un spiritueux a de la sève quand il possède de la force alcoolique et une saveur particulière et agréable.

Sauternes, c'est-à-dire grain à grain, au fur et à mesure que leur pellicule attaquée par les moisissures de la pourriture noble (Botrytis cinerea) acquiert une teinte brunâtre. Lorsque le Sauvignon et le Sémillon sont dans cet état d'extrême maturité, le Muscat est assez mûr pour fournir le parfum caractéristique qu'on lui demande dans le mélange.

La *Claverie blanche* de la Haute-Chalosse, département des LANDES, est susceptible de donner un vin parfumé ayant du corps et du moelleux. Le meilleur se récolte à Brassempouy et à Gaujacq. Malheureusement, ce cépage, très sensible à l'oïdium et à l'anthracnose, etc., est de plus en plus délaissé. On le remplace par la rustique Folle-Blanche connue dans le Sud-Ouest sous les noms de Chalosse, Picquepoul, Plant Madame, Enrageat. Les bons vins blancs de la Claverie passeront bientôt à l'état de souvenir.

Les BASSES-PYRÉNÉES produisent de très bons *vins paillets* faits avec un mélange de raisins rouges et blancs.

Les vins rouges de Gan et de Jurançon méritent d'être placés parmi les meilleurs vins de côte classés 2me cru.

Ils possèdent une belle robe, beaucoup de corps, du moelleux et un bouquet marqué. Ces vins justifient leur ancienne renommée. L'histoire nous apprend que c'est le fameux vin de Jurançon qui mouilla les lèvres d'Henri IV, le jour de sa naissance.

Les meilleurs vins blancs se récoltent autour de Jurançon et de Pau. Ils sont légèrement sucrés, liquoreux, alcooliques et se madérisent rapidement en vieillissant; le bouquet spécial qu'ils acquièrent alors varie avec les années et rappelle parfois l'odeur de la truffe ou celle du coing par formation d'éther œnanthique.

Les principaux cépages à vins rouges sont: le *Camaraou*, le *Mansein*, le *Cabernet franc*, le *Tannat* (feuilles à trois lobes; débourrement à folioles colorées; grains ronds ou presque ronds); cépages fertiles et méritants, ainsi que l'*Arrouya*. Parmi les cépages blancs, nous signalerons : le *Camaraou blanc*, la *Folle-Blanche*, la *Cla-verie*, le *Courbu* et le *Petit Mansein*, qui paraît être le meilleur élément du Jurançon.

L'Aude renferme des crus estimés dans la région Fitounaise. Le *Grenache* ou Alicante y fournit des produits de choix qui deviennent, avec le temps, d'excellents Rancios.

Le département de l'Aude, comme d'ailleurs tous les départements méridionaux, est particulièrement favorable à la production de plusieurs vins de luxe. Il est regrettable que la préparation de ces sortes de vins y ait été, jusqu'à ce jour, totalement négligée. Cependant, les Muscats, les Malvoisies, le Maccabeo, les Clairettes, le Mauzac, etc., qu'on rencontre le plus souvent dans les vignes à l'état de pied isolé, fourniraient aisément des produits supérieurs, dignes de remplacer sur notre propre marché, et de concurrencer à l'étranger, les meilleurs vins analogues de l'Espagne ou de l'Italie.

Le *Cinsaut*, établi sur les pentes chaudes et fertiles, les *Spirans*, cultivés dans les terres rougeâtres et rocailleuses des coteaux, les *Picquepouls* du Bas-Languedoc, plantés en sols sableux, etc., peuvent donner la matière première de vins blancs alcooliques secs, pleins de finesse et de distinction.

La région de Limoux produit quelques centaines d'hectolitres d'un vin blanc mousseux appelé *Blanquette de Limoux*, du nom local du cépage dont elle dérive.

Ce cépage, que certains ampélographes ont confondu avec la *Clairette*, est, en réalité, bien différent de cette dernière.

Le débourrement de la Blanquette ou Mauzac est peu tomenteux ; il a lieu après celui de l'Aramon, mais avant celui du Cinsaut et de la Clairette.

Le débourrement de la Clairette est très tomenteux et les folioles sont carminées sur les bords, tandis que celles du Mauzac sont incolores.

Le Mauzac mûrit à la troisième époque de Pulliat. Son

raisin est assez serré, à grains ronds ou presque ronds, protégés par une peau épaisse et jaune, à saveur sucrée simple, tandis que la grappe peu serrée de la Clairette porte des grains ovoïdes, blancs, ambrés, d'une saveur agréable et typique.

Le port du Mauzac est semi-étalé ; au contraire, celui de la Clairette est érigé.

Les feuilles de cette dernière sont à cinq lobes ; vert sombre à la face supérieure ; tomentum très abondant et feutré à la face inférieure ; nervures faiblement envinées sur les deux faces, pédoncule grêle fortement teinté de rose ; sarments de couleur moins rougeâtre et plus luisante que ceux du Mauzac.

Les feuilles de la Blanquette ou Mauzac présentent généralement trois lobes — Vert gai à la face supérieure ; très léger et rare tomentum sur la face inférieure ; nervures blanches ; pédoncule herbacé et blanchâtre, surtout au point d'attache sous le nœud du sarment.

Ces descriptions sommaires établissent nettement les différences très caractéristiques qui séparent la Clairette de la Blanquette de Limoux. En somme, la Blanquette est identique au Mauzac du Tarn, du Tarn-et-Garonne, de l'Ariège, et ce nom de Mauzac doit lui être appliqué de préférence, d'autant plus que le raisin est franchement jaunâtre et non pas blanc comme l'appellation de Blanquette pourrait le faire supposer.

Nous avons cru devoir insister sur la détermination de ces deux cépages afin d'éviter toute confusion et parce qu'ils sont l'un et l'autre méritants. La Clairette donne des vins alcooliques secs se rapprochant du type Madère, ou des vins liquoreux — suivant le mode de préparation — qui contractent, en vieillissant, un goût particulier de rancio. La variété Clairette rose est plus fertile que la blanche.

Le Mauzac prend bien la mousse et donne un vin plein de finesse et de légèreté pendant sa jeunesse, mais parfois dur et nerveux, avec un léger goût de coing, lorsqu'il est vieux.

Dans le TARN, les excellents vins mousseux de Saurs, Boissel, Laborie, Salettes, dans le Gaillacois (1), sont obtenus par le mélange du *Mauzac*, du *Cavalier* et de l'*Oundenc*.

Le Mauzac entre dans la composition du vin de Gaillac pour 70 o/o environ, avec 20 o/o de Cavalier et 10 o/o d'Oundenc.

Le Cavalier est un cépage vigoureux aimant les terres substantielles et la taille longue. Ses gros raisins, très sucrés, dégagent un parfum distingué ; ils mûrissent quinze jours avant ceux du Mauzac.

L'Oundenc, aux rameaux étalés, fournit un raisin ailé à grains ovoïdes dont le goût rappelle de loin celui de la Muscadelle girondine. Ils prennent en mûrissant une couleur jaune foncé. La pourriture noble les attaque facilement et soulève leur pellicule comme cela se voit sur les Sémillons et Sauvignons de Château-Yquem, dans les années favorables à la production des grands vins.

Il y aurait avantage à introduire dans le mélange Mauzac, Cavalier, Oundenc, environ 15 à 20 o/o de Malvoisie blanche du Tarn-et-Garonne à cause de la neutralité et de la distinction de son vin très blanc.

Cette Malvoisie a le port érigé, le feuillage vert-clair jaunissant de bonne heure en automne. Ses grains sont ronds, de couleur dorée, attachés par un fin pédicelle à une rafle presque herbacée. Nous la trouvons identique au cépage que nous avons souvent rencontré dans le Piémont sous le nom de *Malvasia bianca* ; les bons vins toscans lui doivent une grande partie de leur cachet distingué.

---

(1) « Les vins de Gaillac transportés à Bordeaux par la Garonne sont très recherchés des Anglais. » *Rapport Baville*, intendant du Languedoc, 1698. »

La Malvasia bianca de Toscane, de Trieste, d'Arezzo, de Bari, est semblable au *Zante blanc* (Zante, ancienne Zacynthe, une des îles Ioniennes). Cette désignation qui trahit son origine grecque devrait lui être conservée car elle ne prête à aucune fausse interprétation. La Malvasia est un cépage très distingué.

On récolte d'excellents vins rancios dans les PYRÉNÉES-ORIENTALES, qui sont recherchés pour la préparation des vins de quinquina toniques et fins. Les meilleurs crus se trouvent à Banyuls, Port-Vendres et Collioure; c'est le Grenache ou Alicante, accompagné de la Carignane, qui en forme la base.

Grenache (Granacha) et Carignane (Cariñena) sont des cépages d'origine aragonaise. Ils mûrissent l'un et l'autre à la troisième époque de Pulliat. Le premier, très vigoureux et rustique, ne craint pas les marnes siliceuses ou ferrugineuses, les grès rouges, les schistes et les côteaux granitiques arides. Ses sarments gros, de couleur jaune d'ocre clair à l'aoûtement, portent de jolies feuilles à trois lobes, glabres sur les deux faces, vert gai et luisantes à la face supérieure. La grappe assez serrée, ordinairement ailée; les grains presque ronds ou faiblement ovoïdes; à peau fine, d'un noir bleuté et couverte d'une abondante pruine. Débourrement unicolore. Sujet à la coulure. Très sensible au mildew.

La fructification de la Carignane est aussi abondante que régulière. Après l'Aramon, c'est le cépage le plus fertile du Midi, mais son vin coloré et alcoolique est commun. On a tort de le mélanger au Grenache destiné à la préparation des vins fins tels que les rancios et les Grenaches secs ou doux. Dans les terrains pauvres, sur les coteaux ensoleillés, secs et caillouteux du Bas-Languedoc et du Roussillon, le Piquepoul noir et surtout le Piquepoul gris la remplaceraient avantageusement sous ce rapport.

La tribu des Malvoisies comprend des types d'une grande valeur, donnant un vin généreux et suave, de

couleur ambrée, ayant un arome spécial moins prononcé
que celui des Muscats et des Sauvignons, quoique très
net. La *Malvoisie des Pyrénées-Orientales*, que j'ai ren-
contrée un peu partout en Espagne, produit des vins de
luxe secs et doux, d'une haute distinction. Elle nous paraît identique à la Malvoisie blanche du Piémont: débourrement à folioles colorées (rose clair). Excellent raisin pour la cuve et pour la table. Moins sujette à la coulure
que l'Alicante et le Petit-Bouschet. Assez résistante au
mildew et à l'anthracnose.

Le *Maccabeo* ou Ugni blanc a une grappe plus ou moins
ailée, longue et cylindrique, ce qui lui a fait donner le
nom de queue de Renard dans certaines localités du Var.
Souche vigoureuse qui se plaît dans les sols chauds et
caillouteux des coteaux du Midi. Feuilles à 5 lobes, vert
clair, jaunâtre à la face supérieure avec un duvet aranéeux assez dense sur la face inférieure. Maturité troisième époque tardive. Peu sujet aux gelées à cause de
son débourrement tardif. Les grains sont ronds ou presque ronds, moyens, à peau épaisse blanchâtre, se colo-
rant en roux ou en rose clair dans les parties exposées
au soleil. Pulpe sucrée, d'un goût aromatique suave.

Ce cépage rustique donne un vin de luxe digne des
tables les plus somptueuses. L'époque tardive (troisième
époque tardive) de sa maturité s'oppose à sa culture en
dehors des régions méridionales chaudes.

A Rivesaltes, on trouve un Muscat dénommé Muscat
de Rivesaltes que nous voyons identique par ses traits
essentiels au Muscat de Frontignan, c'est-à-dire au *Muscat blanc commun*. Le vin Muscat de Rivesaltes possède
une haute réputation ; il est plein de fruité et de corps.

Dans l'HÉRAULT, le Muscat est l'objet d'une culture
assez importante à Lunel, Frontignan et Montbazin, dans

(1) «Le vin muscat de Frontignan s'expédie à Lyon pour l'Allemagne
et à Bordeaux pour l'Angleterre.» (Rapport de Baville, intendant du
Languedoc, 1698.)

l'arrondissement de Montpellier; à Cazouls-les-Béziers, Maraussan, Bassan, Puisserguier, Creissan et à Caussinio-jouls, près Murviel, dans l'arrondissement de Béziers.

Ces vins muscats se distinguent par leur moelleux, leur ampleur, leur parfum suave et leur goût muscaté ou musqué typique.

La tribu des Muscats occupe une place trop importante dans la préparation des vins de luxe, secs, doux ou mousseux, pour que nous négligions de la présenter sans quelques détails.

Les Muscats fournissent leurs produits les plus sucrés et leur arôme le plus développé aux expositions chaudes, dans les sols bien drainés, substantiels et cailloux-teux. Les terrains tufacés blancs, calcaires ou marneux, les grès calcaires sableux constituent leurs milieux de prédilection. Les terres calcaires blanchâtres, arides, donnent des récoltes moins abondantes mais de meilleure qualité que les terres argileuses profondes et fertiles. En somme, le Muscat n'est pas difficile sur le choix des terrains, il redoute seulement ceux qui sont humides et dans lesquels il ne peut atteindre une maturité parfaite sans être exposé aux ravages de la pourriture.

Le Muscat semble exalter ses qualités dans les pays chauds, mais sa maturité assez précoce, entre la deuxième et la troisième époque de Pulliat, le rend susceptible d'être cultivé avec succès en dehors du Midi proprement dit.

Le Courtillier précoce ou *Muscat blanc précoce de Saumur* (1), à saveur franchement muscatée (feuilles à 5 lobes, tomenteuses en dessous. Débourrement tomenteux uni-colore, grains ronds), est à recommander dans les contrées septentrionales car il mûrit avant les autres Muscats.

---

(1) M. Courtillier, directeur de la collection des vignes de Saumur, a affirmé qu'il avait obtenu ce cépage d'un pépin de raisin noir d'Ischia.

Les fameux vignobles de *Canelli* en Piémont, c'est-à-dire dans l'Italie septentrionale, près du 45° degré de latitude, s'élèvent en moyenne à 160 ou 200 mètres au-dessus du niveau de la mer. On y cultive sur de vastes surfaces le Muscat blanc piémontais qui est identique au Muscat de Frontignan.

Dans la région des vins mousseux renommés de Canelli et d'Asti on trouve le Muscat blanc à des altitudes encore plus élevées. Le vignoble d'Isola d'Asti est à 250 mètres environ — celui de Castiglione tinella à 400 mètres — celui de Montechiaro d'Acqui à 450 mètres.

Le marché principal du raisin Muscat qui se tient à Canelli voit arriver annuellement 1.200.000 à 1.250.000 kilogr. de vendange que le superbe établissement vinicole des frères Gancia et Cie absorbe presque entièrement pour la préparation des différents types de vins Muscats et du Vermout façon Torino (Turin).

En France, les meilleurs vins Muscat sortent de *Rivesaltes* (Pyrénées-Orientales) ; *Frontignan, Maraussan, Lunel*, etc., (Hérault) ; *Roquevaire, La Ciotat*, (Bouches-du-Rhône) ; *Monbazillac*, (Dordogne). Mais les excellents vins de même nature qu'on rencontrait, de ci, de là, chez quelques propriétaires éclairés, avant l'invasion phylloxérique, témoignent de la facilité avec laquelle la culture du Muscat pourrait sortir des régions privilégiées. Je citerai au hasard de la plume les vieux Muscats de Baume de Venise (Vaucluse), de Vercheny (Drôme), de Cassis (Bouches-du-Rhône), etc.

Plusieurs hybrides américains ou franco-américains, notamment le Mourvèdre $\times$ Rupestris (1202 Couderc), permettent aujourd'hui d'entreprendre avec succès la reconstitution des coteaux chauds et secs renfermant jusqu'à 55 à 60 o/o de calcaire. Il est donc permis d'espérer que sous l'impulsion des stations œnologiques et des professeurs d'agriculture, la culture des cépages à vins de luxe prendra bientôt un nouvel et large essor.

Les Muscats que les Romains désignaient sous le nom

d'*Apianæ* parce qu'ils sont recherchés par les abeilles
(*apis*, abeille), offrent un caractère commun très net. Un
arôme agréable désigné sous le nom de goût *musqué* ou
muscaté les imprègne profondément.

Il existe un grand nombre de variétés souvent sépa·
rées par des différences physiologiques ou morphologiques insensibles — nous classerons les principales en
trois groupes :

1° Le groupe des Muscats à saveur de Muscat simple.

2°   —   —   à saveur atténuée et de raisin
                              sec.

3°   —   —   à saveur de Muscat et parfum
                              de fleur d'oranger.

A. — Dans le premier groupe, qui est le plus essentiel
au point de vue œnologique, nous placerons :

Le *Muscat blanc de Frontignan* (Muscat Piémontais ;
Muscat de Sardaigne ; Muscat de Rivesaltes ; Muscat de
Sicile, etc.).

Souche vigoureuse. Feuilles à trois ou cinq lobes avec
dents profondes et aigues ; glabres et d'un beau vert à
la face supérieure ; plus pâles et légèrement duveteuses
sur les nervures à la face inférieure. Grappe serrée, généralement cylindrique, quelquefois un peu ailée et de
moyenne grandeur. Pédoncule long ; la râfle herbacée et
verte ou vert jaunâtre. Grains ronds lorsqu'ils ne sont
pas déprimés par la pression qu'ils exercent les uns sur
les autres. Pellicule assez pruinée et de couleur dorée ou
jaune ambré, nuancée de brun noisette du côté exposé
au soleil. Pulpe charnue à saveur muscatée douce et très
parfumée. Maturité entre la deuxième et la troisième
époque de Pulliat, par conséquent assez précoce. Son débourrement hâtif le rend sujet aux gelées printanières.

Le Muscat a une mise à fruit tardive. Le greffage tend
à diminuer cet inconvénient. Sa richesse saccharine le
place au premier rang. C'est à la taille courte (un à trois
bourgeons) qu'il donne ses meilleurs produits, toutes

choses égales. A Asti, la conduite en cordon horizontal peu différente du système Guyot est adoptée.

On peut placer à côté du *Muscat blanc commun* le *Muscat blanc précoce de Saumur* dont il a été déjà parlé ainsi que la *Muscadelle Girondine*. — Le *Muscat violet de Madère* et le *Muscat rouge de Madère*, variétés identiques sauf la couleur; mûrissant presque avec le *Cot* (1) au commencement de la deuxième époque. — Ces deux types ont des feuilles complètement glabres à trois lobes. — Débourrement tomenteux à folioles colorées; grains franchement ovales; taille courte; assez fertiles; saveur excellente; bons pour la table et la cuve.

Le *Muscat Noir* est un peu moins hâtif que le Muscat Madère. Feuilles à cinq lobes; débourrement tomenteux à folioles colorées. Grains ronds. Le *Caillaba noir musqué des Hautes-Pyrénées* ou *Caylor* est une variété peu vigoureuse du Muscat noir. — Saveur inférieure à celle du Muscat blanc et des Muscats de Madère.

B. — Le deuxième groupe comprend plutôt des raisins de table que l'on peut utiliser pour la vinification mais qui produisent des raisins secs de dessert délicieux. Nous citerons le *Muscat d'Alexandrie* ou Muscat Romain; Moscatel en Espagne; Moscatellone en Piémont; Salamana en Toscane; Zibibo en Sicile. (Il est à remarquer que *zebibo* en arabe signifie raisin sec). Souche robuste portant des feuilles lisses à cinq lobes mais généralement à trois lobes ou les lobes supérieurs à peine marqués. Face inférieure vert tendre avec les nervures blanches; face supérieure vert clair; deux séries de dents aiguës; pédoncule légèrement teinté de rose formant un angle droit ou aigu avec le plan du limbe. Sarments longs et

---

(1) Dans le Cher, sur les bords de l'Indre, vers le 47me degré de latitude, le *Cot* est mûr pendant la deuxième quinzaine de septembre. Le *Caillaba* mûrit à peu près à la même époque.

vigoureux, striés, de couleur cannelle clair; belles grappes ailées, à gros grains ovales, d'un blanc-jaunâtre, à pulpe charnue et juteuse, possédant la saveur particulière des Muscats, mais à un degré moins exalté qui se rapproche du goût du raisin sec. C'est le roi des raisins de table. Toutes choses égales, la richesse saccharine du Muscat d'Alexandrie est inférieure de 3 o/o environ à celle du Muscat blanc commun.

Le représentant coloré de ce groupe est le Muscat Hambourg. Beau et excellent raisin à grains ovales noirs.

C. — Parmi les représentants du troisième groupe, le *Muscat Jésus* ou *Muscat fleur d'oranger* mérite une mention spéciale. Son joli raisin porte des grains ronds plus ambrés que ceux du Muscat blanc commun, charnus et croquants, ayant une saveur muscatée et un parfum suave de fleur d'oranger, mais redoutant les pluies qui les fendent facilement.

Le *Muscat blanc de Berckeim* à feuilles glabres et à grains ronds d'un goût distingué.

En dehors des Muscats, d'autres vignes de l'Hérault sont absolument remarquables et susceptibles de donner des vins de luxe, secs ou doux, suivant les méthodes de vinification adoptées. Nous signalerons le *Cinsaut* — feuilles à cinq lobes, cotonneuses à la face inférieure; belle grappe cylindro-conique, rameuse, à gros grains ovoïdes, peu serrés, d'un beau noir pruiné, croquants et d'une saveur particulière très agréable. Maturité au commencement de la deuxième époque de Pulliat. Débourrement tardif. Les coteaux gréseux chauds lui conviennent, mais il ne craint, en somme, que les bas-fonds humides.

Les *Spirans* noirs et gris donnent également un vin d'une grande finesse.

Dans les BOUCHES-DU-RHÔNE, les vins blancs secs titrant 11 à 12°, récoltés à Cassis, la Ciotat, Ceyreste, méritent leur réputation. Ils proviennent de l'association de l'Ugni blanc ou Maccabeo et de la Clairette du Languedoc, avec une faible proportion de Pascal blanc. Les bons Muscats, les vins passerillés de la région provençale, ont presque complètement disparu depuis le désastre phylloxérique; la Clairette d'Eyragues est du nombre. Comme nous l'avons déjà dit, la reconstitution des vignobles, aujourd'hui possible, n'est plus qu'une question de temps.

C'est avec le Muscat rouge de Madère qu'on obtenait les meilleurs Muscats de Roquevaire (Bouches-du-Rhône); ceux de Cassis provenaient d'un mélange de trois parties Mourvèdre et deux parties Muscat commun, le tout fait en blanc.

Le département du VAR possède les crus généreux de Bandol et Pierrefeu dans l'arrondissement de Toulon, obtenus avec 2/3 Grenache et 1/3 Mourvèdre.

L'aire d'adaptation du *Mourvèdre* est très vaste. Son débourrement tardif le rend peu sujet aux gelées et lui permet d'être cultivé en dehors de la région méridionale.

Il est connu dans le Roussillon et dans la province d'Oran sous le nom de Mataro. Ce cépage rustique et fertile est d'origine espagnole; ses principaux noms, *Mourvèdre* (Murviedro, province de Valence) et *Mataro* (Mataro, dans la Catalogne) l'indiquent suffisamment. On le rencontre dans les Charentes sous le nom de *Balzac*. On l'appelle *Espar* dans le Gard et l'Hérault.

Le Mourvèdre a les feuilles généralement quinquelobées, mais avec les sinus supérieurs très peu profonds et la face inférieure couverte d'un duvet blanchâtre. Débourrement tomenteux, unicolore. — Les vignerons confondent souvent ce cépage avec le Morastel. La feuille adulte du Morastel est d'un vert moins sombre, plus orbiculaire et moins découpée que celle du Mataro dont le tomentum est sensiblement plus abondant à la face inférieure. Les jeunes feuilles du Morastel sont d'un roux brun-jaunâtre et luisantes, tandis que celles du Mataro sont blanchâtres.

Le Mourvèdre est plus fertile que le Morastel ; son vin est plus rouge et plus solide.

Dans les BASSES-ALPES, le Mourvèdre, mélangé au *Téoulier* ou Manosquin (feuilles à 5 lobes, tomenteuses en dessous ; débourrement tomenteux à folioles colorées ; raisin de bonne conservation, assez agréable à manger ; grains ronds ou presque ronds ; vin coloré) donnait le fameux vin de Mées (arrondissement de Digne), riche en alcool et en couleur qui, en vieillissant, gagnait beaucoup de distinction.

Les viticulteurs de ces régions doivent s'appliquer à conserver le cachet spécial de ces vins, le caractère typique, en donnant, dans la reconstitution, une large place aux cépages indigènes.

La Clairette de Chaudon et du hameau de Chabrières, près Entragues, dans l'arrondissement de Digne, produisait un vin blanc sec, capiteux, prenant bien la mousse et ayant un goût de pierre à fusil. A la Clairette était joint le Saint-Emilion, cépage identique au Trebbiano de Toscane et à l'Ugni blanc, dont nous avons avons déjà parlé. On l'appelle Roussan dans les environs de Nice, à cause de la coloration rousse ou un peu rosée de son raisin lorsqu'il est bien exposé. Sa rusticité et son débourrement tardif permettraient de le cultiver dans les vignobles septentrionaux si sa maturité tardive n'était un sérieux obstacle.

Le département de la DRÔME a l'honneur de posséder les coteaux renommés de l'Hermitage, dont les délicieux produits sont à juste titre les rivaux des plus grands vins de France.

Les *quartiers* ou *mas* les plus estimés s'appellent : Méal, Greffieux et Bessard. Pour être classé premier cru, il faut qu'un domaine comprenne une partie dans chacun de ces trois mas.

Les vins de l'Hermitage, riches en alcool, se distin-

guent par une saveur puissante et veloutée, une couleur
vive et rutilante, un parfum très agréable. Ils proviennent de la *Syrah* mélangée avec une faible proportion de
Marsanne et de *Roussanne*.

Les vins blancs de la Marsanne et de la Roussanne sont
corsés, pleins de bouquet, de finesse et d'agrément. Les
raisins passerillés de ces cépages donnent un vin dit *de
paille*, que les gourmets placent au premier rang de nos
vins de liqueur.

Les vins blancs de Clairette de Die et les Muscats
mousseux sont fort estimés.

Dès l'époque lointaine où la culture de la vigne com-
mençait à avoir son histoire dans les fastes agronomiques
de la vieille Gaule, la région qui correspond aujourd'hui
au département de la Drôme se faisait remarquer entre
toutes. Déjà, pendant l'occupation romaine, le pays des
Voconces (Vocontii) produisait un vin doux très recherché. Ce pays de la Gaule Narbonnaise avait pour villes
principales *Augusta Tricastinorum*, maintenant Saint-
Paul-trois-Châteaux, dans l'arrondissement de Montéli-
mar; *Vasio*, de nos jours Vaisons, arrondissement
d'Orange (Vaucluse); *Dea Augusta Vocontiorum*, Die, dans
la Drôme.

On obtenait ce fameux vin en laissant bien mûrir le
raisin sur souche après lui avoir tordu la pédoncule ou
en l'exposant au soleil sur des tuiles, en somme, par la
méthode du passerillage qui s'est perpétuée jusqu'à
l'heure actuelle. — Suivant les contrées, les raisins destinés à la préparation du vin de paille sont, en effet, passerillés (1) sur souche, après torsion du pédoncule, ou bien
exposés au soleil sur des claies. On atteint encore le
degré de dessiccation nécessaire en les plaçant sur la

(1) On dit qu'un raisin est «passerillé» lorsqu'il a été privé par une
demi dessiccation d'une grande partie de son eau.

paille ou en les accrochant à des fils de fer tendus dans des appartements exposés au Midi et aérés.

La vigne des Voconses s'appelait *Helvénaque* parce qu'elle provenait du pays voisin des Helviens (Ardèche). Pline dit à ce propos, que les Helviens possédaient une vigne dont la maturité hâtive mettait la récolte à l'abri des accidents atmosphériques. Peu à peu ce cépage remarquable se répandit dans toute la Narbonnaise où il prit le nom de Narbonique. Quel était ce cépage? La Syrah de l'Hermitage, le Viognier de la Côte-Rotie et de Condrieu, dont la maturité est assez hâtive (deuxième époque de Pulliat), répondent vaguement à ces indications évasives quoique peu répandus de nos jours dans ce qui fut la Gaule narbonnaise.

L'ARDÈCHE est réputée pour ses vins blancs secs de Saint-Peray, prenant facilement la mousse. Ces vins étaient produits autrefois par *la Roussanne* et *la Marsanne* ; aujourd'hui on ajoute une certaine proportion de cépages rouges, tels que la Syrah et le Gamay, afin d'obtenir un vin plus léger. Le fertile *Gamay-Picard* qui se pare de teintes automnales rouges dès la fin du mois de juin est en grande faveur.

La Marsanne, cépage vigoureux et fructifère, supporte bien la taille longue dans les terres profondes et riches. Débourrement tomenteux à folioles colorées. Feuilles à trois lobes, rugueuses, couvertes d'un duvet aranéeux sur la face inférieure. Grappe assez grosse, rameuse, à grains moyens, sphériques, blancs, pellicule mince jaunissant du côté du soleil, pulpe fondante, juteuse, sucrée, à saveur délicate. Maturité: troisième époque de Pulliat.

La Roussanne, aussi vigoureuse, porte des feuilles quinquelobées, légèrement duveteuses à la page inférieure. Grappe serrée, cylindro-conique. Grains moyens, sphériques, blancs, revêtus d'une peau assez épaisse qui prend un aspect roussâtre à maturité. C'est à cette particularité que le cépage doit son nom. Pulpe juteuse à saveur fine et neutre. Maturité : époque tardive de Pulliat.

Affectionne les coteaux secs et chauds et supporte bien la taille courte.

Dans la HAUTE-SAVOIE, les sols argileux et argilo-calcaires de Seyssel et Frangy donnent, avec la *basse* et la *haute Roussette*, des vins blancs moelleux, assez alcooliques, qui prennent bien la mousse.

La Roussette basse est identique à la Marsanne de la Drôme et de l'Ardèche.

La Roussette haute ou Altesse blanche de Savoie porte des feuilles à trois lobes, glabres. Débourrement tomenteux à folioles colorées. Grains ambrés, ovoïdes ; pulpe charnue, riche en sucre et d'un goût délicat.

Dans le département de la SAVOIE, l'Altesse produit d'excellents vins analogues à ceux de Seyssel, notamment à Lucey, arrondissement de Chambéry.

La Roussanne est le cépage le plus important des vignobles de Chignin, canton de Montmeillan, dont les vins blancs secs, solides et parfumés jouissent d'une réputation méritée.

Les cépages rouges des deux départements formés par la Savoie ne manquent pas de précieuses qualités. Nous citerons la Mondeuse, le Corbeau ou Douce-noire, le Persan et l'Etraire de l'Adhuy. Leurs vins, surtout celui de la Mondeuse, sont colorés, durs et astringents dans le jeune âge, mais de constitution robuste et susceptibles d'acquérir de grandes qualités en vieillissant. L'égrappage — au moins partiel — leur serait favorable et hâterait leur maturité.

Dans le département de l'AIN on remarque les vins blancs de Seyssel comparables, sous tous les rapports, à ceux de Seyssel-Savoie dont le Rhône les sépare.

Les vins blancs mousseux de Gravelles proviennent du Mècle ou Poulsard du Jura, ainsi que ceux de Journans, canton de Pont-d'Ain, au sud de Bourg.

Le Poulsart ou Pulsart du Jura est un cépage très méritant ; sa souche vigoureuse émet des petites feuilles vert tendre, glabres, à cinq lobes. Sa grappe ailée, peu fournie, porte des grains ovoïdes, noir-violacé, à peau fine, à pulpe fondante et sucrée, d'une saveur agréable. Excellent pour la table et la cuve. Maturité deuxième époque. Se plaît sur les coteaux argilo-calcaires. Les boutures devraient être l'objet d'une sélection attentive, car il est sujet à la coulure. Exige la taille longue; la conduite en cordon lui convient particulièrement.

Au point de vue de la qualité des produits, le Pulsart est un des meilleurs cépages français. Il donne d'excellents vins secs ou doux, des vins mousseux, des vins de liqueur, dits vins de paille, absolument exquis. Leur célébrité est déjà ancienne. Henri IV avait un goût très marqué pour les vins du château de Blandans près Arbois.

Le département du Rhône, non compris l'arrondissement de Villefranche qui forme le Beaujolais, tient un haut rang œnologique avec la *Côte-Rôtie*; les meilleurs vins de ce nom se récoltent dans la commune d'Ampuis, arrondissement de Lyon. Le cépage dominant est la Syrah de l'Hermitage appelée Serine noire; ses vins sont bouquetés, délicats et généreux. On y cultive aussi le Viognier blanc qui donne ses produits les plus distingués sur le territoire de Condrieu.

Le Viognier blanc aux sarments grêles, aux feuilles à cinq lobes tomenteuses en dessous, porte des grappes pyramidales assez serrées, quoique ailées, avec des grains moyens, ronds, blonds dorés. Maturité : deuxième époque. On le conduit à la taille longue. Faible production. Dans les côteaux secs et pierreux, notamment à Condrieu, arrondissement de Lyon, son vin fin et délicat, mais de robuste constitution, se bonifie beaucoup en vieillissant.

Les vignobles de la Bourgogne, avec des vins rouges tels que le Chambertin, le Romanée-Conti, etc., et des vins blancs comme le Montrachet et le Meursault, n'ont rien à envier aux crus les plus estimés.

Pleins de feu, d'ampleur, de finesse et de bouquet, les vins de Bourgogne ont acquis une réputation universelle.

Ils sont justement célèbres et, chose rare, leurs mérites planent encore bien au-dessus des éloges.

Le département de la HAUTE-MARNE récolte des vins rosés et gris remplis d'agrément. Les vins blancs se champagnisent d'une façon parfaite ; celui de Soyers, dans l'arrondissement de Langres, est tout à fait remarquable. C'est l'excellent raisin noir à grains ovoïdes du Meslier précoce (feuilles à cinq lobes, tomenteuses en dessous) qui imprime à ces vins leurs caractères distinctifs.

Le territoire des grands crus de Champagne se trouve dans le département de la MARNE. La supériorité incontestable acquise par ces vins aimés est due à la délicatesse, à la légèreté, à la fraîcheur, à la saveur extrême dont ils sont pénétrés.

Nous avons trouvé des renseignements intéressants sur la manière de faire le vin en Champagne, dans un ouvrage publié à Reims, en 1722, chez M. Barthélemy Multeau, imprimeur de S. A. Mgr l'Archevêque, duc de Reims, rue des Élus.

Il résulte de ce document qu'à cette époque on fabriquait depuis une cinquantaine d'années des *vins gris* ou presque blancs avec les cépages rouges. Quoique moins ancien, *le vin mousseux* était connu.

Au point de vue viticole et œnologique, le territoire de la Champagne se divisait alors en deux grandes régions : 1° la Montagne ; 2° la Rivière subdivisée en Rivière proprement dite et Petite Rivière.

Les vins de la Montagne passaient pour être plus durs, plus longs à se faire et moins blancs que les vins de Rivière.

Les vignobles distingués de Rivière étaient : Auvillé, Ay, Epernay ; ceux de Petite Rivière se nommaient : Pierry, Cumières, Fleury-la-Rivière, Damery, Venteuil. En Montagne on remarquait : Verzenay, Tailly, Sillery, Saint-Thierry, Mailly, Rilly.

L'ancien ouvrage œnologique auquel nous empruntons ces indications renferme en outre des prescriptions qu'il est intéressant de rappeler, car elles dérivent d'un empirisme intelligent. Sans doute, beaucoup de formules sont encore enveloppées dans les langes du moyen âge, comme par exemple la recette pour le traitement des vins gras qu'il faut «agiter durant l'espace d'un *miserere*», mais il y en a, dans le nombre, que l'observation juste et pratique met en pleine lumière.

Au courant de la plume nous allons citer *textuellement* les passages qui nous ont frappé :

«*Ne pas mettre dans les hottes les raisins gâtés ; enlever les grains pourris ou écrasés.*

Hâter la cueillette des raisins et le pressurage.

La première pressée donne le vin de goutte, c'est-à-dire ce qu'il y a de plus fin et de plus exquis dans le raisin... mais ce vin n'a pas assez de corps.

Ensuite on procède à la première et deuxième taille. On mêle les deux pressées qui les suivent avec la première pressée ; quelquefois même on y ajoute la troisième taille ou quatrième pressée. C'est ce qu'on appelle une cuve de vin fin.

Certains, plus habiles, mélangent ensemble le vin de goutte et celui de la première taille, disant qu'ils sont assez à temps à les mêler dans la suite avec ceux de deuxième et de troisième taille.

On pratique une quatrième, cinquième, sixième, septième taille dont l'ensemble forme le vin coloré du pressoir.

Quoique les vins soient blancs, on les appelle gris parce qu'ils ne sont faits qu'avec des raisins noirs. Leur couleur est œil de perdrix.

A la suite des opérations précitées, on recueille:

2/3 vin fin.

1/2 tiers vin de taille.

1/2 vin de pressoir.

Une cuvée de 15 ou 16 pièces fera 9 ou 10 pièces de vin fin ; 3 ou 4 de tailles ; 2 ou 3 de pressoir.

Tant que les vins bouillent, il faut tenir les tonneaux presque pleins pour leur donner moyen de jeter dehors tout ce qu'ils ont d'impur; il faut pour cela les remplir tous les trois jours à deux doigts près du bondon. L'ouillage est très recommandé après la fin de la fermentation.

Le vin restera dans le cellier jusqu'au 10 avril; alors on le descendra en cave.

Le vin doit être gardé dans des lieux frais et jamais chauds.

La lie fait gâter les vins et ils ne sont jamais plus beaux et plus vifs que quand ils sont bien soutirés.

Dès que les vins sont clairs, il faut les soutirer et les changer de tonneaux.

Soutirage vers le 15 décembre, vers le 15 février, et collage avec de la colle de poisson, 8 jours environ avant de mettre en flacons.»

On voit par ces extraits que ceux qui s'occupaient de l'élaboration des vins, il y a deux cents ans, connaissaient plusieurs pratiques rationnelles basées sur l'observation attentive des faits. Cela ne surprendra pas le lecteur après ce que nous avons rapporté sur l'œnologie des premiers âges ?

Le soutirage au siphon — «tuyau de cuir bien cousu tout au long par une double couture» — se pratiquait journellement.

Le soufflet qui permet le transvasement du vin d'un tonneau à l'autre par la simple compression de l'air, sans soulever les dépôts, et qui est employé de nos jours aux soutirages suivant la méthode dite Bordelaise, était usité en Champagne. L'ouvrage Reimois en question donne son dessin et explique son fonctionnement; il représente aussi un antique pressoir — ingénieuse et puissante application du levier — dont j'ai trouvé des modèles en Catalogne et dans l'Andalousie sous le nom de «Premsa de lliura et de Biga».

A titre documentaire, nous signalerons les renseignements transmis par notre auteur sur la mousse des vins, car, à travers les obscurités de cette enfance de l'art des vins mousseux, on voit poindre la raison et la vérité.

Soyons indulgents et n'oublions pas qu'il existe encore de nos jours de nombreux malins villageois qui prennent *la lune* pour guide de leurs opérations œnologiques.

..... «*Les uns ont cru que c'était la force des vignes qui faisait mousser le vin si fortement, d'autres ont attribué la mousse à la verdeur des vins, parce que la plupart de ceux qui moussent sont très verts; d'autres enfin ont attribué cet effet à la lune, suivant les temps que l'on met le vin en flacon.*»

«*On a une expérience certaine que le vin mousse lorsqu'il est mis en flacon depuis la récolte jusqu'au mois de mai. On sera sûr en opérant à la fin du second quartier de mars, ce qui se trouve toujours vers la fin de la semaine sainte (du 10 au 14 de la lune de mars).*

Pour les vins de Montagne et ceux qui ne sont pas assez faits à cette époque, mieux vaut opérer à la sève d'août; du 10 jusqu'au 14 de la lune d'août.

Pour avoir du vin qui ne mousse pas, il faut mettre en bouteille au mois d'octobre ou de novembre de l'année suivante.

L'auteur attribue l'invention du vin mousseux et du bouchage au liège à *Pérignon*, né à Sainte-Ménehould, bénédictin de Saint-Maur de l'abbaye d'Hautvilliers, où il fut pendant 47 ans cellérier et procureur.

Peu de temps avant sa mort, qui survint en 1715, il indiqua à un ecclésiastique de ses amis la recette pour la préparation des vins mousseux, qu'il avait tenue secrète jusqu'alors. Voici cette recette bizarre fidèlement transcrite.

«*Dans environ une chopine de vin, faire dissoudre une livre de sucre candi; y jeter cinq ou six pêches séparées de leurs noyaux; pour environ quatre sols de cannelle pulvérisée; une noix muscade aussi en poudre; après que le tout est bien mêlé et dissous, on ajoute un demi sétier de bonne eau de-vie brûlée, on filtre et on jette la liqueur filtrée dans la pièce de vin. Opérer dès que le vin a cessé de bouillir.*

En somme, c'est le sucre qui est l'élément essentiel de la fermentation en bouteille. Dom Pérignon ajoutait du sucre à un vin complètement ou presque complètement fermenté; il donnait ainsi un aliment indispensable à la fermentation en bouteille, et, par suite, à la production de l'acide carbonique agent de la mousse pétillante.

La cannelle et la muscade pulvérisées impriment à la recette du Bénédictin une tournure mystérieuse, vaguement alchimique, faite pour frapper l'esprit des profanes, mais sans influence sur la prise de mousse.

Cannelle et muscade devaient aromatiser le vin.

De nos jours, les grands vignobles, dits de Champagne, sont situés dans les arrondissements d'Epernay et de Reims, département de la Marne. Seul le vignoble de Vertus, qui renferme 365 hectares, appartient à l'arrondissement de Châlons-sur-Marne, mais se trouve à la limite de celui d'Epernay.

L'ensemble de ces vignobles comprend trois principaux groupes qui, en allant du Nord au Sud, sont :

1° Groupe de la Montagne de Reims, avec les crus de la Haute-Montagne, au sud et sud-est de Reims (Verzy, Verzenay, Sillery, Mailly, Ludes, Cligny, Rilly). La Basse-Montagne qui s'étend au nord-ouest de Reims est moins estimée (St-Thierry, Marcilly, Hermonville).

2° Groupe des coteaux de Bouzy et d'Ambonnay, situé entre la Montagne de Reims et la Marne.

3° Groupe de la vallée de la Marne subdivisé en trois régions :

A. — Côte d'Avize (Vertus, le Mesnil-sur-Oger, Oger, Avize, Cramant).

B. — Côte d'Epernay (Vinay, Moussy, Pierry, Epernay).

C. — Rivière de Marne proprement dite (Dizy, Cumières, Hautvilliers, Ay, Mareuil).

Le vignoble champenois, situé à la limite des climats Vosgiens et Séquanien, n'est pas dans une zone pluvieuse. Il reçoit en moyenne 475 millimètres d'eau par an. La température s'élève jusqu'à $+34°$ pendant que son minimâ descend parfois au-dessous de $-12°5$.

L'exposition générale des coteaux sur lesquels on cultive exclusivement la vigne est : Sud ou Sud-Est ; en tous cas, plus ou moins abritée.

La vinification et le travail des vins de Champagne est un art dont nous déterminerons les bases scientifiques et pratiques en parlant de la préparation des Muscats mousseux.

Le vin de Champagne, lorsqu'il est livré au consommateur, ne représente jamais le produit d'un seul cru, mais bien le coupage, en proportions diverses, de plusieurs crus, suivant les années et le type à réaliser.

On utilise indistinctement les raisins rouges ou blancs. Les principaux cépages sont : le *Noir menu*, assez semblable au *Pinot commun* par le fruit, mais plus fertile (feuilles à 3 lobes, tomenteuses en dessous ; débourrement tomenteux unicolore ; grains ronds ou presque ronds). Le *Plant doré d'Ay*, qui est le *Pinot noir* de la Bourgogne. A Cramant, dans les sols très calcaires, le *Pinot blanc* ou *Chardonnay* domine. Dans les crus de deuxième catégorie, on apprécie le *Pinot meunier* (feuilles duvetées même à la face supérieure), à cause de sa fertilité et de sa rusticité ; ses produits sont inférieurs à ceux du Pinot noir et du Chardonnay.

Le *Fromentot* ou *Pinot gris* est un peu plus fertile que le Pinot noir. On trouve aussi le Gamay, mais en faible proportion.

Le *Pinot noir* (1) fournit un vin d'une qualité exceptionnelle — c'est le cépage le plus distingué des grands crus de la Champagne et de la Bourgogne. Ses feuilles presque orbiculaires, vert foncé, recouvertes d'un léger duvet à la face inférieure, sont très caractéristiques ; elles tom-

---

(1) Le *Pinos* du poète du XIVᵉ siècle, Eustache Deschamps, est écrit *Pinoz* dans les ordonnances du Louvre de 1394.

bent de bonne heure et donnent le signal de la chute des
feuilles parmi les vignes cultivées. La grappe à pédoncule
ligneux, petite, tassée, cylindrique, parfois un peu ailée,
porte des grains petits, ovoïdes, noir foncé, protégés
par une peau épaisse légèrement pruinée. — Maturité
hâtive. Fertilité très médiocre. Redoute les bas-fonds
humides où il est exposé à la gelée et à la coulure. Se
plaît dans les terres à base calcaire, sèches et rougeâtres, en coteaux bien exposés. — Doit être conduit à la
taille longue.

Le *Chardonnay* a des feuilles à trois lobes, glabres,
d'un vert-jaunâtre. — Débourrement tomenteux, unicolore. — Grappe petite, cylindro-conique, compacte, avec
des grains ronds, d'un vert clair, que le soleil dore.
C'est le roi des cépages pour les vins légers, secs, nerveux, pleins d'une exquisse finesse et d'agrément. Ces
vins ont plus d'acide et plus de mousse que ceux du *Pinot noir*, qui ont, en échange, plus de corps, de vinosité
et de bouquet.

Le département d'INDRE-ET-LOIRE possède quelques bons
crus. Le territoire du Chinonais, qui s'étend sur les can-
tons de Bourgeuil et de Chinon, donne le vin de *Breton*
(Cabernet franc), caractérisé par un parfum subtil de
framboise qui lui donne un certain air de parenté avec
les vins du Médoc. Rabelais (1495-1553), originaire de
ce beau pays de Touraine, vante ses vins à plusieurs reprises (*Pantagruel*, liv. IV, ch. XV, et *Gargantua*, liv. 1er,
ch. XIII.)

Les vins blancs dorés des coteaux de Vouvray, arrondissement de Tours, produits par le *gros* et le *menu Pineau de la Loire*, constituent une boisson agréable, pétillante comme le champagne et liquoreuse dans les bonnes
années. Rabelais appréciait particulièrement ces vins
capiteux et corsés, pleins de distinction. «*O Lacrima
Christi!* s'écrie le gai curé de Meudon, *c'est de la Devi-
nière, c'est vin pineau. O le gentil vin blanc, et, par mon
âme! ce n'est que vin de taffetas*».

Cette dernière expression caractérise bien sa principale qualité, le moelleux, qui donne à l'estomac la sensation du velours. En moyenne, leur titre alcoolique est
de 12°; exceptionnellement, en 1893, les vins de Vouvray
titrèrent 14 o/o d'alcool. Les échantillons analysés
renfermaient encore 55 grammes de sucre, ce qui indique
pour le moût une richesse saccharine de 202 gramme,
par litre environ.

Le clos de Jasnières, dans le canton de La Chartre,
département de la SARTHE, fait des vins doux délicats, à
parfum de Madère lorsqu'ils ont vieilli. Malheureusement, nous sommes là presque à l'extrême limite septentrionale de la culture de la vigne et souvent la maturité parfaite du raisin n'y est pas atteinte. La vendange
se pratique très tard, généralement du 1er au 15 novembre, quand le raisin est couvert de moisissures, ce qui a
toujours lieu dans les bonnes années.

Les *Pineaux de la Loire* n'ont rien de commun avec
les *Pinots de la Bourgogne et de la Champagne*. L'époque de maturité de ces derniers est plus hâtive d'une
quinzaine de jours environ.

Le Gros Pineau de la Loire ou *Blanc Pineau de la Loire*
est identique au *Chenin blanc* des coteaux de la Vienne.
Il existe une variété noire connue près de Saumur sous
le nom de *Plant d'Aunis* à chair juteuse et franchement
acidule.

Le Chenin blanc est un cépage plus fertile que le
Pineau blanc Chardonnay; nous le retrouverons dans le
Saumurois.

Le *Menu Pineau de la Loire*, aux petits grains serrés de
couleur verdâtre (ce qui le fait appeler Verdet en plusieurs localités) est une variété du gros Pineau.

Le rustique Chenin blanc porte des feuilles à trois
lobes garnies d'un duvet aranéeux à la face inférieure;
nervures envinées ainsi que le pétiole. Grappe petite ou
moyenne, cylindro-conique; grains ovales ou presque
ovales, moyens, jaune doré; pulpe juteuse, sucrée, à

saveur agréable. Maturité : deuxième époque. Se plaît dans les sols argileux et profonds. Taille courte.

Le département de MAINE-ET-LOIRE est fier à juste titre de ses vins mousseux de la région de Saumur, dont les crus principaux sont : Dampierre, Varrains, Chacé, Brézé, Saint-Cyr-en-Bourg, Parnay. (C'est sur le territoire de cette dernière commune que se trouvent les vignobles renommés de Château-Parnay et de la Ripaille). Leurs vins blancs secs produits par le fructifère Groslot (feuilles à cinq lobes, tomenteuses en dessous ; débourrement tomenteux à folioles colorées ; grains ronds), le Cot à queue rouge de Touraine identique au Malbec de la Gironde, le Pineau blanc de la Loire ou Chenin blanc, sont fins et agréables, mais surtout corsés, même capiteux.

Dans le département de la VIENNE, entre la Charente et l'Indre-et-Loire, sur les coteaux qui dominent la rive droite de la Dive, arrondissement de Loudun, on récolte des vins blancs de qualité, prenant bien la mousse. Secs, ils ont du moelleux et contractent en vieillissant un bouquet qui rappelle l'eau-de-vie de coing (éther œnanthique).

Les meilleurs vins de ce type viennent de Ternay, St-Léger-sur-Dive, Pouancay, dont la base est le Chenin blanc.

Les vins blancs de Pouilly-sur-Loire, dans la NIÈVRE méritent une mention spéciale. Ils dérivent du Blanc fumé ou Sauvignon blanc de la Gironde.

La CHARENTE elle-même, que l'on croirait exclusivement adonnée à la culture de la vigne en vue de la distillation des célèbres eaux-de-vie de Cognac, produit cependant quelques vins de luxe.

Le vin blanc doux de Cognac ne manque pas d'agrément, ainsi que le vin de liqueur dit des Grandes Borderies.

Nour allons clore ici cette longue énumération, qui, en l'espèce, ne représente cependant qu'une ébauche rapide et imparfaite. Mais elle atteint le but que nous nous étions fixé en démontrant surabondamment qu'il existe des *vins de luxe* dans toutes les régions viticoles de la France. Par le choix judicieux des cépages et l'application des méthodes de vinification rationnelle on peut développer cette industrie.

La production des vins communs, surtout dans le Midi de la France, a pris une extension considérable et elle menace de dépasser, à brève échéance, celle que l'on obtenait avant l'invasion phylloxérique. L'étude de la préparation des vins de luxe est certainement une mesure de prévoyance pour l'avenir.

Au prix de quelques soins qui sont à la portée de tous, on parviendrait à lutter avantageusement contre les marques étrangères que notre inertie laisse triompher jusques sur notre propre marché. Le vigneron augmenterait ainsi la valeur intrinsèque d'une partie de sa récolte, tout en agrandissant, à l'intérieur et à l'extérieur, le cercle de la consommation.

Sous l'effort tenace de la lutte pour l'existence, les nations viticoles ont réalisé de grandes améliorations et réduit nos débouchés. Sans doute, la France sera toujours le premier pays vinicole du monde, car Bourgogne, Champagne, Hermitage, Bordeaux, ne peuvent prendre naissance sous d'autres cieux ; mais nous ferions preuve d'une bien coupable incurie si nous fermions obstinément les yeux sur les progrès accomplis par nos concurrents.

La création des stations œnologiques va enfin permettre de rechercher méthodiquement les moyens propres à améliorer les procédés de vinification et de conservation des vins. L'étude des cépages cultivés, magistralement ébauchée par M. Müntz, donnera des résultats précieux. Espérons que l'ensemble de tous ces remarquables travaux imprimera à l'œnologie française une impulsion décisive et féconde.

CHAPITRE III

Soins de propreté dans les caves et celliers

Les MICROBES OU BACTÉRIES appartiennent aux *types les plus inférieurs des êtres vivants*. Les observations de Balbiani (1), Künstler (2), Butschli (3) rapprochent les Bactéries des *Flagellés*, suivant en cela les idées de Pasteur qui considérait les Bactéries comme très voisines des *Infusoires*.

Les Flagellés, intéressants par l'ambiguïté de leur nature, tiennent de près aux *Infusoires ciliés*.

Les Euglènes vertes ou rouges, qui se développent parfois au printemps à la surface des étangs qu'elles colorent, sont des Flagellaires.

Quoi qu'il en soit, il est encore difficile de donner une définition générale des bactéries. On les connaît sous une multitude de formes, depuis le plus petit globule jusqu'aux filaments verdâtres semblables aux algues. On les rencontre en tous lieux comme agents actifs des phénomènes de décomposition ou de putréfaction.

(1) *Balbiani*. — Journal de micrographie, 1886 et suiv.

(2) *Künstler*. — De la position systématique des Bactériacées. Journal de micrographie, 1885.

(3) *Butschli*. — Ueber den Bau der Bacterien und verwhandher Organismen. Leipsig, 1890.

Pour vivre, ces infiniment petits, dont le diamètre ne dépasse guère un demi-millième de millimètre, exigent de l'eau, certaines substances carbonées et azotées, et un nombre déterminé de métaux. Ils puisent ces éléments dans la plupart des substances alimentaires, notamment dans le moût, le vin, et aussi dans les matériaux résiduaires des caves et chais.

Tout ce qui nous entoure: l'air, l'eau, le sol, etc., sont chargés de germes à l'état de *cellules végétatives* ou bien à l'état de *spores*.

La multiplication par *division* est de beaucoup le mode le plus commun de propagation des bactéries; mais comme les cellules ainsi produites n'offrent, en général, qu'une faible résistance aux causes de destruction, elles ont en outre la propriété de former par condensation du protoplasma des *spores durables*.

C'est en observant le bacille de la *flacherie des vers à soie* que Pasteur (1) a pu — le premier — décrire les spores. Ces sortes de germes supportent les mauvaises conditions d'existence et conservent leur vitalité.

L'air, surtout dans les grandes villes, constitue une cause d'infection, mais il est bien certain qu'elle est moins importante que celle qu'on doit attribuer à l'eau, au sol et aux divers instruments que nous employons.

Une eau *parfaitement limpide* peut renfermer plusieurs milliers de germes par centimètre cube, c'est assez dire que les eaux de lavage ont besoin d'être soigneusement examinées.

Les eaux de source ou de puits artésien utilisées dès leur arrivée au jour sont les meilleures. Les eaux des puits ordinaires, et, à plus forte raison les eaux de pluies, doivent être rejetées ou tout au moins bouillies avant l'usage.

---

(1) *Pasteur*. Études sur les maladies des vers à soie. Paris, 1869.

Mais c'est le sol qui est le grand réceptacle de tous les germes — et, cela s'explique, puisque tous les cadavres en voie de décomposition, toutes les plantes mortes qui pourrissent, tous les liquides qui fermentent, finissent par arriver au contact du sol. Nous avons démontré expérimentalement en 1890 (1) que plusieurs microorganismes de maladies des vins, notamment le *mycoderma aceti*, vivent dans le sol d'une année à l'autre.

Donc, les poussières du sol doivent être évitées avec le plus grand soin.

La cave ou le cellier, les lieux où circule le vin, ne peuvent être placés à proximité des écuries, des bergeries. Les fumiers, la fosse à purin, les tas d'ordures sont le réceptacle du *bacterium termo* de la fermentation putride et d'une foule d'autres germes capables de produire des troubles persistants.

Les moisissures sont plus répandues dans la terre que dans l'eau. Les plus communes dans nos régions tempérées paraissent être les Penicillium glaucum, Mucor mucedo, Aspergillus glaucus, Mucor racemosus, Mucor stolonifer.

Une cave doit toujours être extrêmement propre car les liquides qu'on y travaille sont délicats et sujets à contracter de nombreuses maladies qui modifient leur composition normale et abaissent souvent dans des proportions énormes leurs qualités et leur valeur marchande.

L'antisepsie et la stérilisation sont les deux moyens d'ordres différents qui nous permettent de supprimer les germes ennemis — *bactéries* et *moisissures* diverses.

L'influence des moisissures est considérable sur les résultats de la fermentation et de la conservation du vin. Non seulement elles agissent par elles-mêmes, mais encore leur présence peut être considérée comme un

---

(1) *V. Sébastian*. Recherches expérimentales sur la vitalité des microbes dans le sol des caves et celliers, Paris, 1890.

signe que d'autres organismes plus nuisibles sont en voie de développement. Lorsqu'on examine à l'aide du microscope un de ces champs de moisissure qui se développent à la voûte, sur les murs d'une cave ou sur les parois d'une futaille, on reconnaît, parmi les filaments de la moisissure, les bactéries acétiques et des cellules ou des spores dangereuses.

Les antiseptiques sont des produits chimiques qui tuent moisissures et bactéries, ou tout au moins entravent leur multiplication.

Mais les *moyens chimiques* de produire la désinfection peuvent être remplacés avantageusement, dans certains cas, par des *moyens physiques* très énergiques. La stérilisation se fait à l'aide de la chaleur sous forme d'eau bouillante, de vapeur sous pression, d'air surchauffé et de flamme.

Deux considérations principales doivent surtout guider dans le choix d'un antiseptique à introduire dans la cave : sa puissance et sa facilité d'emploi.

Il existe un grand nombre d'antiseptiques, et, chaque jour, les dérivés du goudron de houille, véritable mine à carbures, viennent en augmenter la liste avec plus ou moins de bonheur ; il serait inutile de les citer tous. Nous désignerons simplement ceux que l'expérimentation la plus rigoureuse permet d'introduire dans la pratique.

Parmi les *bases* qui sont généralement employées, on remarque : la *chaux vive*, le *carbonate de soude* et la *soude*. Parmi les acides, c'est l'*anhydride sulfureux* ; enfin, parmi les sels, ce sont le *bisulfite de soude* et le *chlorure de chaux*.

Les recherches de MM. Chamberland et Fernbach, de l'Institut Pasteur, ont prouvé que ce dernier sel est le plus actif. le moins dangereux et le meilleur marché des désinfectants.

Les caves de garde ou bien celles dans lesquelles s'accomplit la fermentation, les celliers où se manipulent les vins, etc., doivent être l'objet d'une surveillance méticuleuse.

La marche normale de la fermentation ainsi que les phénomènes d'oxydation qui accompagnent le vieillissement des vins exigent que l'air des locaux soit aussi pur que possible (1).

Les endroits où les marcs ont séjourné, où du moût, du vin, des lies ont été déversés, seront soigneusement lavés avec une solution de chlorure de chaux.

Ce désinfectant présente l'avantage de pouvoir être mis sans danger entre les mains des ouvriers, tout en étant très énergique et d'un prix fort peu élevé.

Il suffit de préparer une solution à 10 o/o de chlorure de chaux solide du commerce et de l'étendre de dix fois son volume d'eau au moment de s'en servir. Une solution plus concentrée serait beaucoup moins active; la cause de ce phénomène surprenant est encore inconnue.

Les germes humides sont moins résistants que les germes secs, et, toutes choses égales, ils sont plus sensibles à l'influence de l'antiseptique chaud que froid.

Tenant compte de ces faits, nous devons commencer par bien humecter la surface à désinfecter au moyen d'un lavage ou d'aspersions à l'eau, ensuite nous ferons agir la solution chlorurée aussi chaude que possible.

Le sol des caves a besoin d'être désinfecté de temps en temps avec la solution de chlorure, et les murs, ou bien lavés avec le même liquide, ou bien blanchis à la chaux.

Le badigeonnage annuel à la chaux est indispensable. On peut le remplacer avantageusement par une pulvéri-

---

(1) La température joue un rôle prépondérant dans les phénomènes de fermentation et d'oxydation. La température la plus favorable à l'activité de la fermentation alcoolique du vin paraît être de 24 à 30°. Une bonne cave de garde ne doit pas subir de brusques variations de température sans dépasser 15 à 16°.

sation abondante d'eau chlorurée lorsque les murs sont plans et vernis à l'aide des couleurs d'émail dont l'emploi mérite d'être répandu.

Tous les matériaux et liquides résiduaires des caves de fermentation ou de garde renferment des microorganismes nuisibles, car ils offrent à ces êtres parasites un terrain très favorable à leur développement. Il est par conséquent nécessaire de s'en débarrasser sans le moindre retard.

Règle générale, les lavages du matériel, etc., doivent, autant que possible, s'opérer au dehors; dans tous les cas, il faut éviter le séjour des eaux de lavage à l'intérieur des caves et chais en facilitant leur évacuation rapide par une installation appropriée.

La désinfection des *cuves, foudres, tonneaux*, etc., exige un soin scrupuleux. Nous recommandons la méthode suivante qui donne d'excellents résultats :

Arroser les parois du récipient vinaire avec une solution bouillante de carbonate de soude à 7 ou 8 o/o.

Faire suivre ce lavage d'un brossage ou tout au moins d'un rinçage à l'eau pure. On peut employer la solution de carbonate froide, mais à la condition de la faire suivre d'un échaudage à la vapeur pendant un quart d'heure.

La stérilisation sera rendue absolue par un lavage avec une solution de bisulfite de chaux au dixième ou de chlorure de chaux au centième, suivi d'un rinçage à l'*eau bouillante*.

Ces procédés de désinfection sont applicables aux petits fûts sixains : bordelaises, 1/2 muids. On lave d'abord le tonneau, soit au carbonate de soude bouillant, soit au chlorure de chaux, on rince soigneusement à l'eau bouillante, puis on laisse égoutter et sécher parfaitement avant de brûler une mèche soufrée dans l'intérieur même du tonneau. Ce dernier restera ensuite hermétiquement bondé jusqu'au moment de son utilisation.

L'acide sulfureux, produit par la combustion du soufre, désoxygène le milieu et s'oppose ainsi au développement des ferments aérobies comme par exemple le *Bacillus aceti* de la fermentation acétique si redoutable aux vins.

Le pouvoir désinfectant de l'acide sulfureux est à peu près nul à l'égard des bactéries sporulées et des moisissures.

Les *conduites, tuyaux, pompes, siphons*, etc, servant au transvasement ou au coupage des vins doivent être lavés avec une solution de carbonate de soude à 5 o/o, car c'est très souvent en traversant ces divers ustensiles que le vin est *infecté*.

D'une façon générale, le carbonate de soude est le meilleur désinfectant pour les métaux, parce qu'il offre l'avantage de les mettre en outre à l'abri de l'oxydation.

Il faut installer les *conduites* de manière à ce qu'elles aient partout une pente suffisante pour assurer l'écoulement des liquides, réduire l'emploi du caoutchouc au strict nécessaire, car il est plus difficilement stérilisable. Si, néanmoins, il existe des parties de circuit en caoutchouc, ces parties doivent être stérilisées séparément.

Pour le nettoiement des conduites, la vapeur est un excellent moyen de désinfection, mais, à condition, bien entendu, qu'elle ressorte brûlante par l'ouverture terminale.

Nous recommandons instamment de proscrire radicalement les caoutchoucs de qualité inférieure, non seulement parce qu'ils sont très rebelles au nettoyage, mais encore parce qu'ils risquent de donner au vin un goût désagréable.

Les caoutchoucs de mauvaise qualité renferment souvent une proportion notable de matières minérales, telles que l'oxyde de zinc et le carbonate de chaux ; ces matières sont dissoutes par les acides du vin ; lorsqu'on lave avec le bisulfite de chaux, la surface du caoutchouc devient rugueuse et poreuse.

Tous les objets en caoutchouc, tuyaux, rondelles, ba-gues, etc., qu'on désire désinfecter, doivent être mis à tremper pendant environ trois quarts d'heure dans une solution chaude de carbonate de soude à 5 ou 6 p. o/o, ou bien dans une solution de bisulfate de chaux à 6 à 8 p. o/o. Ensuite, on rince et on brosse l'objet dans l'eau bouillie.

Il faut éviter de chauffer les objets en caoutchouc à une température élevée, de les plier à température basse, le froid les rendant durs et cassants, ou de les mettre en contact avec des graisses minérales ou végétales et des huiles, car ces substances attaquent toujours le caout-chouc et finissent même par le dissoudre partiellement.

N'oublions jamais que le vin le plus robuste est d'une constitution délicate et qu'il nécessite de très grands soins de propreté. C'est ainsi qu'on parviendra à le pro-téger contre une invasion microbienne toujours latente.

CHAPITRE IV

Considérations générales sur le raisin, le moût, le vin

Avant d'entreprendre la description des méthodes usitées pour la préparation des divers vins de luxe, nous devons étudier les différents éléments qui entrent dans leur composition. L'œnologue doit connaître à fond la pratique des manipulations nécessaires à l'obtention du type désiré, mais, en outre, il doit posséder des connaissances générales suffisantes pour être capable de modifier ses procédés suivant l'état de la vendange, la composition du moût, la température ambiante, etc.

Nous passerons rapidement en revue :

Sucres du raisin,

Sucres du vin,

Tannins,

Principes acides du raisin,

Principes acides du vin,

Alcool,

Acide carbonique,

Éthers,

Bouquets. Parfums du raisin et du vin,

Matières colorantes.

La fabrication des vins de luxe exige des raisins riches en sucres. Dans ces conditions on peut poser en principe que les raisins destinés à cette catégorie de vins ne doivent être cueillis qu'après avoir atteint un très haut degré de maturité.

Quelques jours avant la vendange, on tord le pédoncule des grappes ou bien on les écrase avec une pince spéciale. Cette opération contrarie l'afflux séveux ; les sucs enfermés dans la baie deviennent le siège d'une élaboration intime qui enrichit les sucres et les concentre par suite de l'évaporation d'une certaine quantité d'eau. La pellicule se flétrit, se ride et le *passerillage* est ainsi obtenu.

Il est préférable, à notre avis, de passeriller sur souche que par l'exposition au soleil après vendange, ou bien dans des chambres aérées. La chaleur trop brutale d'un four donne les plus médiocres résultats.

L'envahissement du raisin par les moisissures est un danger. Indépendamment du mauvais goût que ces microorganismes risquent d'introduire ils vivent aux dépens du sucre et en diminuent la quantité.

La présence d'une végétation cryptogamique sur la surface des grains est recherchée et considérée comme un bienfait dans certains vignobles spéciaux tels que les Sauternes, les Monbazillac, les bords du Rhin. C'est ce qu'on appelle la *pourriture noble* et elle est due en grande partie au *Botrytis cinerea*.

D'après les recherches que nous avons faites, le Botrytis brûle le sucre ; il ne s'attaque pas aux acides d'une manière sensible tant qu'il trouve des matières sucrées à sa disposition et forme des acides formique, acétique et succinique.

Il se pourrait que cette moisissure ait une importance plutôt subordonnée que réelle. Dans tous les cas, si elle est trop abondante, elle donne au vin une odeur désagréable.

La durée du passerillage ne saurait être précisée car elle dépend de la température, de la qualité du raisin et du vin que l'on veut obtenir. A titre d'indication, nous fixerons quelques dates en exposant la pratique des méthodes spéciales.

Les raisins sont disposés en grappe composée dont l'axe central, les axes secondaires et les pédicelles constituent la *rafle*. Chaque pédicelle porte une *baie* indéhiscente, à pulpe juteuse et sucrée. Cette pulpe, au milieu de laquelle nagent un à quatre pépins, est enveloppée par une pellicule mince (la peau); elle se montre avec l'aspect d'une masse gélatineuse qui laisse échapper un liquide — le jus du raisin — sous l'action de la plus légère pression. La pulpe doit son apparence gélatineuse à la présence des minces cloisons qui délimitent les cellules contenant le jus.

Le liquide plus ou moins mucilagineux obtenu après le foulage ou le pressurage des raisins mûrs constitue le *moût* et renferme naturellement une grande partie des éléments que l'on retrouve après fermentation dans le vin fait.

Ce moût est un mélange très complexe *d'eau*, de *sucre*, de *gommes*, de *matières pectiques*, de *substances azotées*, d'acides *tartrique, malique, tartromalique, citrique, tannique*, libres ou combinés; de *crème de tartre*, de *tartrate de chaux*, d'*éléments minéraux*. Au sein du liquide, des *débris de rafles, depellicules*, des *pépins*, se tiennent en suspension et cèdent au vin, pendant la fermentation, certains principes utiles tels que le tannin, les matières colorantes et odorantes, etc., etc.; enfin, des produits analogues aux résines, mais plus rapidement oxydables, provenant des rafles et des pépins écrasés.

La pellicule du raisin joue un très grand rôle dans la vinification, car les matières colorantes sont exclusivement localisées dans son tissu cellulaire, excepté chez les cépages teinturiers ou dérivant des teinturiers, comme les *Bouschet*, par exemple, dont le jus est aussi coloré. En outre, elle contient du tannin, du bitartrate de potasse, des acides et des matières cireuses, des malières odorantes d'une haute importance sur le bouquet caractéristique de chaque cépage.

Les substances colorantes à fonctions acides, dénommées «acides œnoliques» ont été étudiées par M. Armand Gautier. Ce savant chimiste a reconnu (1) qu'elles dérivent d'un chromogène incolore sous forme de corps colorés analogues aux catéchines et appelés acides ampelochroïques.

C'est aux acides œnoliques qu'est due la coloration normale de la peau du raisin ; ils forment plusieurs types dont les proportions différentes exercent une influence sur l'intensité et les caractères de la couleur du fruit et du vin.

La coloration rouge des acides œnoliques apparaît d'autant plus franche que le milieu est plus acide. Lorsque les raisins sont trop mûrs et pauvres en composés acides, la couleur du vin vire tantôt au noir-bleuâtre, tantôt au violet et à l'orangé. Une addition d'acide tartrique à la cuve avive la teinte en amenant les matières colorantes à l'état d'acides œnoliques.

Le jus du raisin ne renferme pas de saccharose (pouvoir rotatoire spécifique +66°51) mais un mélange de glucose et de lévulose, sucres réducteurs, qui s'y trouvent rarement en quantités égales.

M. Bouffard (2) a démontré, en 1889, que le glucose prédomine dans les fruits verts et que le lévulose augmente pendant la maturation. Les proportions de glucose et de lévulose se rapprochent de celles du sucre interverti au moment de la maturité.

A peu près vers la même époque, nous avons eu l'occasion de faire quelques observations intéressantes en

(1) Comptes-rendus de l'Académie des Sciences, tome LXXXVI, p. 1507 (1878); Ibid., tome CXIV, p. 623 (1892).

(2) *Bouffard.* Annales de l'Ecole nationale d'agriculture de Montpellier, tome IV, p. 359.

opérant sur des cépages cultivés en Algérie. Dans les raisins très mûrs le lévulose est plus abondant que le glucose. Les phénomènes qui influent sur la formation des sucres se rattachent à plusieurs causes parmi lesquelles la nature du cépage offre une grande importance.

(Le glucose est dextrogyre tandis que le lévulose est lévogyre. Le pouvoir rotatoire du premier en solution de 1 à 10 o/o varie peu sous l'effet de la température; celle du second, au contraire, est très variable).

Les différences les plus grandes trouvées sur la Carignane et le Mourvèdre bien mûrs ont été pour o/o de: glucose *8.25*. — lévulose *10.63*, soit: *2.38* en plus de lévulose.

Dans le raisin, comme dans le vin, il y a pour ainsi dire deux sources d'acidité. L'une provient de l'acide tartrique, malique, citrique, etc., et l'autre est due au tartrate acide de potasse ou crème de tartre qui étant insoluble dans l'alcool se précipite pendant la fermentation au fur et à mesure de la production de ce corps.

Lorsque la maturité complète est atteinte, la proportion d'acide tartrique libre est généralement très faible ou nulle — il est engagé dans des combinaisons. — La proportion d'acide malique est notable et l'ensemble des autres acides ne représente, en moyenne, que 15 à 20 p. 100 de l'acidité totale.

En résumé, les acides libres du jus de raisin et les sels acides sont nombreux; leur importance est grande non seulement sur la marche de la fermentation et le développement des levures, mais encore sur les diverses réactions d'où dérivent les éthers du bouquet. Nous avons démontré (1) que l'acide tartrique offre l'heureuse propriété d'aviver la matière colorante et d'augmenter la

---

(1) *V. Sébastian*. Mission œnologique en Espagne, 1894. Fontana, imprimeur, Alger.

puissance-ferment de la levure, c'est-à-dire d'exalter la *fonction anaérobie* signalée par Pasteur.

Tous les vins de luxe ne renferment pas du *sucre* car certains d'entre eux sont secs, c'est-à-dire complètement fermentés; ils se rapprochent ainsi des vrais vins de table. Cependant on peut avancer que la plupart des vins de luxe contiennent du sucre indécomposé. Les vins sucrés par leurs propres éléments ont un moelleux, une saveur spéciale, un fruité très marqué rappelant nettement cet arome caractéristique du cépage dont nous avons signalé le principal gisement dans le tissu cellulaire de la pellicule. L'arome en question est, bien entendu, tout à fait différent du *bouquet* qui se développe pendant le vieillissement et par la formation des éthers, produits de la réaction entre les alcools et les acides.

Si le moût ne possède pas naturellement une quantité de sucre supérieure à celle qu'exige la production de 15 à 16 p. o/o d'alcool, il est évident que tout le sucre disparaîtra si les circonstances ambiantes favorisent la fermentation. Dans ce cas, la conservation du sucre nécessitera l'adjonction d'un certain volume d'alcool calculé sur la quantité de sucre à préserver.

L'alcool est un puissant antiseptique, et il s'oppose au développement des ferments lorsqu'on l'ajoute à un liquide fermentescible à la dose de 15 p. o/o.

Le titre de 15 degrés est d'ailleurs largement dépassé par plusieurs grands vins étrangers; le Madère atteint souvent 20 degrés; le Marsala et le Jérez oscillent entre 17 et 20 degrés.

L'absence de l'oxygène et la présence en excès de l'acide carbonique empêchent aussi le dédoublement du sucre. Ce gaz joue un grand rôle dans la fabrication des vins mousseux; nous en reparlerons plus loin.

Une très forte proportion de sucre gêne la vitalité des levures. C'est pour ce motif que les moûts concentrés ne fermentent pas quoiqu'ils soient pleins de cellules de saccharomyces, tant qu'on ne leur à point restitué au moins une bonne partie de l'eau perdue par évaporation.

Quand il s'agit de faire prendre la mousse à des vins blancs légers, complètement fermentés, il est indispensable de les mettre en bouteille avec un poids déterminé de sucre candi. Nous disons «vins légers», car il serait parfaitement inutile de vouloir réveiller la fermentation dans un vin trop chargé d'alcool. Ce que nous avons déjà dit à ce sujet nous dispense d'autres commentaires.

Les composés tanniques manquent dans la pulpe, mais on les trouve dans les rafles, dans les pellicules et les pépins. Leur nature particulière, comme celle des matières azotées, nous est si peu connue, qu'il serait téméraire de chercher à définir les combinaisons dans lesquelles ils sont engagés. Différents certainement du tannin proprement dit, ces composés jouissent cependant des mêmes propriétés générales. Ils ont notamment la faculté de se combiner avec les corps protéiques insolubles, comme le tissu musculaire et le derme, ou solubles comme la gélatine et l'albumine.

De même que la matière azotée, le tannin peut se présenter sous plusieurs formes. Il y a assurément autant de différence entre ces formes qu'entre les divers hydrates de carbone. Pour donner un exemple, nous ajouterons que le chlorure ferrique (Fe^2Cl^6), qui précipite en noir le tannin du chêne, ne donne point de précipité avec le tannin du houblon mais simplement une coloration verte intense.

Les tannins sont très oxydables. Quelques-unes de leurs combinaisons avec les peptones sont solubles dans les acides organiques du moût et le vin renferme ainsi du tannin combiné. *A priori*, nous ne pensons pas qu'un tannin quelconque puisse remplacer le tannin de la vigne et provoquer des réactions absolument identiques au sein du moût et pendant la fermentation.

Le moût que l'on obtient par la séparation rapide de la pulpe juteuse et des parties solides riches en substances astringentes donne forcément un vin blanc pauvre en tannin.

Des grains de Picquepoul analysés en 1895 avaient en tannin pour 100 :

Dans la pellicule . . . . . 0.52 ⎫ 1.37
Dans les pépins. . . . . . 0.85 ⎭

Dans le poids total de la grappe, les grains étaient compris pour 98.80 o/o et la rafle pour 4.20 o/o ; cette dernière renfermait 1.30 de tannin o/o.

Avec la Carignane, nous avons eu pour 100 :

Dans les rafles . . . . . . 1.10 ⎫
Dans les pépins. . . . . . 0 35 ⎬ 3.07
Dans les pellicules. . . . . 1.62 ⎭

La pulpe privée de tannin contient trop de matières glutineuses, sortes de gélatines végétales, solubles dans l'eau alcoolisée acide, qui servent d'aliment azoté aux levures ainsi qu'aux ferments pathogènes.

Les vins blancs jeunes, faibles en alcool et en tannin sont fréquemment envahis par le microbe de la *maladie de la graisse* qui se présente sous forme de très petits grains sphériques réunis en chapelets et attaque surtout les sucres et les gommes. C'est un fléau redoutable pour ces vins, car il les rend huileux, filants et louches.

On se met à l'abri de ce danger en ajoutant une certaine proportion de tannin au vin.

Non seulement le tannisage enlève au vin les matières albuminoïdes qui compromettent sa bonne constitution, mais encore il assure la prise de colle ou collage.

L'ichtyocolle ou colle de poisson que l'on emploie pour obtenir la limpidité renferme 86 à 93 o/o de gélatine pure et possède par conséquent des propriétés analogues aux gélatines végétales. En se combinant avec le tannin, elle forme un tannate insoluble qui développe au sein du liquide des flocons spongieux, des membranes minces, capables d'entraîner en se précipitant toutes les impuretés en suspension.

Mais un excès de tannin offre {des inconvénients ; il

faut donc ajouter au vin la dose de tannin exactement nécessaire pour produire la précipitation des matières albuminoïdes provenant du raisin ou de la colle, de façon à ce que le vin ne renferme pas de substances coagulables, et tout au plus une légère trace de tannin, au moment de la mise en bouteilles.

La teneur des vins en principes astringents est très variable. Les cépages de la Gironde ayant une richesse supérieure en tannin dans les pellicules et les rafles peuvent subir l'égrappage sans danger. Malgré cette opération, ils présentent au début une âpreté particulière que le vieillissement fait disparaître. Voici les résultats donnés par l'analyse de la vendange 1895 :

	Cabernet franc noir	Cabernet-Sauvignon noir	Malbec noir	Pinot Chardonnay blanc	Chenin blanc	Pinot noir
Dans les rafles....	0.35	0.60	0.70	2.25	2.60	1.70
Dans les pépins...	1.15	1.65	4.10	2.35	2.25	3.50
Dans les pellicules.	2.70	1.85	2.40	0.20	0.75	1.20

Comme nous l'avons déjà dit, de nombreuses circonstances font varier la composition des raisins d'un même cépage. Les phénomènes météorologiques de l'année, les soins donnés à la culture, la constitution géologique du terrain, etc., apportent à cette composition des modifications parfois considérables. Mais la nature du cépage domine tous ces facteurs ; l'examen du tableau précédent montre clairement que le tannin n'a pas toujours les mêmes préférences pour ses lieux d'élection. D'une façon générale, les rafles des cépages blancs sont plus riches en composés tanniques que celles des cépages noirs, mais, par contre, les pellicules de ces derniers renferment beaucoup plus de matières astringentes, ce qui s'explique puisque les pigments colorés ont toutes les propriétés des acides tanniques.

L'œnologue qui s'occupe de la préparation des vins blancs ne peut se passer de déterminer la quantité de tannin contenue dans son vin. Le tannisage, qui est d'une pratique courante en Champagne, exige impérieusement une série d'analyses dont la marche méthodique sera indiquée plus loin. Sauf de rares exceptions qu'offre, par exemple, la fabrication de certains vins jaunes du Jura, les raisins noirs ou blancs destinés à la vinification en blanc sont foulés et portés au pressoir une fois la vendange faite. Le jus qui s'écoule n'est que le jus pur de la pulpe.

En ce qui concerne le tannin, il est incontestable que les pellicules, les pepins et les rafles le retiennent presque entièrement malgré la pression. Sans doute, l'énergie développée par le pressurage entraîne une plus ou moins grande proportion de tannin, mais, ordinairement, on évite avec soin de la pousser à l'extrême, de crainte d'introduire dans le vin des éléments acerbes, etc. susceptibles de lui nuire.

Le vin — en d'autres termes le moût qui a subi la fermentation alcoolique — est une boisson tonique légèrement stimulante qui exerce une action très favorable sur la santé des consommateurs.

Le proverbe biblique « Bonum vinum lœtificat cor hominis » sera éternellement vrai... tant qu'il y aura des hommes !

De nombreux éléments entrent dans la composition du vin ; ils dérivent du moût, du travail biologique des ferments et des oxydations, des réactions multiples que le vieillissement amène.

Il y a des vins rouges, jaunes, blancs, gris, rosés, mousseux, etc. Leur valeur dépend du cépage qui les a produits, du sol, du climat, des méthodes de vinification et des soins dont ils ont été l'objet en cave.

Dans ces conditions, les matériaux constitutifs du vin

forment un ensemble caractéristique mais très variable quant aux proportions de chacun d'eux.

Ces matériaux peuvent être classés en deux groupes principaux : 1° les matériaux fixes, 2° les matériaux volatils.

Les premiers sont formés principalement de *tannin*, de *matières colorantes*, de *gommes*, de *dextrines infermentescibles*, de *matières pectiques* et *albuminoïdes*, de *substances grasses* ; d'acides *tartrique*, *malique*, *succinique*, *œnotanniques* en partie libres, en partie combinés avec des bases — *potasse* et *soude* — de substances minérales, surtout des *phosphates de chaux* et de *magnésie*, un peu de *sulfate de potasse*, une faible quantité de *chlorure de sodium*, des traces de *manganèse*, *fer*, *alumine*, et souvent aussi du glucose et du lévulose non fermenté.

Les fermentations vicieuses, les nombreuses maladies auxquelles les vins sont sujets engendrent des produits divers. Nous citerons, entre autres, les acides *lactique*, *butyrique*, *propionique*, *tartronique*, *valérique* et la *mannite* ($C^6H^{14}O^6$), corps légèrement sucré ayant les propriétés d'un alcool hexatomique.

Les *principes volatils* sont constitués en grande partie par l'*eau* et par l'*alcool éthylique* toujours accompagné de ses homologues supérieurs : alcools *propylique*, *butylique*, etc., l'alcool *amylique* ou *méthylbutanol*, alcool primaire en C^5, très différent des alcools précédents. Ensuite viennent les *éthers* — sortes de *sels* d'alcool mais ne réagissant pas les uns sur les autres — on y trouve encore une très faible quantité d'*aldéhyde éthylique* qui prend naissance dans l'oxydation de l'alcool ; l'*isobutylglycol*, le *furfurol*, la *glycérine*; les acides *acétiques*, l'acide *formique*, l'acide *œnanthique*, etc., et, pour clore la liste, des gaz dissous : *acide carbonique* et *azote*, en quantité variable.

Il y a deux espèces d'*éthers* pour chaque alcool: les *éthers simples* qui dérivent des hydracides ; les *éthers composés* qui dérivent des acides oxygénés et analogues

aux sels métalliques : sulfates, phosphates, acétates, etc.
Ces derniers sont de deux sortes lorsque les acides qui
leur donnent naissance sont polybasiques.

Les éthers fabriqués industriellement jouent un grand
rôle dans la préparation des parfums, des confitures et
des liqueurs.

L'éther butyrique s'emploie en Allemagne pour parfu-
mer une boisson acidulée qu'on appelle *pineapple ale*
(ale à l'ananas).

L'éther œnantique a beaucoup d'analogie avec le parfum qu'exhale le coing, et s'il est assez abondant dans le
vin, il lui communique l'odeur des fruits du cognassier.
Les vins blancs des coteaux de la Dive, aux environs de
Loudun (Vienne), ceux de Jurançon dans les Basses-Pyrénées, en offrent un exemple.

Les vins vieux de Bouzy dégagent souvent l'odeur de
la poire. Le parfum de la framboise embaume les vins
du Médoc, tandis que certains vins du Var sentent la
fraise, d'autres de Hongrie sentent la prune, le cassis.

Cela n'a rien de surprenant après ce que nous avons
dit sur la formation des éthers.

L'*éther acétique* de l'alcool ordinaire ou acétate d'éthyle
a l'odeur de pomme reinette.

L'*acétate d'amyle* a l'odeur de poire ; le *formiate de
méthyle* sent le rhum, etc.

La *fermentation alcoolique* est un phénomène à la fois
physiologique et chimique.

Au point de vue physiologique, c'est le résultat du développement biologique de cellules bourgeonnantes connues sous le nom de *saccharomyces* ou *levures* qui se traduit par la prolifération de la plante.

Au point de vue chimique, c'est le résultat de la décomposition du sucre qui donne naissance à des produits
nouveaux.

Comme nous l'avons déjà vu, les sucres du raisin appartiennent au groupe des *glucoses* ; ces sucres fermentent directement, quoique inégalement bien.

Les principaux produits de la fermentation du moût sont l'*alcool* et l'*acide carbonique*. En relatant la composition du vin nous avons signalé la présence de plusieurs produits secondaires — *glycérine, acide succinique, acide acétique*, etc., — sur lesquels nous n'insisterons pas. Ces produits secondaires proviennent du sucre et représentent environ 4 p. o/o du poids. Il est évident que la proportion des corps dérivés varie suivant la nature du liquide fermentescible, la température, et aussi suivant les propriétés physiologiques particulières des levures qui mènent la fermentation.

Lavoisier et d'autres éminents chimistes, Dumas, Boullay, Schützenberger, etc., ont essayé de traduire par des formules la fermentation du sucre de raisin. Ces représentations graphiques ne peuvent être considérées que comme un procédé mnémonique; elle ne signifient en aucune façon que le sucre donne une quantité déterminée d'alcool et d'acide carbonique. Comme toutes les formules qui prétendent définir et mesurer la différence existant entre les corps générateurs et les corps engendrés, celles-ci sont hypothétiques, car, sans parler des produits secondaires, elles ne tiennent pas compte de la variation thermique qui a accompagné la transformation. Ces *calories* disparues, véritable fait accompli, sont un facteur de premier ordre, une force, que les formules oublient. D'après Berthelot, il faudrait, pour régénérer le glucose, restituer à l'alcool et à l'acide carbonique 71.000 calories, soit environ 1/10 de la quantité totale.

Heureusement que pareille chaleur ne se dégage pas instantanément dans les cuves. Diverses causes telles que la marche de la fermentation, l'évaporation, le rayonnement, le dégagement de l'acide carbonique, etc., tendent à l'abaisser. En vérité, l'élévation de la température dans une cuve en fermentation ne dépasse guère 20 degrés au-dessus de la température ambiante même dans les gros récipients vinaires mesurant 250 à 350 hectolitres.

Pasteur qui avait le génie de la rigueur expérimentale

dit en manière de conclusion : qu'il est porté «à voir dans l'acte de la fermentation alcoolique un phénomène simple, unique, mais très complexe, comme peut l'être un phénomène corrélatif de la vie, et donnant lieu à des produits multiples tous nécessaires.»

En réunissant quelques chiffres des expériences du maître regretté, la fermentation de 100 grammes de sucre donne :

Alcool	51.100
Acide carbonique	49.200
Glycérine	3.040
Acide succinique	0.673
Acide acétique, etc	1.633
	5.946

D'autre part on a :

Levure déposée	1.700
Extrait insoluble dans l'alcool éthéré	0.634
Impuretés du succinate . . .	0.500
	2,834
Si on déduit la levure initiale	1.198
il reste	1.633

qui, avec les chiffres précités, forment 6 pour 100 du poids du sucre.

Les phénomènes de la fermentation sont tellement liés à la vie de ces microscopiques cellules appelées levures, ferments ou saccharomyces, que toute circonstance qui favorise ou gêne leur développement se traduit par une augmentation ou une réduction de ces mêmes phénomènes.

Occupons-nous d'abord de l'acide carbonique. Ce gaz incolore, d'une saveur piquante agréable, se trouve en petite proportion dans tous les vins. Lorsqu'il existe en quantité suffisante dans les vins en bouteille, il les rend pétillants et mousseux.

Le poids d'un litre d'acide carbonique est — à 0 degré et 0.76 de pression — de 1 gr. 9774. Sa densité par rapport à l'air est 1.529.

Il est soluble dans l'eau proportionnellement à la pression — la température étant supposée constante.

A la température de 10° un litre d'eau peut absorber 1 gr. 1847 ; mais il est encore plus soluble dans l'alcool — à 10 degrés un litre d'alcool dissout 3.5140 centimètres cubes d'acide carbonique.

Lorsque nous entreprendrons l'étude des vins mousseux, nous compléterons forcément nos connaissances sur l'acide carbonique, élément indispensable de leur préparation.

L'*alcool* — éthanol, alcool éthylique, esprit-de-vin — est un liquide soluble dans l'eau. Sa densité est de 0.7936 par litre à 15° et de 0.808 à 0°.

L'alcool s'échauffe en se dissolvant dans l'eau et, après refroidissement, on constate qu'il y a diminution de volume. Il bout à 78° et brûle avec une flamme bleue.

Nous avons dit qu'une addition suffisante d'alcool au moût arrêtait la fermentation. Les ferments alcooliques et les ferments de maladie sont paralysés dans un milieu qui contient 15 o/o d'alcool en volume: à ce propos, nous devons noter qu'il faut opérer le vinage ou mutage avec de l'alcool de vin et non avec des alcools d'industrie plus ou moins bien rectifiés, provenant de matières saccharigènes, telles que les pommes de terre, les betteraves, les mélasses, etc.

Les grands vins de luxe exigent spécialement le mutage par l'alcool vinique soigneusement distillé, titrant 95° à l'alcoomètre Gay-Lussac ou 39 5/10 Cartier. (1/10 de degré Baumé égale 0°21 de Gay-Lussac).

L'alcoolisation du vin doit se pratiquer autant que possible lorsqu'il est encore jeune et par petites fractions à la fois.

L'alcool qu'on ajoute au vin n'est pas de l'alcool absolu, c'est-à-dire tout à fait privé d'eau et marquant 100° à l'alcoomètre centésimal de Gay-Lussac: il renferme une certaine quantité d'eau ; son titre habituel est de 94° à 96°.

Avant l'usage des alcoomètres on se servait de procédés empiriques pour déterminer la richesse alcoolique d'un liquide et le commerce a conservé des dénominations qui se rapportent à ces anciennes coutumes. Le tableau ci-dessous indique la valeur de ces différentes expressions en degrés centésimaux.

NOM COMMERCIAL	SIGNE COMMERCIAL	DEGRÉS CENTÉSIMAUX Gay-Lussac
Trois-neuf	3/9	98°
Trois-huit	3/8	92
Trois-sept	3/7	88
Trois-six	3/6	85
Six-onze	6/11	82
Cinq-neuf	5/9	80
Quatre-sept	4/7	78
Trois-cinq	3/5	76
Deux-trois	2/3	72
Trois-quatre	3/4	68
Quatre-cinq	4/5	62
Cinq-six	5/6	58
Preuve de Hollande	1/1	50

Il est indispensable de tenir compte de la quantité d'eau que renferme l'alcool employé.

L'alcool étant très avide d'eau, son mélange avec le vin en toutes proportions provoque une contraction du volume. Le maximum de contraction correspond à la formule

$$C^2H_6O, 3 H^2O.$$

soit 49.836 volumes d'eau et 53.939 d'alcool, qui donnent 100 volumes au lieu de 103.775.

En réalité, il faudrait tenir compte dans le calcul de ce

phénomène inévitable ; la table suivante a été construite dans ce but.

		DEGRÉ ALCOOLIQUE DU VIN A CORRIGER								
		8	9	10	11	12	13	14	15	16	17
DEGRÉ ALCOOLIQUE auquel on veut élever le vin	9	1.22	»	»	»	»	»	»	»	»	»
	10	2.47	1.22	»	»	»	»	»	»	»	»
	11	3.74	2.49	1.24	»	»	»	»	»	»	»
	12	5.06	3 79	2.51	1.25	»	»	»	»	»	»
	13	6.41	5.06	3.84	2.55	1.27	»	»	»	»	»
	14	7.80	6.50	5.20	3.90	2.60	1.30	»	»	»	»
	15	9.20	8.00	6.57	5.26	3.94	2.65	1.31	»	»	»
	16	10.66	9.32	7.98	6.67	5.32	3.99	2.66	1.33	»	»
	17	12.17	10.81	9.46	8.11	6.76	5.40	4.05	2.70	1.35	»
	18	13.67	12.30	11.00	9.57	8.20	6.85	5.47	4.09	2.70	1.35

Le nombre de litres d'alcool à 95° Gay-Lussac que l'on doit ajouter à 100 litres d'un vin pour l'élever a un titre alcoolique déterminé se lit au point de rencontre de la colonne verticale (degré alcoolique du vin à corriger) avec la colonne horizontale (degré alcoolique auquel on veut élever le vin). Par exemple, si nous avons un vin de 11° et que nous voulions le porter à 15°, il est indispensable d'ajouter 5ᴵᴵᵗ26 d'alcool à 95°, comme l'indique le tableau.

Les praticiens ne se préoccupent point du phénomène de contraction et déterminent la quantité d'alcool à ajouter au moyen de la formule suivante :

$$X = \frac{b - a \times 100}{c - b}$$

a représente la richesse alcoolique du vin ; b représente la richesse alcoolique à laquelle on se propose de l'élever ; c, le titre de l'alcool employé. Exemple : un vin titrant 10 o/o d'alcool à 89°, nous trouverons :

$$X = \frac{15 - 11 \times 100}{89 - 15} = \frac{400}{74} = 5.40$$

soit 5ˡⁱᵗ40 à 89° à verser dans chaque hectolitre de vin.

Nous avons dit plus haut que les éthers se forment dans le vin par l'action lente des *acides organiques* sur *les alcools*. L'alcool éthylique agissant sur l'acide acétique donne de l'eau et de l'acétate d'éthyle ou éther acétique qui, dilué, dégage l'odeur de pomme reinette. Pour fixer les idées, voici la formule de cette transformation.

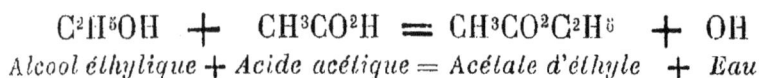

$$C^2H^5OH \ + \ CH^3CO^2H \ = \ CH^3CO^2C^2H^5 \ + \ OH$$

Alcool éthylique + Acide acétique = Acétate d'éthyle + Eau

L'oxygène de l'air et une chaleur modérée favorisent les diverses réactions qui entraînent le vieillissement du vin. Nous réserverons un chapitre au vieillissement artificiel des vins.

La matière odorante qui se trouve toute formée dans le tissu cellulaire de la pellicule du raisin imprime à chaque cépage un caractère spécial. Elle est plus ou moins abondante suivant le cépage et les conditions ambiantes qui ont accompagné le développement du fruit. En faisant macérer les pellicules dans des solutions alcooliques faibles, on obtient au bout de quelques jours un liquide tout imprégné de l'arome caractéristique du cépage.

La pratique œnologique doit retenir cela, car en procédant avec méthode il devient possible de donner le *fruité aromatique* à un vin qui le possède à un trop faible degré.

Les substances cireuses ou résineuses que l'on remarque sur la peau du raisin sous le nom de pruine pourraient, il nous semble, dériver des essences ou huiles essentielles et représenter un produit oxydé par l'oxygène de l'air et la lumière.

A côté des matières odorantes, on trouve dans la pellicule la matière colorante accompagnée de bitartrate de potasse, d'acides et de tannin. Nous terminerons ce chapitre par quelques réflexions sur les couleurs du vin.

L'usage traditionnel a classé les vins en deux grandes

catégories — les vins rouges et les vins blancs — cependant les uns et les autres répondent médiocrement à leur qualification. Beaucoup de *vins rouges* sont violacés ou jaunâtres, et presque tous les vins blancs sont jaunes.

La couleur des vins blancs devient plus intense avec l'âge, celle des vins rouges, au contraire, diminue sans cesse et passe à l'orangé. Quelques vins blancs, notamment ceux du Rhin, provenant du Riesling, se distinguent par une légère teinte à reflets verts, très appréciée des amateurs. Les Muscats, les Malvoisies, donnent des vins blancs très colorés à reflets jaune d'or; en somme, la couleur naturelle est très variable quant à la qualité et à la quantité, suivant l'âge du vin, la nature du cépage qui l'a produit, le climat, le sol, etc., et aussi l'ancienneté de la vigne. Toutes choses égales, la Carignane donne un vin rouge-violacé; l'Alicante, rouge-orangé; le Pinot, rouge franc, etc.

A la nuance rouge-violet des vins nouveaux succède une teinte rouge légèrement orangée, puis une teinte pelure d'oignon. Généralement, les gros vins du Midi sont rouges avec des tons violacés; les Bordeaux sont rouge-grenat foncé; les Bourgognes sont rutilants; les Maconnais et les Beaujolais tiennent le milieu entre les Bordeaux et les Bourgogne.

Les savantes recherches d'Armand Gautier, dont nous avons déjà fait mention, l'ont amené à conclure qu'il existe plusieurs substances colorantes du raisin, représentant des degrés divers d'élaboration. Elles se présentent dans le vin sous forme de matière jaunâtre appelée par Mulder, acide mélano-tannique, différente de la matière jaune qui persiste si longtemps. En outre, il y a une série de principes colorants rouges, roses ou mauves, de nuance variable, devenant orangé par oxydation et correspondant à l'œnoline de Glénard. Toutes ces substances sont acides et forment des sels insolubles, diversement colorés, avec les oxydes de fer, de calcium, de magnésium, etc. : aussi l'habile chimiste les a-t-il dénommés *acides œnoliques*.

A côté de ces *acides œnoliques*, se trouvent des matières colorantes ferrugineuses ou azotées. Ces dernières se déposent dans les lies de collage d'où on peut les extraire.

Les vins de Bordeaux, du Roussillon et du Midi en général contiennent plus de matières colorantes ferrugineuses que les vins de Bourgogne, du Beaujolais et de la région septentrionale de la vigne.

Les acides colorés confondus par Glénard sous le nom d'œnoline sont aisément oxydables, de plus ils sont insolubles dans les éthers, c'est là ce qui explique, en partie, leur précipitation pendant le vieillissement du vin. L'alcool les dissout aisément surtout lorsqu'il est acidulé.

Les vendanges très mûres étant pauvres en acides produisent des vins d'une couleur peu solide et peu franche. Une addition d'acide tartrique à la cuve leur est nécessaire pour fortifier leur constitution, fixer et aviver la couleur.

Sous l'influence de la chaleur et de la lumière solaire, les acides œnoliques s'oxydent et perdent rapidement leurs facultés colorantes ; c'est pourquoi les raisins secs donnent toujours des vins jaunes même lorsqu'ils proviennent de raisins rouges.

Les colles gélatineuses ou albumineuses dépouillent le vin en fixant les tannins colorés.

Diverses substances peuvent concourir à la *décoloration*. L'eau oxygénée pure à 20 volumes (peroxyde d'hydrogène) agit énergiquement ; son emploi est assez difficile en pratique ; d'ailleurs elle modifie sensiblement la composition des vins. Néanmoins les expériences devraient être reprises avec méthode, puisque le vieillissement du vin et, par suite, le développement du bouquet est dû en grande partie à l'absorption de l'oxygène de l'air et à l'éthérification lente des alcools.

On a aussi proposé *l'air ozonisé* que l'on prépare par

électrisation de l'oxygène. C'est de l'oxygène (O^3), mais beaucoup plus actif que l'oxygène ordinaire (O) par conséquent doué de propriétés oxydantes bien plus vigoureuses. A la température normale l'argent noircit en s'oxydant au contact de l'ozone, ce qui n'a pas lieu au contact de l'oxygène.

L'air ozonisé tue les microbes en voie de prolifération, mais leurs spores se montrent plus résistantes et pour les détruire il faut prolonger l'action de l'ozone.

Un oxydant aussi énergique que l'ozone doit nécessairement modifier quelques-uns des éléments du vin. L'expérience nous a prouvé que les corps oxydables par le permanganate de potasse sont attaqués et transformés en composés qui n'enlèvent plus d'oxygène au permanganate.

Le chlorure de sodium n'est pas affecté, mais, par contre, les sulfates sont précipités partiellement ainsi que les phosphates de chaux et de magnésie. Le pouvoir décolorant de l'ozone est considérable, en un mot ses propriétés sont celles de l'oxygène de l'air devenues rapides et brutales. Il est très instable et se décompose promptement.

Le noir animal, l'exposition à l'air et à la lumière solaires, l'acide sulfureux, ont été employés pour décolorer les vins ; l'usage de ce dernier remonte à une haute antiquité.

Le noir animal jouit de la propriété de décolorer les liquides et d'absorber les gaz. Ce charbon d'os renferme une forte proportion de *phosphate* ou de *carbonate de chaux* et serait impropre à la décoloration des liquides acides s'il n'était débarrassé au préalable de ces matières salines. il faut qu'il soit bouilli dans l'eau acidulée par l'acide chlorhydrique en excès, ensuite lavé plusieurs fois à l'eau distillée chaude, enfin séché et calciné au rouge. — En opérant ainsi, on peut le régénérer lorsqu'il a perdu son pouvoir décolorant par l'usage. — L'industrie livre du noir animal purifié, mais il est toujours prudent de veiller sur la sincérité de cette déclaration. Il suffit de faire bouillir 5 à 6 grammes de noir dans 100 c. c. d'eau distillée, acidulée; après filtration, cette eau évaporée ne doit laisser aucune trace de résidu.

En principe, ceux qui désirent conserver leurs vins jeunes et frais, le plus longtemps possible, doivent les protéger contre les oxydations provoquées par l'action chimique de l'oxygène de l'air combinée avec celle de la lumière et de la chaleur.

Le chauffage, dans certaines conditions, ou bien l'exposition au soleil, produisent une décoloration partielle; les matières colorantes rouges très oxydables se précipitent, pendant que la matière colorante jaune, qui résiste supérieurement aux phénomènes d'oxydation, persiste et communique au vin cette teinte pelure d'oignon ou paille propre aux vins vieux.

Nous aurons l'occasion de revenir sur ce sujet lorsque nous décrirons la règle à suivre en pareil cas. Par l'exposition au soleil, la période de vieillissement est abrégée et cela offre une grande importance pour l'industrie des vins de luxe, car certains types n'arrivent normalement à leur apogée qu'après plusieurs années de soins en cave.

L'acide sulfureux est un gaz incolore, d'une odeur vive, pénétrante et désagréable. Il est plus soluble que l'acide carbonique et ne peut être déplacé à froid par ce dernier.

Les tables de Carius et Bunsen indiquent comme coefficients d'absorption à 15° :

Acide carbonique	Eau.	1.0020
	Alcool.	3.1993
Acide sulfureux	Eau.	47.276
	Alcool.	144.55

L'acide sulfureux est très précieux pour les opérations de débourbage et de mutage, quoique les réactions qu'il provoque au sein du moût et du vin soient encore mal connues et souvent défavorables en ce qui concerne le bouquet.

Ses dissolutions sont très altérables. Uni à la potasse et à la chaux, sous forme de bisulfite de chaux ou de bisulfite de potasse, il enlève au vin une portion correspondante d'acides organiques. C'est un décolorant absolument insuffisant, car il ne détruit pas les matières colorantes; il se combine avec elles. Le vin traité reprend sa coloration naturelle lorsque les soutirages et l'aération ont fait évaporer le gaz sulfureux.

MM. G. Gastine et Th. Gladysz proposent le *sulfitartre*, qui permet l'emploi ménagé et dosé de l'acide sulfureux, sans qu'on ait à redouter une modification dans la composition du vin — en dehors de celles qui dérivent du gaz sulfureux lui-même.

C'est un produit obtenu en traitant par le gaz sulfureux chimiquement pur les lies de vin fraîches extraites des vendanges. Il se forme un peu d'acide sulfurique, des sulfites acides de potasse et de chaux et l'acide tartrique de la lie reste à l'état de liberté dans la dissolution. Cette dissolution complexe est apte à reproduire, à mesure du départ par évaporation de l'acide sulfureux, les tartres primitifs de la lie qui se précipitent dans le vin.

Le sulfitartre contient une quantité élevée et toujours régulière d'acide sulfureux, environ 50 à 55 grammes par litre ou 0,05 par centimètre cube. La liqueur étant exactement dosée, son usage permet de reproduire sûrement tous les effets qu'on aura obtenus une première fois. Les traces d'acide sulfurique qu'il renferme n'atteignent pas la proportion de vapeurs d'acide sulfurique que fournit la combustion du soufre.

A l'aide du sulfitartre, on peut *retarder* ou arrêter tout à fait la fermentation alcoolique.

Pour obtenir le mutage complet d'un moût, il faut employer 3/4 de litre à 1 litre de sulfitartre par hectolitre. Dans ces conditions, le moût peut se conserver et même voyager en fûts bondés sans que l'on ait à redouter le départ de la fermentation.

En aérant le moût ainsi muté et en le chauffant à 35-40°, on chasse l'excès d'acide sulfureux et on le rend susceptible de fermenter. La plupart des ferments naturels ayant été détruits par l'emploi du sulfitartre, il est bon, pour provoquer la fermentation, d'ajouter au moût quelques grappes de raisins frais écrasées ou bien d'y introduire des levures pures et actives.

Le sulfitartre rendra souvent de grands services dans l'opération du débourbage des moûts destinés à la préparation des vins blancs. On sait qu'il importe, pour obtenir des vins aussi blancs que possible, de séparer le moût des débris et surtout des pellicules déchirées et écrasées, avant toute trace de fermentation, car l'alcool produit dissout immédiatement leur matière colorante. Le mutage par l'acide sulfureux immobilise le moût en paralysant les ferments et permet ce débourbage indispensable.

L'action de l'acide sulfureux que dégage la combustion du soufre est impossible à régler ; les meilleurs praticiens risquent de muter trop ou trop peu. L'emploi du sulfitartre pare aux inconvénients que présente le maniement d'un réactif gazeux. A la dose de 3/4 de litre à 1 litre par 10 hectolitres de moût, le retard de la fermentation est de 10 à 15 heures environ, laps de temps suffisant pour obtenir le dépôt des matières solides et l'éclaircissement qui en résulte.

L'emploi du sulfitartre nous paraît en outre très précieux en ce qui concerne l'utilisation des levures sélectionnées, car il permet de détruire ou de séparer par le soutirage la majeure partie des levures sauvages qui pullulent naturellement dans le moût de la vendange. Lorsqu'on possède un milieu suffisamment stérilisé, les levures sélectionnées y exercent une influence plus marquée parce qu'elles n'ont pas à lutter contre des adversaires dont le développement rapide entrave le leur. Sous ce rapport l'application du sulfitartre présente aussi quelque intérêt.

Il sera prudent d'augmenter un peu la dose du sulfitartre quand on opérera sur une grande quantité de moût
et que la température ambiante atteindra une moyenne
élevée. Les doses indiquées pour l'arrêt de la fermentation devront alors être augmentées d'un tiers ou même
de moitié.

Excepté pour l'entretien de la vaisselle vinaire que la
combustion du soufre assure d'une façon simple et
économique, il conviendra de donner la préférence au
sulfitartre dans toutes les opérations œnologiques exigeant l'intervention de l'acide sulfureux.

Le sulfitartre devient un agent très précieux contre les
microbes des maladies du vin.

CHAPITRE V

Méthodes d'analyses

La préparation des vins de luxe, surtout celle des vins mousseux, exige des données aussi précises que possible sur la composition du moût et du vin. L'analyse chimique devient ici le guide indispensable et sûr auquel nous devons avoir recours.

Les éléments du moût qu'il nous importe de connaître sont : *le sucre, l'acidité, le tannin.* Pour les vins nous ajouterons *l'alcool* et *l'extrait sec.*

Les aréomètres permettent de déterminer la richesse saccharine d'un moût avec une approximation suffisante dans bien des cas.

Les aréomètres sont des instruments qui servent à mesurer la densité des liquides. Ils ont tous à peu près la même forme (fig. 4), mais leurs graduations présentent entre elles des différences notables. Ces différences tirent leur origine du point de départ choisi par le constructeur.

Les uns établissent l'échelle en prenant pour base le poids de l'eau distillée pesée dans le vide à la température de 15°, ce qui donne comme poids de l'eau par litre 999 gr. 125 ; les autres choisissent le poids de l'eau distillée à la température de 15°, sous la pression de 760ᵐᵐ, ce qui correspond à 998 gr. 047 par litre. D'autres opèrent encore plus arbitrairement, sans souci de la pression et de la température.

M. Dujardin-Salleron, le fabricant d'instruments œnologiques bien connu (1), gradue ses aréomètres et ses
densimètres suivant le système métrique, c'est-à-dire
que le *zéro* de ses aréomètres Baumé et le *1000* de ses

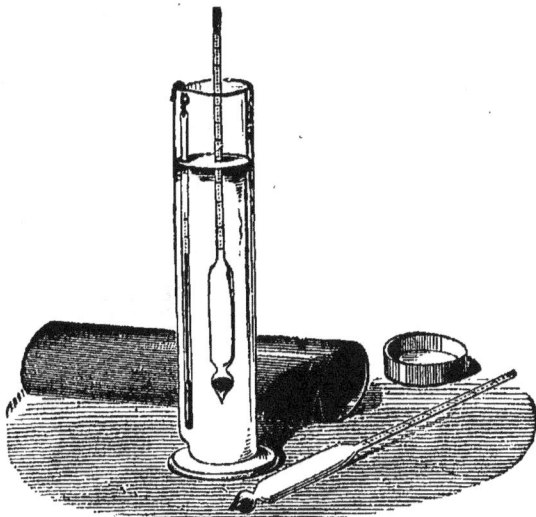

Fig. 4.

densimètres indiquent le poids de un litre (légal) d'eau à
$+ 4°$ centigrades pesé dans le vide.

⁏ L'alcoomètre de Gay-Lussac, imposé par la loi, est réglé suivant le poids de l'eau et de l'alcool absolu à $+ 15°$.
Nous l'étudierons en décrivant le dosage de l'alcool.

La première condition de l'emploi des alcoomètres est
une propreté absolue. L'indication sera faussée si la tige
de l'instrument par sa malpropreté provoque des attrac-
tions entre cette dernière et la surface libre du liquide.

Donc, il est indispensable, après chaque opération, de
laver l'aréomètre avec une solution faible de carbonate
de soude et de le rincer soigneusement à l'eau pure.

Il faut avoir la précaution de tenir l'instrument entre
les doigts par l'intermédiaire d'un papier de soie propre.

---

(1) Dujardin, 24, rue Pavée-au-Marais, Paris.

L'éprouvette dans laquelle l'aréomètre est plongé doit être placée verticalement de manière à ce qu'il flotte bien au centre. Débarrasser par l'agitation ou par la filtration les liquides chargés d'acide carbonique, car les bulles de ce gaz soulèveraient l'instrument. Lire exactement la température à laquelle se fait l'observation, et, le cas échéant, corriger en tenant compte des conditions qui ont présidé à la construction de l'instrument.

Un facteur important influe sur l'exactitude de la lecture; c'est le ménisque ou petit anneau liquide *m'* qui entoure la tige au-dessus du niveau vrai du liquide et s'élève le long des parois de l'éprouvette en *m*. La détermination du niveau doit se faire en plaçant l'œil dans le plan horizontal tangent au ménisque à observer (fig. 5) suivant la ligne D E.

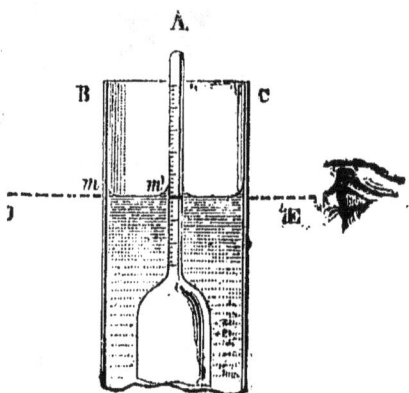

Fig. 5. — Prise du ménisque.

En outre, il ne faut pas que le niveau supérieur du liquide affleure le bord supérieur de l'éprouvette B C, parce que la surface du ménisque serait modifiée. Une distance de 1 centimètre au moins doit séparer la surface du liquide de l'ouverture de l'éprouvette. Enfin, attendre un temps suffisant pour que thermomètre, éprouvette et aréomètre puissent prendre la température du liquide.

L'aréomètre Baumé n'ayant qu'une graduation arbitraire, sans aucune base vraiment scientifique et rationnelle, devrait être abandonné complètement et remplacé par le densimètre ou pèse-litre qui est d'ailleurs deux fois plus sensible.

Cependant, comme le hasard a fait que ses indications saccharimétriques correspondent approximativement avec le titre alcoolique qu'atteindra le liquide après fermentation, beaucoup de praticiens lui accordent la pré-

férence. En effet, un degré Baumé correspond à 17 p.o/o
de sucre, soit à peu près 1700 gr. de sucre par hectolitre, ce qui représente un degré d'alcool après fermentation (aréomètre Baumé 0° = 1000 eau + 4°).

Dubrunfaut, dans son traité de l'*Art de la distillation*
(1824), a donné une formule qui permet de calculer la
quantité de sucre contenue dans un liquide dont on connaît la densité. Le sucre pur a une densité moyenne de
1600 (1), celle de l'eau étant de 1000. On peut donc
établir la formule suivante dans laquelle :

D égale la densité indiquée par le densimètre.

x égale le volume de sucre par litre obtenu en centimètres cubes.

$$x = \frac{D - 1000 \times 1000}{1.600 - 1000} \times 1.600 - 30$$

Pour avoir la richesse *en grammes* par litre, il faut multiplier le chiffre obtenu en centimètres cubes par la densité du sucre pur, soit 1600.

C'est d'après cette formule que les données de la table
suivante ont été calculées ; mais comme le moût de raisin n'est pas uniquement composé d'eau et de sucre,
nous avons admis avec MM. Salleron et Robinet qu'un
poids constant de 30 grammes devait être retranché du
chiffre obtenu. Ces 30 grammes représentent les sels de
potasse et de chaux, le tannin, les gommes, les matières
albuminoïdes et colorantes, etc., que contiennent généralement les moûts.

Donc, en appliquant les tables du densimètre de Gay-
Lussac à la recherche de la densité d'une *solution d'eau et
de sucre pur*, il faudrait ajouter *30 grammes* aux chiffres
de la colonne : *grammes de sucre par litre*.

---

(1) Brisson donne 1606 — Maumené 1.5951 à 15° — Dubrunfaut
1.630 — Walkhoff 1.623 — Fahrenheit 1.600

TABLEAU I

Richesses saccharine et alcoolique du moût de raisin

DEGRÉS du densimètre Gay-Lussac	DEGRÉS de l'aréomètre Baumé	GRAMMES de sucre par litre de moût	RICHESSE alcoolique du vin fait
1012	»	0ᵏ002	»
1013	2.0	0.00465	»
1014	»	0.00728	»
1015	»	0.010	»
1016	»	0.01256	»
1017	»	0.01528	»
1018	»	0.018	»
1019	»	0.02050	»
1020	»	0.023	1.35
1021	»	0.026	1.47
1022	3.0	0.029	1.65
1023	»	0.031	1.82
1024	»	0.034	1.94
1025	»	0.036	2.12
1026	»	0.039	2.30
1027	»	0.042	2.40
1028	»	0.044	2.70
1029	4	0.047	2.77
1030	»	0.050	2.95
1031	»	0.053	3.06
1032	»	0.055	3.24
1033	»	0.058	3.40
1034	»	0.061	3.50
1035	»	0.063	3.70
1036	5	0.066	3.90
1037	»	0.069	4.00
1038	»	0.071	4.20
1039	»	0.074	4.30
1040	»	0.076	4.50
1041	»	0.079	4.60
1042	»	0.082	4.80
1043	»	0.084	4.90
1044	6	0.087	5.10
1045	»	0.090	5.30
1046	»	0.092	5.40

TABLEAU I (*Suite*)

DEGRÉS du densimètre Gay-Lussac	DEGRÉS de l'aréomètre Baumé	GRAMMES de sucre par litre de moût	RICHESSE alcoolique du vin fait
1047	»	0ᵏ095	5.60
1048	»	0.098	5.70
1049	»	0.100	5.90
1050	6.9	0.103	6.0
1051	7.0	0.106	6.2
1052	7.1	0.108	6.3
1053	7.2	0.111	6.5
1054	7.4	0.114	6.7
1055	7.5	0.116	6.8
1056	7.6	0.119	7.0
1058	7.8	0.122	7.2
1057	7.9	0.124	7.3
1059	8.0	0.127	7.5
1060	8.1	0.130	7.6
1061	8.3	0.132	7.8
1062	8.4	0.135	7.9
1063	8.5	0.138	8.1
1064	8.6	0.140	8.2
1065	8.8	0.143	8.4
1066	8.9	0.146	8.6
1067	9.0	0.148	8.7
1068	9.2	0.151	8.9
1069	9.3	0.154	9.0
1070	9.4	0.156	9.2
1071	9.5	0.159	9.3
1072	9.7	0.162	9.5
1073	9.8	0.164	9.6
1074	9.9	0.167	9.8
1075	10.0	0.170	10.0
1076	10.2	0.172	10.1
1077	10.3	0.175	10.3
1078	10.4	0.178	10.5
1079	10.5	0.180	10.6
1080	10.7	0.183	10.8
1081	10.8	0.186	10.9
1082	10.9	0.188	11.0

TABLEAU I (*Suite*)

DEGRÉS du densimètre Gay-Lussac	DEGRÉS de l'aréomètre Baumé	GRAMMES de sucre par litre de moût	RICHESSE alcoolique du vin fait
1083	11.0	0.191	11.2
1084	11.1	0.194	11.4
1085	11.3	0.196	11.5
1086	11.4	0.199	11.7
1087	11.5	0.202	11.9
1088	11.6	0.204	12.0
1089	11.7	0.207	12.2
1090	11.9	0.210	12.3
1091	12.0	0.212	12.5
1092	12.1	0.215	12.6
1093	12.3	0.218	12.8
1094	12.4	0.220	12.9
1095	12.5	0.223	13.1
1096	12.6	0.226	13.3
1097	12.7	0.228	13.4
1098	12.9	0.231	13.6
1099	13.0	0.234	13.8
1100	13.1	0.236	13.9
1101	13.2	0.239	
1102	13.3	0.242	
1103	13.5	0.244	
1104	13.6	0.247	
1105	13.7	0.250	
1106	13.8	0.252	
1107	13.9	0.255	
1108	14.0	0.258	
1109	14.2	0.260	15.2
1110	14.3	0.263	
1111	14.4	0.266	
1112	14.5	0.268	
1113	14.6	0.271	
1114	14.7	0.274	16.1
1115	14.8	0.276	
1116	15.0	0.279	
1117	15.1	0.282	
1118	15.2	0.284	

TABLEAU 1 (*Suite*)

DEGRÉS du densimètre Gay-Lussac	DEGRÉS de l'aréomètre Baumé	GRAMMES de sucre par litre de moût	RICHESSE alcoolique du vin fait
1119	15.3	0.287	»
1120	15.4	0.290	»
1121	15.5	0.292	»
1122	15.6	0.295	»
1123	15.7	0.298	»
1124	15.9	0.300	17.6
1125	16.0	0.303	»
1126	16.1	0.306	»
1127	16.2	0.308	»
1128	16.3	0.311	»
1129	16.5	0.314	»
1130	16.6	0.316	»
1131	16.7	0.319	»
1132	16.8	0.322	»
1133	16.9	0.324	»
1134	17.0	0.327	»
1135	17.2	0.330	»
1136	17.3	0.332	»
1137	17.4	0.335	»
1138	17.5	0.338	»
1139	17.6	0.340	»
1140	17.7	0.343	»
1141	17.8	0.346	»
1142	17.9	0.348	»
1143	18.0	0.351	»
1144	18.1	0.354	»
1145	18.2	0.356	»
1146	18.4	0.359	»
1147	18.5	0.362	»
1148	18.6	0.364	»
1149	18.7	0 367	»
1150	18.8	0.370	»
1151	18.9	0.373	»
1152	19.0	0.375	»
1153	19.1	0 377	»
1154	19.2	0.380	»

TABLEAU I (*Suite*)

DENSITÉ du densimètre Gay-Lussac	DEGRÉS de l'aréomètre Baumé	GRAMMES de sucre par litre de moût	RICHESSE alcoolique du vin fait
1155	19.3	0.383	»
1156	19.4	0.386	»
1157	19.6	0.388	»
1158	19.7	0.391	»
1159	19.8	0.393	»
1160	19.9	0.396	»
1161	20.0	0.398	»
1162	20.1	0.401	»
1163	20.2	0.403	»
1164	20.3	0.406	»
1165	20.4	0.409	»
1166	20.5	0.412	»
1167	20.6	0.415	»
1168	20.7	0.418	»
1169	20.8	0.421	»
1170	20.9	0.423	»
1171	21.0	0.426	»
1172	21.1	0.429	»
1173	21.3	0.432	»
1174	21.4	0.435	»
1175	21.5	0.437	»
1176	21.6	0.439	»
1177	21.7	0.442	»
1178	21.8	0.445	»
1179	21.9	0.448	»
1180	22.0	0.450	»
1181	22.1	0.452	»
1182	22.2	0.455	»
1183	22.3	0.458	»
1184	22.4	0.461	»
1185	22.5	0.464	»
1186	22.6	0.467	»
1187	22.7	0.469	»
1188	22.8	0.471	»
1189	22.9	0.473	»
1190	23.0	0.476	»
1191	23.1	0.478	»
1192	23.2	0.481	»
1199	24.0	0.400	»

Pour déterminer la quantité de sucre contenue dans le
moût du raisin, on écrase quelques grappes de raisin
au-dessus d'une capsule, on filtre le moût au travers d'un
linge fin, d'un sac en soie ou en laine. Les matières en
suspension changent le degré ; aussi, faut-il avoir soin
de ne verser dans l'éprouvette que du jus limpide autant
que possible. On laisse déposer quelques minutes, puis
on plonge successivement le densimètre-mustimètre et le
thermomètre. L'indication de ces deux instruments est
notée : soit 1094 le degré lu sur l'échelle du densimètre
et 20 degrés la température indiquée par le thermomètre. On cherche dans le tableau ci-dessous quelle correction il faut faire subir à l'indication densimétrique pour
la rapporter à ce qu'elle serait si la température du moût
était 15°.

TABLEAU II

Corrections de la densité du moût, suivant sa température

TEMPÉRATURES	CORRECTIONS	TEMPÉRATURES	CORRECTIONS
10	— 0.6	21	+ 1.1
11	— 0 5	22	+ 1.3
12	— 0.4	23	+ 1.6
13	— 0.3	24	+ 1.8
14	— 0.2	25	+ 2.0
15	0	26	+ 2.3
16	+ 0.1	27	+ 2.6
17	+ 0.3	28	+ 2.8
18	+ 0.5	29	+ 3.1
19	+ 0.7	30	+ 3.4
20	+ 0.9		

Exemple : le moût pesé à la température de 20 degrés,
le densimètre-mustimètre marque *1094* ou *12.4* Baumé,
suivant la *table 1*, *richesses saccharines*. La *table 2, corrections de la densité suivant la température*, indique qu'il
faut ajouter *0.9* au degré fixé par le densimètre, de sorte
que le poids du moût, à la température normale de +

15° est *1094.9*. Si la température, au
lieu de 20 degrés, était de 11 degrés,
la correction, *0.5*, de la table 2 devant
être retranchée de 1094, nous obtien-
drions 1093.5. Pratiquement, ces corrections sont de peu d'importance.

La densité Gay-Lussac 1093.5 ou
Baumé 12.35 représente *219 grammes
de sucre par litre de moût* (table 1).

M. Langlet (1), l'habile constructeur
d'instruments de précision, a établi, sur
les indications de M. H. Pellet, un densi-
mètre-thermo-correcteur très recommandable. Ce densimètre a pour but
d'éviter les calculs des corrections de
température d'après la table 2 précitée.
Les corrections sont indiquées par l'appareil lui-même qui a été établi à 15 degrés centigrades (fig. 6).

A la partie inférieure de l'instrument
se trouvent deux boules pleines de mercure; la boule supérieure sert de réservoir au thermomètre qui constate la température du liquide : à côté des traits
représentant les degrés de la température sont placés des chiffres indiquant
le nombre de décigrammes qu'il faut
ajouter ou retrancher de la densité trouvée, pour ramener cette densité à $+$
15°. Par exemple, si on lit 1050 et que
le thermomètre marque 23°, pour avoir
la densité à 15°, il suffit de lire le chiffre
correspondant à 23 ; on trouve 20 décigrammes *à ajouter*. Par conséquent, on
obtiendra *1052* densité à 15°. — La
table 1 accorde 108 grammes de sucre
par litre à un liquide de pareille densité.

Fig. 6.— Densimè-
tre-thermo-cor-
recteur Pellet.

Cet appareil doit être gradué dans les liquides auxquels on le destine, car les corrections ne sont pas les mêmes pour tous les liquides.

Avec le densimètre modèle Pellet-Langlet, comme avec le modèle Salleron-Dujardin, deux instruments sont nécessaires pour la préparation des vins de luxe, l'un portant une échelle densimétrique graduée de 0.970 à 1100, l'autre allant de 1100 à 1200. Nous verrons plus tard que certains moûts atteignent 23 et 24° Baumé.

Dosage du sucre par le saccharimètre et la liqueur de Fehling combinés. — Comme leur nom l'indique, les *saccharimètres* sont des instruments qui servent uniquement aux essais des matières sucrées; ils permettent l'emploi de la lumière blanche ordinaire, ce qui est beaucoup plus commode dans la pratique.

Le principe des saccharimètres à lumière blanche n'est pas l'amplitude de la rotation du plan de polarisation connue dans les *polarimètres*, mais la compensation, c'est-à-dire l'emploi d'une seconde substance active, agissant en sens inverse de celle qu'on veut analyser et dont l'épaisseur peut varier jusqu'à ce que les actions contraires des deux substances se détruisent complètement; on ne mesure pas la déviation du plan de polarisation, mais on mesure l'épaisseur à donner à la substance compensatrice, qui est une plaque de quartz, pour obtenir une compensation parfaite.

Les deux créateurs de la saccharimétrie optique, MM. Soleil et Clerget, ont pris pour base de l'échelle saccharimétrique, non un poids déterminé de sucre dissous dans un volume connu d'eau, mais une lame de quartz dextrogyre taillée perpendiculairement à son axe et mesurant exactement un millimètre d'épaisseur. L'appareil étant réglé au zéro, cette lame de quartz y produira une déviation de *100°*; donc, l'angle de rotation de cette lame de quartz qui égale 21°40' a été divisé en 100 parties égales. D'après les essais de MM. de Luynes et Aimé Girard, le point 100 correspond à la déviation d'une solution sucrée contenant 16 gr. 19 de sucre pur (saccharose) dans 100 c. c. d'eau. Ce chiffre est actuellement admis pour les analyses administratives ou commerciales.

Mais le sucre de raisin n'est pas du *saccharose*, c'est un mélange de *glucose* et de *lévulose* en proportions variables suivant le cépage, le degré de maturité de la vendange, etc. Dans les raisins mûrs, le glucose est moins abondant que le lévulose, par conséquent on ne peut même pas considérer les matières sucrées du moût comme étant constituées par du *sucre interverti*.

Pour doser les proportions de glucose et de lévulose existantes dans un moût, nous diluons convenablement ce moût si sa richesse saccharine est trop forte, et après l'avoir défëqué à l'aide du sous-acétate de plomb, nous déterminons *le sucre réducteur total* et *la rotation saccharimétrique* ; ensuite nous calculons les poids de glucose et de lévulose par la formule suivante :

$$G = 0.6383 \times R \mp 0.0748 \times p$$
$$L = P - G.$$

G est le poids de glucose ; *R* est la proportion centésimale de sucre réducteur total ; *L* le poids de lévulose contenu dans 100 cc. de moût ; *p* est la valeur absolue de la rotation observée à la température de 15 degrés et mesurée en degrés saccharimétriques; le signe $+$ s'applique au cas des moûts dextrogyres, le signe $-$ au cas des liquides lévogyres. Hâtons-nous d'ajouter que le moût est toujours lévogyre parce que le pouvoir rotatoire gauche du lévulose est supérieur au pouvoir rotatoire droit du glucose.

$\frac{1}{2}$ mol. de glucose donne une déviation de $\dfrac{52.7}{2} = +26.3$.

$\frac{1}{2}$ mol. de lévulose — — de $\dfrac{106.00}{2} = +53.00$.

1 mol. du mélange — — -26.70.

1 mol. de saccharose — — $+67.31$.

Le pouvoir rotatoire du sucre de raisin dépendant du lévulose sur lequel la chaleur a une grande influence varie nécessairement avec la température.

(1) $(a)_D = -$ 2.5 à 15°.

$(a)_D = -$ 12.5 à 25°.

$(a)_D = $ 0 à 90°.

$(a)_D = + n$ au-dessus.

Bourquelot et Grimbert (2) ont indiqué la formule suivante pour calculer le pouvoir rotatoire du sucre interverti :

$$a_D = - 24.32 - 0.28 \, t.$$

(obtenu par l'action de l'acide acétique sur le saccharose).

Pour le glucose anhydre, la formule est :

$$a_D = + 52,50 + 0,018796 \, p + 0,000517 \, p^2$$

Nous avons déduit de ces formules :

Pour le glucose à 10° p. o/o.. $(a)_D = - 52°,69$.

Pour le lévulose à 15°... .... $(a)_D = - 92°,97$.

Pour le sucre interverti à 15°.. $(a)_D = + 20°,12$.

D'où nous concluons que le poids de glucose et de lévulose qui donne une rotation égale à celle de 16 gr. 19 de saccharose dans 100 c. c., c'est-à-dire une rotation de 100 divisions saccharimétriques est :

20 gr. 682 pour le glucose.

11 gr. 721 pour le lévulose.

Ces données nous ont permis d'obtenir des poids égaux de glucose et de lévulose dans le sucre interverti, ce qui prouve leur valeur.

Ordinairement, le moût à essayer est trop coloré et souvent trouble même après filtration pour être observé directement. On fait alors usage d'un flacon à deux traits — 100 et 110 c. c.— que l'on remplit jusqu'à 100 avec le liquide à examiner ; le réactif clarifiant est ensuite ajouté jusqu'au trait 110 ; on agite et on filtre. Le liquide filtré débarrassé des matières pectiques, minérales, etc., est

(1) $(a)_D$ = pouvoir rotatoire spécifique à la lumière du sodium.

(2) Bourquelot et Grimbert. *Journal de Pharmacie et de Chimie*, 15 mai 1880.

observé au saccharimètre dont les degrés doivent être augmentés de 10 o/o pour tenir compte de l'augmentation du liquide par le réactif plombique.

La préparation du sous-acétate de plomb se fait en introduisant dans une capsule de porcelaine :

> 5 litres eau distillée.
>
> 1^{k}900 acétate neutre de plomb.
>
> 0^{k}360 litharge finement pulvérisée.

Mettre à digérer au bain-marie pendant six heures environ, à une température de 50 à 70° centigrades, et en agitant fréquemment. — Après refroidissement on laisse déposer et l'on décante dans une bouteille de 5 litres de capacité.

Le réactif plombique se trouble et donne un précipité au contact de l'acide carbonique de l'air, ce qui oblige à le tenir dans un récipient hermétiquement bouché.

Lorsqu'on a de nombreuses opérations à faire, le mieux est d'avoir une bouteille fermée par un bouchon en caoutchouc à deux trous ; l'un donne passage à un long tube descendant presque jusqu'au fond de la bouteille, recourbé dans sa partie supérieure, au bout de laquelle est adapté un tube en caoutchouc très long, fermé par une pince de Mohr et formant ainsi siphon ; dans le second trou du bouchon est introduit un tube communiquant avec un tube ou flacon plein de chaux sodée granulée ; de cette façon, l'air qui pénètre dans la bouteille est privé de son acide carbonique.

Nous avons fait construire par M. Langlet une burette automatique qui conserve les liqueurs titrées à l'abri de l'acide carbonique de l'air. Nous la décrirons en exposant le titrage de l'acidité.

Fermons cette longue parenthèse et revenons à l'essai du moût. Avec la liqueur filtrée, on remplit un tube saccharimétrique de 200 millimètres de longueur, préalablement rincé à l'aide du même liquide ; on le ferme soigneusement avec son obturateur, en faisant glisser la petite glace sur les bords rodés du tube afin d'éviter les bulles d'air — au besoin on les ferait disparaître à l'aide d'une goutte d'éther sulfurique — puis on procède à l'observation optique, et on multiplie les degrés lus sur l'échelle saccharimétrique par le centième du poids normal de l'instrument en tenant compte, bien entendu, de l'augmentation de volume occasionnée par le réactif plombique. Se reporter aux formules établies.

La méthode de dosage par le polarimètre exige l'achat d'un instrument d'un prix assez élevé (300 fr. environ) et des connaissances spéciales servies par une habileté technique inconnue de la masse des maîtres de chai. Dans la plupart des cas, ces derniers préféreront doser le sucre par l'observation densimétrique qui, d'ailleurs, donne des indications suffisamment exactes pour la préparation d'un grand nombre de types de vins.

Il existe d'autres méthodes de *dosage par les liqueurs titrées*, mais on peut leur adresser des reproches de même ordre qu'aux précédentes méthodes. La liqueur de Fehling réduit une série de corps ayant des pouvoirs réducteurs différents que l'analyste tranforme par le calcul en glucose, de sorte que ces procédés de dosage ne peuvent être exacts dans les limites de la précision expérimentale qu'autant qu'on opère sur une solution du corps pur.

Dosage par les liqueurs titrées. — Méthode volumétrique.— On connaît un grand nombre de formules pour la préparation des liqueurs dites de Fehling (1). Nous recommandons la liqueur de Violette (2) modifiée ainsi que suit :

---

(1) Conserver ces liqueurs dans des flacons de couleur vert foncé.

(2) Violette prescrit de chauffer légèrement au bain-marie 500 c. c. lessive de soude à 24° Baumé et 200 gr. sel de seignette. D'autre part, dissoudre à chaud 36.46 de sulfate de cuivre dans 140 c. c. d'eau distillée. Verser la liqueur cuivrique dans la solution alcaline et compléter à 1 litre avec de l'eau.

1° Dissoudre 34 gr. 64 de sulfate de cuivre pur et sec dans 150 c. c. d'eau distillée bouillie ; après dissolution, on ajoute 200 gr. de sel de seignette et 470 c. c. de lessive de soude à 24° Baumé ou 1199 densité Gay-Lussac. On agite et on laisse la solution *s'opérer à froid*. On complète peu à peu le litre avec de l'eau distillée bouillie. Tenir la carafe bouchée pendant la dissolution. Filtrer, s'il y a lieu, sur un tampon d'amiante. Eviter l'accès de l'air. Cette préparation exige deux jours.

Les conditions à remplir pour avoir des dosages exacts sont les suivantes :

1° Diluer le liquide sucré de façon à ce qu'il renferme 1 o/o de sucre environ.

2° Etendre la liqueur cuivrique de 1 à 4 fois son volume.

Enfin, noter que la durée de l'ébullition exerce une influence sérieuse.

MM. Bourquelot et Grimbert ont obtenu ainsi les résultats suivants :

SUCRES	Liqueur cuivrique + 1 vol. eau	Liqueur cuivrique + 4 vol. eau	Nombre d'atomes de cuivre réduits avec solution étendue	
			de 1 vol. d'après Soxhlet	de 4 vol.
Sucre interverti...	0.0500	0.0521	10.12	9.70
Glucose anhydre..	0.0475	0.0500	10.52	10.11
Lévulose anhydre.	0.0514	0.0536	9.72	9.3

On mesure avec une pipette 10 c. c. de liqueur de Violette qu'on introduit dans un vase à précipiter, une capsule ou un ballon ; on l'étend de 40 c. c. d'eau distillée, on y ajoute un tout petit fragment de soude caustique pour neutraliser l'acidité du moût; on porte à l'ébullition.

Le moût, convenablement filtré, est reçu dans un vase

10

à précipiter, une bouteille, etc.; on en mesure, au moyen d'une pipette, 10 c. c. qu'on verse dans un ballon jaugé à 250 c. c. — si le moût est très sucré, on prend un ballon de plus forte contenance. — On remplit le ballon jusqu'au trait, on agite vivement pour rendre le liquide bien homogène. Ce liquide contient 25 fois moins de sucre que le moût. Après avoir rempli la burette (1)(fig. 7) jusqu'à la division O avec le moût étendu d'eau, on le laisse couler goutte à goutte dans la liqueur de Fehling sans interrompre l'ébullition. Les additions de liqueur sucrée sont continuées jusqu'à l'apparition d'une teinte qui du bleu passe au *blanc*. Une teinte jaune clair indiquerait que le point de saturation a été dépassé. Toutes les vues ne saisissent pas avec une égale précision la décoloration marquée par la teinte blanche, légèrement ombrée. Quelquefois les liqueurs sont colorées ou se colorent par l'ébullition, etc.: pour obvier à toutes les incertitudes, on dépose sur une feuille double de papier à filtrer une goutte d'une solution de ferrocyanure de potassium acidulé par l'acide acétique, puis on trempe une baguette de verre dans la solution bouillante

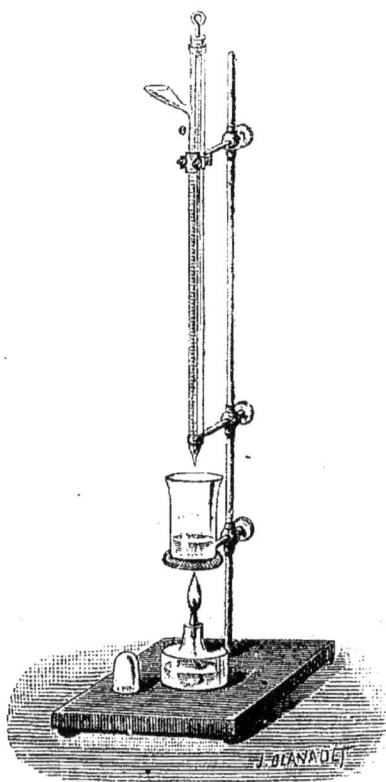

Fig. 7.— Dosage du sucre Fehling.

(1) La burette Dujardin-Salleron, représentée par la figure, est obturée intérieurement par une baguette de verre rodée qui permet le réglage parfait de la vitesse d'écoulement.

et on touche la tache faite sur le papier ; s'il reste encore
du cuivre non réduit, c'est-à-dire si la réaction n'est pas
terminée, une coloration brun rouge se montre au point
de contact.

Ce procédé permet d'arriver à une grande précision.

Le nombre de centimètres cubes de la liqueur sucrée
employée indique le nombre de centigrammes de sucre
nécessaire pour décomposer 10ᶜᶜ de liqueur Fehling-Vio-
lette (0.3464 de sulfate de cuivre). Il est bon que 10ᶜᶜ de
liqueur soient décolorés par 10 à 15ᶜᶜ de solution sucrée.

Violette avait basé le titrage de sa liqueur sur le saccharose et non sur le sucre interverti ; d'après les équivalents, 180 de glucose anhydre correspondent à 1246,8 de
sulfate de cuivre, soit 34 gr. 64 de sulfate de cuivre pour
5 gr. de sucre interverti ; mais tenant compte du rapport
des équivalents entre le glucose et le saccharose 180 : 171,
on a $34,64 \times \frac{180}{171} = 36,46$. Donc, un litre de la liqueur
de Violette correspondait à 5 gr. de saccharose et 5 gr.
263 de glucose. Pour parer à cet inconvénient, nous
avons adopté une légère modification, comme l'indique
le mode de préparation exposé plus haut.

En effet, il est préférable, dans le cas qui nous occupe,
de titrer la liqueur cupro-potassique sur une solution de
sucre interverti — ce sucre ayant sensiblement la composition du sucre de raisin.

Pour titrer la liqueur de cuivre, on fait sécher à 100° du
sucre blanc pulvérisé. En peser *4 gr. 75* et les introduire
dans un ballon avec environ 50ᶜᶜ d'eau distillée et 2 à 5
décigrammes d'acide tartrique. Faire bouillir pendant 5
minutes et verser le liquide en ébullition dans un matras
de 500ᶜᶜ renfermant environ 250 à 300ᶜᶜ d'eau distillée
froide. Lorsque le refroidissement de la masse est parfait,
on complète avec de l'eau les 500ᶜᶜ.

Les 4 gr. 75 de saccharose se sont transformés en
5 gr. de *sucre interverti* d'après les équivalents 171 et 180.
(Le saccharose ou sucre de canne ne réduit pas la *liqueur
de Fehling*).

Nous avons donc une solution de 5 gr. de sucre inter verti dans 500cc d'eau, soit *0 gr. 01* par centimètre cube. On en remplit une burette graduée et on opère comme nous l'avons déjà indiqué sur *10cc* de liqueur cupro-potassique.

10cc de la liqueur de Fehling préparée suivant la formule Violette précitée sont décomposés par 0 gr. 049 à 0 gr. 053 de glucose, soit 4cc 9/10 à 5cc 3/10 de solution sucrée.

Dix centimètres cubes de liqueur correspondront donc à un chiffre très voisin de 0 gr. 05 de glucose. Il suffit de noter ce chiffre pour les opérations ultérieures.

Soit *n*, le nombre de centimètres cubes de liqueur sucrée qu'il a fallu verser pour réduire les 10cc de liqueur cuivrique, nous aurons :

$$\frac{0.05 \times 1000}{n} = x \times 25$$

x est multiplié par 25 parce que le moût sur lequel nous opérons a été dilué au 25me (10cc de moût dans 250cc d'eau).

Parmi les produits compris dans le groupe des sucres, les uns réduisent la liqueur de Fehling, particulièrement les glucoses, ou, d'une manière plus générale, les aldéhydes et les acétones, quelques saccharoses, etc., les autres, tels que les sucres alcools, les amidons, les dextrines, les saccharoses, les celluloses ne la réduisent point.

Le chimiste allemand, Soxhlet, a démontré, après Emile Viard, que chaque sucre réduit une quantité différente de liqueur de Fehling; bien plus, la concentration de la liqueur cuivrique et de la liqueur sucrée, la durée de l'ébullition, exercent une influence sur les résultats. Pour avoir des résultats comparables, il faut avoir soin d'opérer dans des conditions identiques.

La méthode pondérale indiquée par Soxhlet est généralement suivie lorsqu'on veut atteindre le plus haut degré de précision expérimentale, en un mot l'approximation la plus satisfaisante.

La liqueur cuprique n'a pas besoin d'être titrée ; voici sa formule :

1° Sulfate de cuivre pur cristallisé... 34^{gr}.64.

Eau distillée pour faire 500 ^{cc}.

2° Sel de seignette, 173 ^{gr}.

Lessive de soude (à 173 NaO pour 1000) 175 ^{gr}.

Eau distillée pour 500 ^{cc}.

On a, par conséquent, deux solutions qu'on mélange à volume égal au moment de l'essai — 25^{cc} de chacune. — On fait bouillir deux minutes, puis on verse 50 centimètres cubes de solution sucrée ; on maintient le vase cinq minutes dans l'eau bouillante, on filtre et on lave rapidement le précipité de protoxyde de cuivre avec de l'eau très chaude.

Pour cette opération, on fait un tube à filtrer avec un bout de tube à combustion en verre de Bohème de 10 centimètres de longueur dont on étire une extrémité, de façon à réduire son diamètre de moitié. On place sur ce point un petit tampon en coton de verre, et, par dessus, un deuxième tampon d'asbeste. Choisir de l'amiante à longs brins, purifiée par ébullition dans une lessive de potasse, puis dans l'acide azotique et enfin lavée à l'eau jusqu'à disparition de réaction acide. Le tube, ainsi préparé, est chauffé avec précaution à la lampe ; on le pèse après refroidissement sous le dessicateur ; son poids est noté.

Le tube est alors surmonté d'un petit entonnoir, comme l'indique la figure et adapté à une fiole conique

Fig. 8.

avec tubulure latérale pour filtrer à l'aide de la trompe. L'appareil est prêt à fonctionner. On jette la solution cuprique et son précipité sur le filtre ; on lave soigneusement à l'eau chaude le vase de Bohème, de façon à entraîner les parcelles de protoxyde adhérentes aux parois; au besoin on s'aide d'une baguette en verre munie d'un bout de caoutchouc. Puis, on dirige un jet d'eau chaude sur l'entonnoir, pour amener tout le précipité sur le tampon d'amiante. Il est bon que ce tampon soit recouvert d'eau chaude pendant toute la durée de l'opération. On lave à l'alcool absolu et à l'éther pour rendre plus prompte la dessiccation que l'on achève en quelques minutes dans un bain d'air chaud.

C'est le moment de procéder à la réduction du protoxyde de cuivre. On ajoute le tube à un appareil producteur d'hydrogène et on chauffe doucement la partie qui renferme le cuivre. Eviter surtout de chauffer la partie du tube où se trouve le coton de verre afin de ne pas réduire l'oxyde de plomb qu'il contient. Chauffer modérément, et ne pas dépasser le rouge sombre, car à une température très élevée le cuivre réduit s'agglomère et protège le protoxyde restant contre l'action de l'hydrogène. Chauffer assez loin du bouchon, qui pourrait se détruire en donnant naissance à des substances organiques volatiles susceptibles de souiller le produit. La réduction commence à une température de 130 à 135°; elle est terminée dès que le précipité a pris la couleur caractéristique du cuivre et qu'il ne se forme plus de gouttelettes d'eau à l'extrémité froide du tube. L'opération est habituellement finie en quelques minutes.

Pour avoir du *cuivre réduit pur*, il est nécessaire de purifier le gaz hydrogène et de le dessécher avant de le faire agir sur l'oxyde chauffé. On y parvient facilement en l'obligeant à traverser deux flacons laveurs et des tubes en U garnis de poudre sulfurique ou de chaux potassée. Le premier flacon laveur contient une solution concentrée de permanganate de potasse additionnée d'acide sulfurique, et le second la même liqueur alcalinisée par la potasse caustique; ainsi se trouvent arrêtés et fixés au passage tous les composés hydrogénés produits par le soufre, l'arsenic, le phosphore, le carbone.

D'après les calculs du laboratoire municipal de Paris, *un gramme de cuivre* représente *0 gr. 569 de sucre réducteur.*

Un lavage à l'acide azotique, à l'eau, à l'alcool et à l'éther rend le tube à filtrer, dit tube Soxhlet-Allihn, parfaitement propre.

Pour l'analyse des sucres dans les moûts, comme dans les vins, il est bon d'écarter les diverses substances qui accompagnent les sucres et qui réduisent la liqueur de Fehling, car leur présence fausse les résultats.

Voici la marche à suivre :

Il faut d'abord rechercher approximativement la quantité de moût ou de vin nécessaire pour réduire 2 c. c. de liqueur cuivrique.

On essaie le liquide naturel sur 2 c. c. du réactif. Le chiffre indiqué par la burette graduée est multiplié par 5. On obtient ainsi le volume de vin capable de réduire 10 cc. de liqueur de cuivre.

Le résultat trouvé permet, en outre, de calculer la quantité d'eau dont il faut étendre le vin ou le moût en expérience pour verser dans le réactif bouillant au moins 10 c. c. de liquide sucré correspondant à 5 grammes de sucre par litre environ.

Un vin contenant 20 grammes de sucre sera dilué quatre fois ; un vin contenant 100 gram. sera dilué vingt fois ; un moût contenant 300 gram. sera dilué soixante fois, etc.

Pour les vins contenant moins de 2 gr. 5 de sucre, on ne prendra que 5 c. c. de liqueur cuprique.

La dilution des moûts et des vins comme celle de tous les liquides se fait à l'aide de ballons et de burettes graduées.

Pour diluer à moitié, on remplit avec le liquide sucré un ballon de 100 c. c. que l'on transvase dans un ballon de 200 c. c. On rince soigneusement le ballon de 100 c. c.

et par une série de lavages, on arrive à remplir jusqu'au trait le ballon de 200 c. c.

Lorsqu'on veut diluer au 1/4, on remplit un ballon de 50 c. c. que l'on transvase dans le ballon de 200 c. c. et en continuant, comme il vient d'être dit, jusqu'à ce que le ballon de 200 c. c. soit plein.

Si la dilution doit être au 1/8, on prend avec la burette 25 c. c ; pour le 1/16, on prend 12 c. c. 5 ; pour le 1/20, on prend 10 c. c. Pour le 1/30, on mesure 33 c. c. 3 que l'on verse dans un ballon jaugé à un litre. Pour le 1/40, on verse 25 c. c. dans le ballon d'un litre.

Nous recommandons de précipiter par le sous-acétate de plomb les matières étrangères aux sucres qui réduisent la liqueur de Fehling et faussent les résultats. Voici la manière de procéder :

1° Les 200 c. c. de vin (1) dilué sont versés dans une grande capsule de porcelaine, afin d'éviter les projections, et portés à l'ébullition pendant 5 ou 6 minutes. On laisse refroidir, puis on remet le vin dans le ballon de 200 c. c. et on complète le volume.

2° Ajouter goutte à goutte une solution saturée de soude caustique jusqu'à ce que la teinte rouge vif du papier tournesol passe au rouge vineux ou violacé. Ne pas atteindre la coloration bleue.

3° Verser goutte à goutte la solution de sous-acétate de plomb tant qu'il se forme un précipité. On élimine ainsi la majorité des sels et des matières organiques ; seule la gomme de Béchamp résiste et peut influer ; mais son pouvoir réducteur est 7 fois moins fort que celui du glucose ; sa quantité est d'ailleurs si faible qu'on peut la négliger.

4° Verser goutte à goutte une solution saturée de sul-

---

(1) Cette opération de chauffage n'est point utile pour les moûts très frais.

fate de soude tant qu'il se forme un précipité ; ajouter ensuite quelques gouttes en plus.

Ces additions successives ont augmenté le volume du vin. On complète ce volume à 220 c. c.; on agite vivement pour bien mélanger et on filtre sur un filtre sans pli.

Le liquide filtré doit être limpide et ne pas précipiter par le sulfate de soude.

Il arrive parfois que les gros vins rouges donnent encore une coloration. Dans ce cas, on les traite par le noir animal conformément aux indications suivantes :

Le noir doit être *pur*, sec et pulvérisé. On mélange 1 à 2 gram. de noir avec 50 c. c. de vin. On agite au moyen d'une baguette en verre et on filtre après un contact prolongé. Le vin filtré, déjà en grande partie décoloré par le sous-acétate de plomb, est absolument incolore, mais il a perdu un peu de son sucre retenu par le noir. On jette ce vin appauvri et on mélange le même noir avec une nouvelle prise de 50 c. c. de vin.

A défaut d'une trompe à eau, le petit filtre à succion

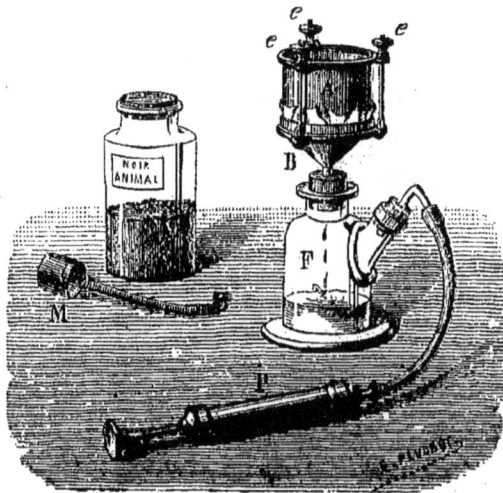

Fig. 9.— Filtre à succion.

imaginé par M. Salleron est extrêmement commode pour ces sortes de filtrations lentes.

Le produit de cette deuxième filtration est mis dans la burette graduée. Il faut tenir compte que le liquide a été dilué à 1/10 par les agents clarifiants; dans ces conditions, on multipliera par 110/100 ou par 1,1 le résultat trouvé, ensuite on tiendra compte de la dilution préalable.

Exemples: 1° Un vin naturel, c'est-à-dire non dilué, a exigé pour 5 c. c. de liqueur de cuivre 25 c. c. de liquide sucré du ballon 200 — 220 c. c. Les cinq centimètres cubes de liqueur cuivrique correspondent à 0,025 de glucose, donc :

25 c. c. de liquide sucré renferment   0 gr. 025 de glucose.

$$100 \text{ c. c.} \quad - \quad \text{renfermeront} \frac{0 \text{ gr. } 025 \times 100}{25} = 0.100.$$

mais nous avons dilué de 1/10 ?

Alors $0,100 \times 1,1 = 0,110$ pour 100 c. c., soit *1ᵍʳ10* par litre.

2° Un vin dilué au 1/4 et traité ensuite dans le ballon de 200 — 220 c. c. a nécessité 11 c. c. pour décolorer 10 c. c. de liqueur de Fehling, correspondant au titre 0,05.

11 c. c. de liquide sucré correspondant à 0 gr. 05 de glucose.

$$100 \text{ c. c.} \quad - \quad \text{correspondront à} \frac{0 \text{ gr. } 05 \times 100}{11} = 0,454.$$

mais nous avons dilué au 1/10 et au 1/4 ?

Alors, nous aurons : $(0,454 \times 1,1) \times 4 = 1$ gr. 997 pour 100 c. c., soit 19 gr. 97 par litre.

3° Un moût dilué au 1/40 et traité ensuite par les décolorants dans le ballon 200 — 220 c. c. a nécessité 18 c. c. pour décolorer 10 c. c. de liqueur de Fehling au titre de 0,05. D'où il résulte que :

Si 18 c. c. de liquide sucré contiennent 0 gr. 05 de glucose,

$$100 \text{ c. c.} \quad - \quad \text{contiendront} \frac{0 \text{ gr. } 05 \times 100}{18} = 0,277.$$

mais nous avons dilué au 1/10 et au 1/40 ?

Nous aurons donc :

$(0,277 \times 1,1) \times 40 = 12$ gr. 188 pour 100 c. c., soit :
121 gr. 88 par litre.

Lorsqu'on veut chercher le sucre cristallisable (saccharose) par cette méthode, il faut *l'intervertir*.

On prélève exactement 50 c. c. de la solution sucrée et on les met dans un ballon jaugé à 200 c. c. en y ajoutant 0,5 d'acide chlorhydrique pur à 20° B. On chauffe pendant 15 minutes au bain-marie. Après refroidissement, on complète à 200 c. c. par addition d'eau distillée ; rendre homogène par agitation.

Ne pas oublier dans le calcul que 5 gr. de glucose correspondent à 4 gr. 75 de saccharose.

Dosage de l'alcool par distillation. — On pourra employer avec avantage l'appareil distillatoire fabriqué spécialement par Salleron en plusieurs modèles de dimensions différentes. La figure ci-contre représente le petit modèle.

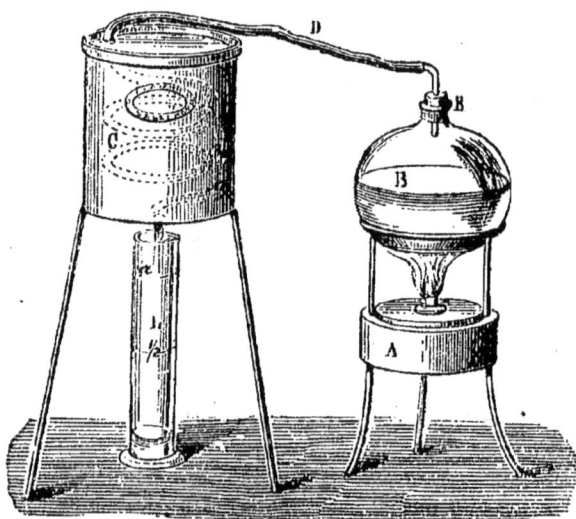

Fig. 10.— Alambic Salleron petit modèle.

1° Une lampe A alimentée par l'esprit de vin ;

2° Un ballon de verre B qui sert de chaudière ;

3° Un serpentin contenu dans un réfrigérant C, supporté par trois pieds de cuivre ; le serpentin communique avec la chaudière au moyen du tube de caoutchouc D, relié par un tube en verre au bouchon E qui s'adapte au col du ballon B.

4.° Une burette L portant un trait *a*, qui mesure le volume du vin soumis à la distillation et celui du liquide distillé recueilli sous le serpentin.

Un thermomètre G, une pipette en verre H et deux aréomètres F (fig. 11) accompagnent l'appareil à distiller. Un des aréomètres sert pour les vins ordinaires, l'autre pour les vins alcooliques et les liqueurs sucrées.

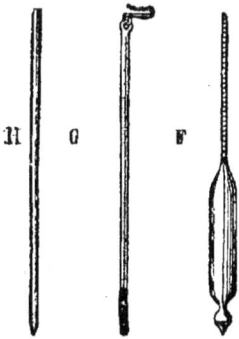

Fig. 11.— Nécessaire Salleron.

Ce modèle est excellent, mais il faut que ses dimensions permettent de distiller au moins 200 c. c. de vin et qu'il soit accompagné d'un thermomètre et de deux alcoomètres portant le poinçon de la vérification officielle. Le thermomètre au mercure sera divisé sur verre en demi-degrés et les deux alcoomètres donneront le degré gradué en cinquièmes, l'un de 0 à 20, l'autre de 20 à 40.

Mode opératoire. — 1° Mesurer exactement 200 c. c. de vin et les placer dans un ballon de verre de 350 à 400 c. c. de capacité.

2° Neutraliser l'acidité jusqu'à la teinte violacée ou rouge vineux du papier tournesol.

3° Fermer le ballon par un bouchon en caoutchouc, dans lequel passe un tube coudé pénétrant de quelques millimètres dans le ballon. Ce tube est relié au réfrigérant descendant.

4° On place l'éprouvette sous l'extrémité du tube condenseur qui débouche à la partie inférieure du réfrigérant. Cette éprouvette porte un repère à 100 c. c., puis un autre à 200 c. c.

5° Chauffer le ballon à l'ébullition tranquille et recueillir le distillat jusqu'à ce que son niveau dépasse un peu le trait marqué 100 c. c.

6° Ajouter au liquide suffisamment d'eau distillée pour faire exactement 200 c. c., c'est-à-dire le volume du vin soumis à la distillation.

DEGRÉS lus sur le thermomètre centigrade	DEGRÉS LUS SUR L'ALCOOMÈTRE																						
	1	2	3	4	5	6	7	8	9	10	11	12	13	14	15	16	17	18	19	20	21	22	23
10	1.4	2.4	3.4	4.5	5.5	6.5	7.5	8.5	9.5	10.6	11.7	12.7	13.8	14.9	16.0	17.0	18.1	19.2	20.2	21.3	22.4	23.5	24.6
11	1.3	2.4	3.4	4.4	5.4	6.4	7.4	8.4	9.4	10.5	11.6	12.6	13.6	14 7	15.8	16.8	17.9	19.0	20.0	21.0	22.1	23.2	24.3
12	1.2	2.3	3.3	4.3	5.3	6.3	7.3	8.3	9.3	10.4	11.5	12.5	13.5	14.6	15.6	16.6	17.6	18.7	19.7	20.7	21.8	22.9	24.0
13	1.2	2.2	3.2	4.2	5.2	6.2	7.2	8.2	9.2	10.3	11.4	12.4	13.4	14.4	15.4	16.4	17.4	18.5	19.5	20.5	21.5	22.6	23.7
14	1.1	2.1	3.1	4.1	5.1	6.1	7.1	8.1	9.1	10.2	11.2	12.2	13.2	14.2	15.2	16.2	17.2	18.2	19.2	20.2	21.2	22.3	23.3
15	1	2	3	4	5	6	7	8	9	10	11	12	13	14	15	16	17	18	19	20	21	22	23
16	0.9	1.9	2.9	3.9	4.9	5.9	6.9	7.9	8.9	9.9	10.9	11.9	12.9	13.9	14.9	15.9	16.9	17.8	18.7	19.7	20.7	21.7	22.7
17	0.8	1.8	2.8	3.8	4.8	5.8	6.8	7.8	8.8	9.8	10.8	11.7	12.7	13.7	14.7	15.6	16.6	17.5	18.4	19.4	20.4	21.4	22.4
18	0.7	1.7	2.7	3.7	4.7	5.7	6.7	7.7	8.7	9.7	10.7	11.6	12.5	13.5	14.5	15.4	16.3	17.3	18.2	19.1	20.1	21.1	22.0
19	0.6	1.6	2.6	3.6	4.6	5.5	6.5	7.5	8.5	9.5	10.5	11.4	12.4	13.3	14.3	15.2	16.1	17.0	17.9	18.8	19.8	20.8	21.7
20	0.5	1.5	2.4	3.4	4.4	5.4	6.4	7.3	8.3	9.3	10.3	11.2	12.2	13.1	14.0	14.9	15.8	16.7	17.6	18.5	19.5	20.5	21.4
21	0.4	1.4	2.3	3.3	4.3	5.2	6.2	7.1	8.1	9.1	10 1	11.0	11.9	12.8	13.7	14.6	15.5	16.4	17.3	18.2	19.1	20.1	21.1
22	0.3	1.3	2.2	3.2	4.1	5 1	6.1	7.0	7.9	8.9	9.9	10.8	11.7	12.6	13.5	14.4	15.3	16.2	17.0	17.9	18.8	19.8	20.7
23	0.1	1.1	2.1	3.1	4.0	4.9	5.9	6.8	7.8	8.7	9.7	10.6	11.5	12.4	13.3	14.1	15.0	15.9	16.7	17.6	18.5	19.4	20.3
24	»	1.0	1.9	2.9	3.8	4.8	5.8	6.7	7.6	8.5	9.5	10.4	11.3	12.2	13.1	13.9	14.8	15.7	16.5	17.4	18.2	19.1	20.0
25	»	0.8	1.7	2.7	3.6	0.6	5.5	6.5	7.4	8.3	9.3	10.2	11.1	12.0	12.8	13.6	14.5	15.4	16.2	17.1	17 9	18.8	19.7

7º Agiter pour rendre homogène.

8º Placer le thermomètre dans l'éprouvette, ensuite un alcoomètre, et déterminer ainsi la température et la densité du liquide.

9º Chercher le titre réel à 15º : à cet effet, se reporter au tableau suivant ; lire dans la première colonne verticale le degré lu sur le thermomètre, puis suivre la ligne horizontale que commande ce nombre, jusqu'à la rencontre de la ligne verticale au sommet de laquelle se trouve le degré densimétrique observé. Le nombre placé au point d'intersection de ces deux lignes indique le titre alcoolique à 15º.

Exemple :

Supposons qu'un vin ait donné un liquide distillé marquant 18º de densité ou alcoométriques à la température de 21º.

Cherchons dans la première colonne verticale le nombre 21º ; suivons horizontalement la ligne à laquelle ce nombre appartient jusqu'au point de rencontre de la ligne verticale qui porte à son sommet le degré alcoométrique 18. Nous trouvons *16º,4*.

Ce chiffre indique le titre alcoolique du liquide à la température de 15º centigrades.

Contrôle du dosage de l'alcool par la différence entre la densité du vin et la densité de ce même vin privé de son alcool. — M. Sanglé-Ferrière, l'habile chimiste du laboratoire municipal de Paris, mettant à profit les travaux de Tabarié a dressé le tableau ci-dessous qui donne le degré alcoolique à + 15º résultant de la différence entre la densité du vin et la densité de ce même vin privé de son alcool. L'écart entre ce procédé et le dosage par distillation ne dépasse pas 3/10 de degré.

Pour convertir l'*alcool pour cent* en *volume* en *alcool pour cent en poids*, il suffit d'employer la formule :

$$P = V \times \frac{D}{d}$$

P est l'alcool en poids cherché.

Différence entre les 2 densités	Alcool pour 100 en volume	Différence entre les 2 densités	Alcool pour 100 en volume	Différence entre les 2 densités	Alcool pour 100 en volume	Différence entre les 2 densités	Alcool pour 100 en volume	Différence entre les 2 densités	Alcool pour 100 en volume
8.4	degrés 6.0	10.1	degrés 7.3	12.0	degrés 8.9	14.0	degrés 10.6	16.0	degrés 12.4
8.5	6.1	10.2	7.4	12.1	8.9	14.1	10.7	16.1	12.5
8.6	6.2	10.3	7.5	12.2	9.0	14.2	10.8	16.2	12.6
8.7	6.3	10.4	7.6	12.3	9.1	14 3	10.8	16.3	12.6
8.8	6.4	10.5	7.7	12.4	9.2	14.4	10.9	16.4	12.7
8.9	6.5	10.6	7.8	12.5	9.3	14.5	11.0	16.5	12.8
9.0	6.6	10.7	7.8	12.6	9.4	14.6	11.1	16.6	12.9
9.1	6.7	10.8	7.9	12.7	9.5	14.7	11.2	16.7	13.0
9.2	6.7	10.9	8.0	12.8	9.6	14.8	11.3	16.8	13.1
9.3	6.8	11.0	8.1	12.9	9.7	14.9	11.4	16.9	13 2
9.4	6.9	11.1	8.2	13 0	9.8	15 0	11.5	17.0	13.3
9.5	6.9	11.2	8.2	13.1	9.8	15.1	11.5	17.1	13.4
9.6	7.0	11.3	8.3	13.2	9.9	15.2	11.6	17.2	13.5
9.7	7.0	11.4	8.4	13.3	10.0	15.3	11.7	17.3	13.6
9.8	7.1	11.5	8.5	13.4	10.1	15.4	11.8	17.4	13.6
9.9	7.2	11.6	8.6	13.5	10.2	15.5	11.9	17.5	13.7
10.0	7.3	11.7	8.6	13.6	10.3	15.6	12.0	17.6	13.8
»	»	11.8	8.7	13.7	10.4	15.7	12.1	17.7	13.9
»	»	11.9	8.8	13.8	10.4	15.8	12.2	17.8	14.0
»	»	»	»	13.9	10 5	15.9	12.3	17.9	14.1

V est l'alcool en volume à $+ 15°$.

D est la densité de l'alcool pur $(0.7947$ à $+ 15°)$ [1].

d est la densité du mélange alcoolique correspondant à V.

1 degré d'alcool (volume)	représente	0.80	en poids.
2 —	—	représentent	1.60	—
3 —	—	—	2.40	—
4 —	—	—	3.20	—
5 —	—	—	4.00	—
6 —	—	—	4.810	—
7 —	—	—	5.620	—
8 —	—	—	6.430	—
9 —	—	—	7.240	—
10 —	—	—	8.05	—
15 —	—	—	12.15	—
16 —	—	—	12.98	—

Pour avoir l'alcool par litre, on multiplie par 10 les résultats donnés par la formule, résultats que nous venons de calculer pour un certain nombre de degrés.

Lorsque la distillation est appliquée à un moût filtré en voie de fermentation, elle produit de la mousse, des boursouflements, des projections, et la matière du ballon cucurbite passe souvent avec le distillat. On peut parer à cet inconvénient en ajoutant dans la cucurbite un peu d'huile, d'acide tannique ou un morceau de paraffine.

Quand on opère sur des liquides peu riches en alcool, et c'est le cas d'un moût en pleine fermentation, il est bon de distiller jusqu'à ce qu'on ait recueilli la moitié du volume primitif et de plonger l'alcoomètre sans rétablir ce même volume. L'alcool étant concentré dans un volume moindre peut être apprécié plus exactement, car on divise par 2 le résultat obtenu, ce qui divise aussi par 2 l'erreur commise.

---

(1) Pouillet. Rapport à l'Académie des sciences.

De nombreuses expériences ont prouvé qu'il suffit de distiller la moitié du volume d'un liquide pour faire passer tout son alcool à la distillation.

Méthode de dosage de l'alcool par l'ébullioscope. — Cette méthode consiste à déterminer la température d'ébullition du vin. Plusieurs appareils ont été construits pour faire cet essai, les plus répandus sont ceux de Malligand et Salleron-Dujardin.

Le principe physique sur lequel reposent les ébullioscopes est juste théoriquement, mais, dans la pratique, des circonstances particulières tendent à fausser les résultats.

S'il est vrai qu'un mélange d'alcool et d'eau bouillira toujours à la même température, sous une même pression, il est non moins vrai que le vin ne peut être considéré comme un simple mélange d'eau et d'alcool.

Les diverses matières fixes et solubles qu'il renferme, en proportions variables, sont une cause d'erreurs difficile à mesurer rigoureusement.

Ces influences perturbatrices sont cependant assez faibles pour être négligées, lorsqu'on opère sur un vin sec, moyennement alcoolique. Elles deviennent appréciables, quand il s'agit d'un vin faible en alcool et riche en sucre. La grande quantité de sucre exerce une influence sur le point d'ébullition qu'elle élève généralement, ce qui fait trouver un titre alcoolique trop faible de 2 ou 3/10 environ (Muscats).

Le dosage par distillation est une méthode plus exacte; néanmoins, dans la pratique, entre des mains peu exercées aux manipulations scientifiques, les ébullioscopes donneront des résultats très suffisants.

Pour réduire l'erreur, on peut étendre d'eau les vins riches en sucre.

Ceci dit, passons à la description de la marche méthodique qu'exigent les ébullioscopes Malligand et Salleron-Dujardin.

L'ébullioscope Malligand (fig. 12) se compose:

11

1° D'une chaudière F, portant intérieurement deux viroles indiquant deux niveaux différents. Elle est chauffée au moyen d'un thermosiphon qui reçoit la chaleur d'une lampe à alcool ;

2° D'un couvercle, se vissant à la partie supérieure du cône de la chaudière F et portant un réfrigérant R formé

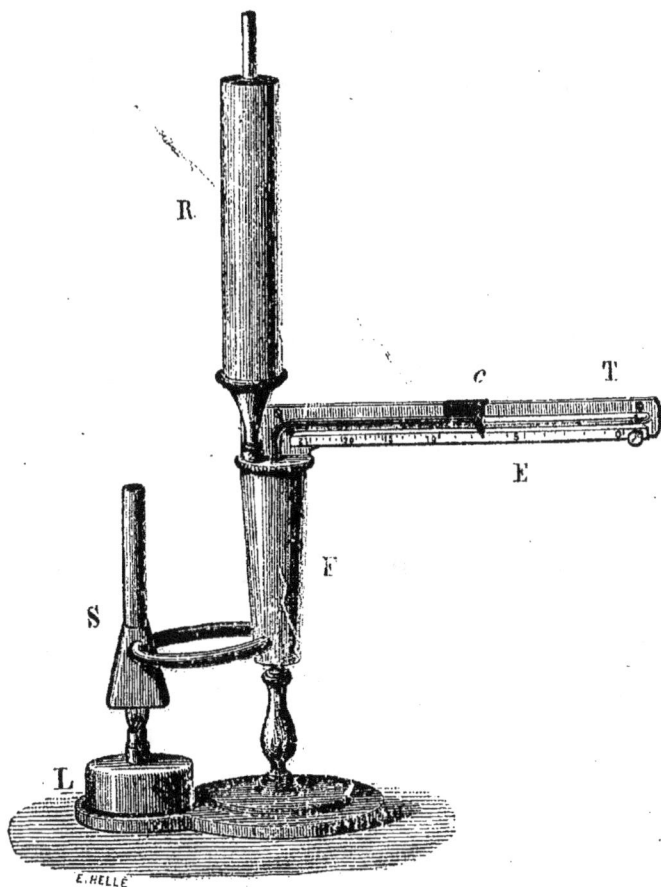

Fig. 12.— Alambic Malligand.

de deux tubes concentriques, laissant entre eux un espace annulaire ; un thermomètre T, coudé à angle droit et fixé le long d'une lame de cuivre ;

3° D'une réglette en cuivre, placée dessous et parallèlement à la tige du thermomètre ;

4° Cette réglette, sur laquelle court un curseur C, porte gravés les degrés alcooliques de 0° à 20 ou 25°. Elle peut glisser de droite à gauche, et *vice versa*, le long de la plaque de cuivre, parallèlement au thermomètre. On l'arrête en une position fixe, au moyen d'une vis placée de l'autre côté de la plaque de cuivre.

Réglage de l'appareil. — Les indications de l'ébullioscope variant avec la pression atmosphérique, le réglage de l'appareil doit se faire au moins une ou deux fois par jour (si on l'utilise journellement). A cet effet :

1° Verser de l'eau distillée dans la chaudière jusqu'à ce que le niveau atteigne la virole inférieure ;

2° Visser le couvercle sur la chaudière ;

3° Chauffer à l'aide de la lampe à alcool ;

4° Bientôt la colonne de mercure apparaît et s'avance peu à peu dans la tige horizontale du thermomètre. Lorsqu'elle s'arrête et conserve une position fixe, on dévisse la vis qui se trouve derrière la plaque de cuivre, on fait glisser la réglette jusqu'à ce que son 0 corresponde avec l'extrémité de la colonne mercurielle, ce dont on s'assure exactement au moyen du curseur. Puis on retire la lampe à alcool.

Mode opératoire. — Pour déterminer le titre alcoolique d'un liquide :

1° Dévisser le couvercle (attendre que le mercure soit rendu dans l'olive avant de le poser) ;

2° Jeter l'eau contenue dans l'appareil ;

3° Rincer la chaudière avec un peu du vin à doser ;

4° Remplir la chaudière jusqu'à la virole supérieure avec le dit vin ;

5° Visser le couvercle ;

6° Remplir l'espace annulaire du réfrigérant avec de l'eau froide ;

7° Chauffer avec la lampe à alcool ;

8° Lorsque la colonne de mercure est bien stationnaire, lire, en s'aidant du curseur, la division de l'échelle graduée qui correspond à son extrémité. Cette division indique le chiffre du degré alcoolique,

L'ébullioscope Salleron (fig. 13) se compose :

1º D'une chaudière conique métallique C.

2º D'un condenseur D (tel qu'il a été construit par Liebig) surmontant la chaudière.

3º D'un thermomètre T divisé en dixièmes de degré centigrade, fixé par un bouchon de caoutchouc dans la tubulure *t* de la chaudière. Son réservoir mercuriel doit plonger au sein du liquide chauffé.

4º D'une lampe à alcool L.

5º D'une *échelle ébulliométrique* ou règle de l'ébulliomètre (fig. 14).

6º D'un tube en verre gradué (éprouvette).

Réglage de l'appareil :

1º Verser de l'eau distillée dans le tube gradué jusqu'à la division : *Eau*.

2º Introduire cette eau dans la chaudière par la tubulure *t*.

3º Fixer le bouchon portant le thermomètre T dans la tubulure *t*.

4º Chauffer la chaudière au moyen de la lampe à alcool. Lorsque la marche ascensionnelle de la colonne de mercure s'arrête, on lit la division du thermomètre qui coïncide avec son sommet, soit 100º,1, comme l'indique la figure ci-contre.

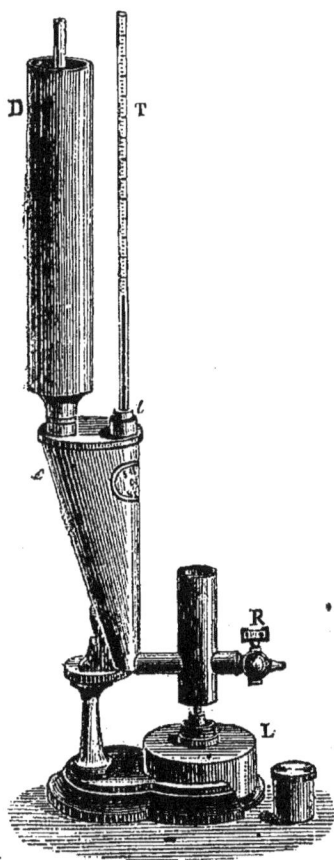

Fig. 13 — Ébullioscope Salleron.

5º Prendre la règle ébulliométrique, desserrer le petit écrou qu'elle porte et manœuvrer la réglette centrale de façon à ce que le chiffre 100º,1, représentant le point d'ébullition de l'eau, se place en face de la division 0 des échelles fixes.

Mode opératoire :

1° Rincer la chaudière avec le vin à essayer.

2° Remplir l'éprouvette avec du vin et la verser dans la chaudière.

5° Remplir d'eau froide le réfrigérant D.

6° Placer le thermomètre dans sa tubulure.

7° Chauffer la chaudière.

8° La colonne de mercure s'arrête en face de la division 90°,7 par exemple. Retirer la lampe et lire sur l'échelle *vins ordinaires*, la division qui se trouve en face de la température 90°,7, le nombre marqué 13°,4 représente le degré alcoolique du vin.

Dosage et examen des alcools destinés au mutage. — Le mutage à l'alcool joue un rôle important dans le travail de certains vins de luxe. Il a pour but d'entraver l'action des ferments et de conserver au vin une plus ou moins grande quantité de sucre indécomposé.

L'alcool employé à cet usage doit être, comme nous l'avons déjà dit, de l'alcool ou de la bonne eau-de-vie de vin. Le trois-six mélangé à 3 ou 4 fois son volume d'eau distillée prend une teinte bleuâtre ou savonneuse lorsqu'il est de qualité inférieure.

A défaut d'analyse chimique, la dégustation donne des indications précieuses ; d'ailleurs, elle est l'unique base sur laquelle reposent les transactions commerciales des alcools.

L'odeur que dégage l'alcool agité dans un verre chauffé à la main fournit un premier renseignement.

Pour déguster, il suffit de se rincer la bouche pendant

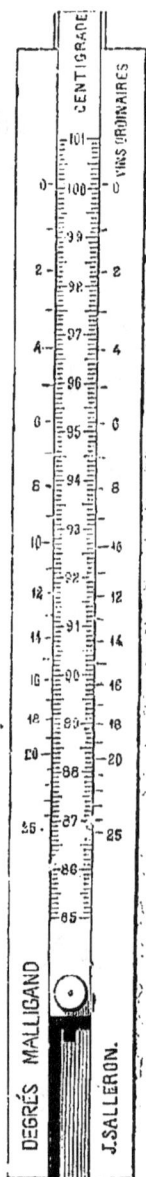

Fig. 14. — Règle ébulliométrique

quelques instants avec l'alcool étendu d'eau et réduit au
titre de 30 à 35°. A un titre plus élevé, la saveur brûlante
de l'alcool éthylique masque souvent les caractères organoleptiques au palais du dégustateur. On perçoit d'abord
la saveur assez fugitive de l'alcool éthylique, et, ensuite,
pendant un temps plus long, la saveur des produits qui
constituent le bouquet de l'eau-de-vie de vin.

Étant donnée la difficulté de maintenir le liquide à la
température rigoureusement exacte de 15°, on remplace
les densimètres ordinaires par des alcoomètres pour mesurer la densité. La température du liquide est prise avec
un thermomètre afin de ramener le degré d'alcool à ce
qu'il serait à 15° au moyen des tables de correction.

Le Bureau national des poids et mesures a dressé une
table des densités des mélanges d'eau et d'alcool absolu
donnant la relation des degrés alcooliques et des densités par dixième de degré. Ces densités sont rapportées à
l'eau à la température de 15° et ramenées au vide. (Loi
du 7 juillet 1881).

Pour graduer l'alcoomètre centésimal de Gay-Lussac,
on le plonge dans l'alcool absolu à la température de 15°,
et l'on marque *100* sur la tige. Le *0* correspond à la densité de l'eau distillée bouillie qui est, d'après Despretz, de
0.999125, celle de l'alcool absolu étant de 0.7947 d'après
Gay-Lussac. Mais l'alcoomètre de ce savant a été cor-
rigé conformément aux nouvelles évaluations des densités des mélanges d'eau et d'alcool, la densité de l'alcool
ayant été ramenée à *0.79433*.

La tige de l'alcoomètre est divisée en cent parties, indiquant chacune 1 o/o d'alcool en volume ; un liquide
marquant 20° contiendra 20 volumes d'alcool et 80 volumes d'eau. Afin de rendre les observations plus faciles,
l'État a prescrit de laisser 5 millimètres entre chaque division de l'échelle, ce qui a nécessité la construction de
cinq instruments :

Le premier va de . . . . . . 0 à 20°
Le second . . . . . . 20 à 40°
Le troisième — . . . . . . 40 à 60°

Le quatrième — . . . . . . 60 à 80°

Le cinquième — . . . . . 80 à 100°

Ces instruments se vendent dans un écrin en gainerie (fig. 15) accompagnés d'une éprouvette et d'un thermo-

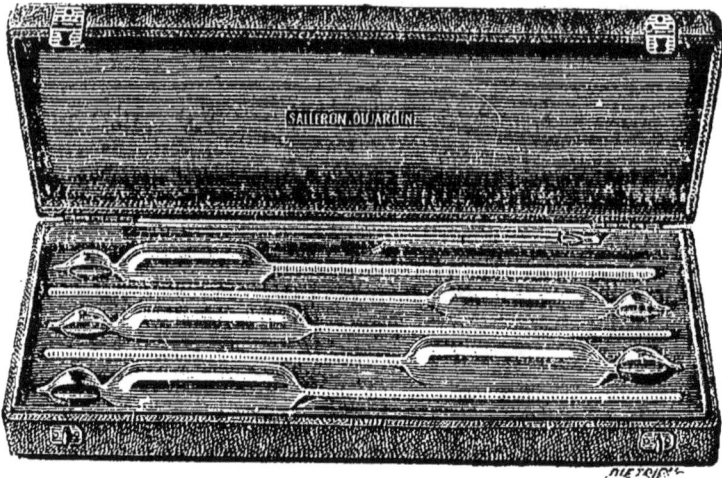

Fig. 15.— Nécessaire alcoométrique légal.

mètre à mercure divisé en demi-degrés. Ils sont contrôlés et portent un poinçon spécial gravé sur le verre.

Pour faire une observation, on remplit l'éprouvette de l'alcool à essayer et on y plonge le thermomètre. Un moment après, on introduit l'alcoomètre en l'enfonçant un peu au-dessus de son point de flottaison, et lorsqu'il est immobile — sans toucher aux parois de l'éprouvette — on lit le degré en tenant compte de la courbure du ménisque comme il est dit à la page 83; puis on note la température indiquée par le thermomètre.

La graduation de l'instrument ayant été faite à + 15° centigrades, il est facile de comprendre qu'une température différente demande une correction, car on a le degré apparent et non le degré réel de l'alcool.

Si l'alcoomètre marque 63° et le thermomètre, 18° la richesse alcoolique réelle sera 61.8 ; c'est-à-dire qu'à la température de 15°, cent litres du liquide essayé contiennent 61 litres et 1 décilitre d'alcool pur.

La table suivante donne les corrections des richesses alcooliques depuis 26° jusqu'à 95°.

Table de correction des richesses alcooliques depuis 26° jusqu'à 96°

Degrés de la température indiquée par le thermomètre / Indications alcoomètre (ré apparent)

	26	27	28	29	30	31	32	33	34	35	36	37	38	39	40	41	42	43	44	45	46	47	48	49
0	32.3	33.4	34.5	35.6	36.6	37.6	38.6	39.6	40.6	41.5	42.5	43.5	44.4	45.4	46.4	47.4	48.4	49.3	50.3	51.3	52.3	53.2	54.1	55.4
1	31.8	32.9	34.»	35.1	36.1	37.1	38.1	39.1	40.1	41.2	42.2	43.1	44.1	45.»	46.0	47.»	48.»	48.9	49.9	50.8	51.8	52.8	53.7	54.7
2	31.4	32.5	33.5	34.6	35.6	36.7	37.7	38.7	39.7	40.7	41.7	42.7	43.7	44.6	45.5	46.5	47.5	48.4	49.5	50.4	51.4	52.3	53.3	54.3
3	31.»	32.1	33.1	34.1	35.2	36.2	37.3	38.3	39.3	40.3	41.3	42.3	43.2	44.2	45.2	46.2	47.1	48.1	49.»	50.»	51.»	52.»	52.9	53.9
4	30.6	31.6	32.7	33.7	34.7	35.7	36.7	37.7	38.8	39.8	40.8	41.8	42.8	43.8	44.8	45.8	46.7	47.7	48.7	49.6	50.6	51.5	52.5	53.5
5	30.1	31.2	32.3	33.3	34.3	35.3	36.3	37.3	38.3	39.3	40.3	41.4	42.4	43.4	44.3	45.3	46.2	47.2	48.1	49.2	50.2	51.1	52.1	53.1
6	29.7	30.8	31.8	32.8	33.8	34.9	35.9	36.9	37.9	38.9	39.9	40.9	41.9	42.9	43.9	44.9	45.8	46.8	47.8	48.8	49.8	50.8	51.7	52.7
7	29.3	30.3	31.3	32.3	33.3	34.3	35.4	36.3	37.4	38.4	39.4	40.4	41.4	42.4	43.4	44.4	45.1	46.4	47.1	48.1	49.4	50.4	51.3	52.3
8	28.9	29.9	30.9	31.9	32.9	33.9	34.9	35.9	36.9	37.9	38.»	39.»	40.»	41.»	42.»	43.»	44.»	45.»	46.»	47.9	48.9	49.9	50.9	51.9
9	28.5	29.5	30.5	31.5	32.5	33.5	34.5	35.5	36.5	37.5	38.6	39.6	40.6	41.6	42.6	43.6	44.6	45.6	46.6	47.5	48.5	49.5	50.5	51.5
10	28.»	29.1	30.1	31.1	32.1	33.1	34.1	35.1	36.1	37.1	38.1	39.1	40.1	41.1	42.1	43.1	44.1	45.1	46.1	47.1	48.1	49.1	50.1	51.1
11	27.7	28.7	29.7	30.7	31.7	32.7	33.7	34.7	35.7	36.7	37.7	38.7	39.7	40.7	41.7	42.7	43.7	44.7	45.7	46.7	47.7	48.7	49.7	50.7
12	27.2	28.2	29.2	30.2	31.2	32.1	33.2	34.3	35.3	36.3	37.3	38.3	39.3	40.3	41.3	42.3	43.3	44.3	45.3	46.3	47.3	48.3	49.3	50.3
13	26.8	27.8	28.8	29.8	30.8	31.8	32.8	33.8	34.8	35.8	36.8	37.8	38.8	39.8	40.4	41.9	42.9	43.9	44.9	45.9	46.4	47.4	48.4	49.4
14	26.4	27.4	28.4	29.4	30.4	31.4	32.4	33.4	34.4	35.4	36.4	37.4	38.4	39.4	40.4	41.4	42.4	43.4	44.4	45.4	46.4	47.4	48.»	49.»
15	26.»	27.»	28.»	29.»	30.»	31.»	32.»	33.»	34.»	35.»	26.»	37.»	38.»	39.»	40.»	41.»	42.9	43.»	44.»	45.»	46.»	47.6	48.6	49.6
16	25.7	26.6	27.6	28.6	29.6	30.6	31.6	32.5	33.3	34.5	35.5	36.5	37.5	38.5	39.5	40.6	41.6	42.6	43.6	44.6	45.6	46.6	47.6	48.6
17	25.4	26.3	27.3	28.2	29.2	30.2	31.2	32.1	33.1	34.1	35.1	36.1	37.1	38.1	39.1	40.1	41.1	42.1	43.1	44.1	45.1	46.2	47.2	48.2
18	25.»	25.9	26.9	27.8	28.8	29.8	30.8	31.7	32.6	33.6	34.6	35.6	36.6	37.6	38.6	39.»	40.7	41.7	42.7	43.7	44.8	45.8	46.8	47.8
19	24.6	25.5	26.4	27.3	28.3	29.3	30.3	31.2	32.2	33.2	34.2	35.2	36.2	37.2	38.2	39.3	40.3	41.3	42.4	43.4	44.4	45.4	46.4	47.4
20	24.3	25.2	26.1	27.»	27.9	28.9	29.9	30.8	31.8	32.8	33.8	34.8	35.8	36.8	37.8	38.9	39.»	40.9	42.»	43.»	44.»	45.»	46.»	47.»
21	23.9	24.8	25.6	26.6	27.5	28.5	29.5	30.4	31.4	32.4	33.4	34.4	35.4	36.4	37.4	38.»	39.»	40.»	41.1	42.1	43.1	44.1	45.1	46.1
22	23.5	24.3	25.2	26.2	27.1	28.1	29.1	30.»	31.»	32.»	33.»	34.»	35.»	36.»	37.»	38.6	39.6	40.6	41.6	42.5	43.6	44.6	45.6	46.6
23	23.1	24.»	24.9	25.8	26.7	27.7	28.7	29.6	30.6	31.6	32.6	33.5	34.5	35.5	36.5	37.6	38.6	39.2	40.2	41.2	42.2	43.2	44.3	45.3
24	22.7	23.6	24.5	25.4	26.3	27.3	28.3	29.2	30.2	31.1	32.1	33.1	34.1	35.1	36.1	37.2	38.2	39.8	40.8	41.6	42.5	43.6	44.6	45.3
25	22.4	23.2	24.1	25.1	26.»	26.9	27.9	28.8	29.7	30.7	31.7	32.7	33.7	34.7	35.7	36.7	37.7	38.7	39.8	40.8	41.9	42.9	43.5	44.5
26	22.1	22.9	23.8	24.7	25.6	26.5	27.5	28.4	29.3	30.3	31.3	32.3	33.3	34.3	35.3	36.3	37.3	38.3	39.4	40.»	41.5	42.5	43.5	44.5
27	21.7	22.6	23.5	24.3	25.2	26.1	27.1	27.9	28.9	29.9	30.9	31.9	32.9	33.9	34.8	35.9	36.9	37.9	39.»	40.»	41.1	42.1	43.1	44.1
28	21.4	22.2	23.1	23.9	24.8	25.7	26.6	27.5	28.5	29.5	30.5	31.5	32.5	33.5	34.5	35.4	36.5	37.5	38.6	39.6	40.6	41.6	42.6	43.7
29	21.»	21.8	22.7	23.6	24.4	25.2	26.2	27.1	28.1	29.1	30.1	31.1	32.1	33.»	34.»	35.»	36.»	37.1	38.1	39.1	40.2	41.2	42.2	43.3
30	20.7	21.5	22.4	23.2	24.»	24.9	25.8	26.7	27.7	28.7	29.7	30.7	31.6	32.6	33.6	34.6	35.6	36.6	37.7	38.7	39.8	40.8	41.8	42.8

Table de correction des richesses alcooliques (Suite)

Indications de l'alcoomètre (degré apparent) →	50	51	52	53	54	55	56	57	58	59	60	61	62	63	64	65	66	67	68	69	70	71	72	73
0	56.1	57.1	58.»	59.»	59.9	60.9	61.9	62.9	63.9	64.9	65.8	66.8	67.8	68.8	69.8	70.8	71.7	72.7	73.7	74.7	75.7	76.6	77.6	78.6
1	55.7	56.7	57.6	58.6	59.6	60.6	61.6	62.5	63.5	64.5	65.5	66.5	67.5	68.5	69.4	70.4	71.3	72.3	73.3	74.3	75.3	76.2	77.2	78.2
2	55.3	56.3	57.2	58.2	59.2	60.2	61.2	62.1	63.1	64.1	65.1	67.1	67.1	68.1	69.1	70.1	71.»	71.9	72.9	73.9	74.9	75.9	76.9	77.9
3	54.8	55.8	56.8	57.8	58.8	59.8	60.8	61.7	62.7	63.7	64.7	65.6	66.6	67.6	68.6	69.6	70.6	71.6	72.6	73.6	74.5	75.5	76.5	77.5
4	54.5	55.5	55.5	57.4	58.4	59.4	60.3	61.3	62.3	63.3	64.3	65.3	66.3	67.3	68.3	69.3	70.3	71.2	72.2	73.2	74.1	75.1	76.1	76.7
5	54.»	55.»	56.»	57.»	58.»	59.»	60.»	60.9	61.9	62.9	63.9	64.9	65.9	66.9	67.9	68.9	69.8	70.8	71.8	72.8	73.8	74.8	75.7	76.7
6	53.7	54.7	55.6	56.6	57.5	58.5	59.5	60.5	61.5	62.5	63.5	64.5	65.5	66.5	67.5	68.5	69.5	70.5	71.5	72.5	73.4	74.4	75.4	76.3
7	53.2	54.2	55.2	56.2	57.1	58.1	59.8	60.1	61.1	62.1	63.1	64.1	65.1	66.1	67.1	68.1	69.1	70.1	71.1	72.»	73.»	74.»	75.»	76.»
8	52.9	53.9	54.9	55.8	56.8	57.8	58.8	59.8	60.8	61.8	62.8	63.8	64.8	65.8	66.8	67.7	68.7	69.7	70.6	71.6	72.6	73.6	74.6	75.6
9	52.5	53.5	54.5	55.4	56.4	57.4	58.4	59.4	60.4	61.4	62.4	63.4	64.4	65.4	66.4	67.3	68.3	69.3	70.3	71.3	72.3	73.3	74.2	75.2
10	52.»	53.»	54.»	55.»	56.»	57.»	58.»	59.»	60.»	61.»	62.»	63.»	64.»	65.»	66.»	67.»	67.9	68.9	69.9	70.9	71.9	72.9	73.9	74.9
11	51.7	52.7	53.7	54.6	55.6	56.6	57.6	58.6	59.6	60.6	61.6	62.6	63.6	64.6	65.6	66.6	67.6	68.6	69.6	70.6	71.6	72.6	73.5	74.5
12	51.2	52.2	53.2	54.2	55.2	56.2	57.2	58.2	59.2	60.2	61.2	62.2	63.2	64.2	65.2	66.2	67.2	68.2	69.2	70.2	71.2	72.2	73.1	74.1
13	50.9	51.9	52.8	53.8	54.8	55.8	56.8	57.8	58.8	59.8	60.8	61.8	62.8	63.8	64.8	65.8	66.8	67.8	68.8	69.8	70.8	71.8	72.8	73.8
14	50.4	51.4	52.4	53.4	54.4	55.4	56.4	57.4	58.4	59.4	60.4	61.4	62.4	63.4	64.4	65.4	66.4	67.4	68.4	69.4	70.4	71.4	72.4	73.4
15	50.»	51.»	52.»	53.»	54.»	55.»	56.»	57.»	58.»	59.»	60.»	61.»	62.»	63.»	64.»	65.»	66.»	67.»	68.»	69.»	70.»	71.»	72.»	73.»
16	49.6	50.6	51.6	52.6	53.6	54.6	55.6	56.6	57.6	58.6	59.6	60.6	61.6	62.6	63.6	64.6	65.6	66.6	67.6	68.6	69.6	70.6	71.6	72.6
17	49.2	50.2	51.2	52.2	53.2	54.2	55.2	56.2	57.2	58.2	59.2	60.2	61.2	62.2	63.2	64.2	65.2	66.2	67.2	68.2	69.2	70.2	71.2	72.2
18	48.8	49.8	50.8	51.8	52.8	53.8	54.8	55.8	56.8	57.8	58.8	59.8	60.8	61.8	62.8	63.8	64.8	65.8	66.8	67.8	68.8	69.8	70.8	71.8
19	48.4	49.4	50.4	51.4	52.4	53.4	54.4	55.4	56.4	57.4	58.4	59.4	60.4	61.4	62.5	63.5	64.5	65.5	66.5	67.5	68.5	69.5	70.5	71.5
20	48.»	49.»	50.»	51.»	52.»	53.»	54.»	55.»	56.»	57.»	58.»	59.»	60.»	61.»	62.»	63.»	64.»	65.1	66.1	67.1	68.1	69.1	70.1	71.1
21	47.6	48.6	49.6	50.6	51.6	52.6	53.6	54.6	55.6	56.6	57.6	58.6	59.6	60.7	61.7	62.7	63.7	64.7	65.7	66.7	67.7	68.7	69.7	70.7
22	47.1	48.1	49.1	50.1	51.1	52.2	53.2	54.2	55.2	56.2	57.2	58.2	59.2	60.3	61.3	62.3	63.3	64.3	65.3	66.3	67.3	68.3	69.3	70.3
23	46.7	47.7	48.8	49.8	50.8	51.8	52.8	53.8	54.8	55.8	56.8	57.8	58.8	59.8	60.9	61.9	62.9	63.9	64.9	65.9	66.9	67.9	68.9	70.»
24	46.3	47.3	48.4	49.4	50.4	51.4	52.4	53.4	54.4	56.»	57.4	58.4	59.4	60.5	61.5	62.3	63.5	64.5	65.5	66.5	67.5	68.5	69.5	70.5
25	46.»	47.»	48.»	49.»	50.»	51.»	52.»	53.»	54.»	55.»	56.»	57.»	58.»	59.»	60.1	61.1	62.1	63.1	64.1	65.1	66.1	67.1	68.1	69.2
26	45.5	46.5	47.5	48.5	49.5	50.5	51.5	52.5	53.5	54.5	55.6	56.6	57.6	58.6	59.6	60.7	61.7	62.7	63.7	64.7	65.7	66.7	67.7	68.8
27	45.1	46.1	47.1	48.1	49.1	50.2	50.2	52.2	53.2	54.2	55.2	56.2	57.2	58.3	59.3	60.3	61.3	62.3	63.3	63.3	65.3	66.3	67.3	68.4
28	44.7	45.7	46.7	47.7	48.7	49.8	50.8	51.8	52.8	53.8	54.8	55.8	57.8	58.8	59.9	60.9	61.»	62.9	63.9	64.9	66.»	67.»	68.»	68.»
29	44.3	45.3	46.3	47.3	48.4	49.4	50.4	51.4	52.4	53.4	51.4	55.4	56.4	57.4	58.5	59.5	60.5	61.5	62.5	63.5	64.5	65.6	66.6	67.3
30	43.8	44.9	45.9	47.»	48.»	49.»	50.»	51.»	52.»	53.»	54.»	55.»	56.»	57.1	58.1	59.1	60.1	61.1	62.1	63.1	64.1	65.2	66.2	67.7

Degrés de la température indiquée par le thermomètre

Table de correction des richess esalcooliques (Suite)

Indications à l'alcoomètre (degré apparent)	74	75	76	77	78	79	80	81	82	83	84	85	86	87	88	89	90	91	92	93	94	95	96	97
0	79.6	80.6	81.6	82.6	83.6	84.5	85.5	86.4	87.4	88.3	89.2	90.2	91.2	92.2	93.1	94.»	95.»	95.9	96.8	97.7	98.6	99.5	»	»
1	79.2	80.2	81.2	82.2	83.2	84.2	85.1	86.1	87.»	88.»	89.»	89.9	90.8	91.8	92.8	93.7	94.6	95.6	96.5	97.4	98.3	99.2	100	»
2	78.9	79.9	80.9	81.9	82.9	83.8	84.7	85.7	86.6	87.6	88.6	89.6	90.5	91.5	92.4	93.4	94.3	95.2	96.1	97.»	97.»	98.9	99.8	»
3	78.5	79.5	80.5	81.5	82.5	83.4	84.4	85.3	86.3	87.3	88.3	89.2	90.2	91.2	92.1	93.»	94.»	94.9	95.8	96.7	97.7	98.6	99.5	»
4	78.1	79.1	80.1	81.1	82.1	83.»	84.»	85.»	86.»	87.»	88.»	88.9	89.9	90.8	91.8	92.7	93.7	94.6	95.5	96.4	97.4	98.3	99.2	»
5	77.7	78.7	79.7	80.7	81.7	82.7	83.7	84.7	85.6	86.6	87.6	88.5	89.5	90.5	91.1	92.4	93.3	94.3	95.2	96.2	96.1	98.»	98.9	99.8
6	77.3	78.3	79.3	80.3	81.3	82.3	83.3	84.3	85.3	86.3	87.3	88.2	89.2	90.1	91.»	92.»	93.»	93.9	94.9	95.9	96.8	97.7	98.7	99.6
7	77.»	78.»	79.»	80.»	81.»	82.»	82.9	83.9	84.9	85.9	86.9	87.9	88.8	89.8	90.7	91.7	92.6	93.6	94.6	95.6	96.5	97.4	98.4	99.3
8	76.6	77.6	78.6	79.6	80.6	81.6	82.6	83.6	84.6	85.6	86.5	87.5	88.5	89.5	90.4	91.3	92.3	93.3	94.3	95.3	96.2	97.1	98.1	99.»
9	76.2	77.2	78.2	79.2	80.2	81.2	82.2	83.2	84.2	85.2	86.2	87.1	88.1	89.1	90.»	91.»	92.»	92.»	94.»	95.»	95.9	96.8	97.8	98.7
10	75.9	76.9	77.9	78.9	79.9	80.9	81.9	82.8	83.8	84.8	85.8	86.8	87.8	88.7	89.7	90.7	91.7	92.7	93.7	94.7	95.6	96.5	97.5	98.5
11	75.5	76.5	77.5	78.5	79.5	80.5	81.5	82.5	83.5	84.4	85.4	86.4	87.4	88.4	89.4	90.1	91.4	92.4	93.3	94.3	95.3	96.2	97.2	98.2
12	75.1	76.1	77.1	78.1	79.1	80.1	81.1	82.1	83.1	84.1	85.»	86.»	87.»	88.»	89.»	90.»	91.»	92.»	93.»	94.»	95.»	95.9	96.9	97.9
13	74.8	75.8	76.8	77.8	78.8	79.8	80.8	81.8	82.8	93.8	84.8	85.7	86.7	87.7	88.7	89.7	90.7	91.7	92.7	93.7	94.6	95.6	96.6	97.6
14	74.4	75.4	76.4	77.4	78.4	79.4	80.4	81.4	82.4	83.4	84.4	85.4	86.4	87.4	88.4	89.3	90.3	91.3	92.3	93.3	94.3	95.3	96.3	97.3
15	74.»	75.»	76.»	77.»	78.»	79.»	80.»	81.»	82.»	83.»	84.»	85.»	86.»	87.»	88.»	89.»	90.»	91.»	92.»	93.»	94.»	95.»	96.»	97.»
16	73.6	74.6	75.6	76.6	77.6	78.6	79.6	80.6	81.6	82.6	83.6	84.6	85.6	86.6	87.6	88.6	89.6	90.7	91.7	92.7	93.7	94.7	95.7	96.7
17	73.2	74.2	75.2	76.2	77.2	78.2	79.2	80.2	81.2	82.2	83.2	84.2	85.2	86.2	87.2	88.2	89.3	90.3	91.3	92.4	93.4	94.4	95.1	96.4
18	72.8	73.8	74.9	75.9	76.9	77.9	78.9	79.9	80.9	81.9	82.9	83.9	84.9	85.9	86.9	87.9	88.9	89.9	91.»	92.»	93.»	94.»	95.1	96.1
19	72.5	73.5	74.5	75.5	76.5	77.5	78.5	79.5	80.5	81.6	82.6	83.6	84.6	85.6	86.6	87.6	88.6	89.6	90.7	91.7	92.7	93.7	94.8	95.8
20	72.1	73.1	74.1	75.1	76.1	77.1	78.1	79.1	80.1	81.2	82.2	83.2	84.2	85.2	86.2	87.2	88.2	89.2	90.3	91.3	92.1	93.4	94.5	95.5
21	71.7	72.7	73.7	74.7	75.7	76.8	77.8	78.7	79.7	80.8	81.8	82.8	83.8	84.8	85.9	86.9	87.9	88.9	90.»	91.»	92.»	93.1	94.1	95.2
22	71.3	72.3	73.3	74.3	75.3	76.4	77.4	78.4	79.4	80.4	81.4	82.4	83.4	84.4	85.5	86.5	87.6	88.6	89.6	90.7	91.8	92.8	93.9	94.9
23	71.»	72.»	73.»	74.»	75.»	76.»	77.»	78.»	79.»	80.1	81.1	82.1	83.1	84.1	85.1	86.1	87.2	88.3	89.3	90.4	91.4	92.1	93.5	94.6
24	70.6	71.6	72.6	73.6	74.6	75.6	76.6	77.6	78.6	79.7	80.7	81.7	82.7	83.7	84.7	85.7	86.8	87.8	88.9	90.»	91.1	92.1	93.2	94.3
25	70.2	71.2	72.2	73.2	74.2	75.3	76.3	77.3	78.3	79.3	80.3	81.3	82.3	83.4	84.4	85.4	86.5	87.5	88.6	89.7	90.7	91.8	92.9	93.3
26	69.8	70.8	71.8	72.8	73.8	74.8	75.9	76.9	77.9	78.9	79.9	80.9	81.9	82.9	83.»	84.»	85.»	86.1	87.2	88.2	89.3	90.4	91.5	93.C
27	69.4	70.4	71.4	72.4	73.4	74.4	75.5	76.5	77.5	78.5	79.5	80.5	81.6	82.6	83.6	84.7	85.7	86.8	87.9	89.»	90.»	91.1	92.2	93.3
28	69.1	70.1	71.1	72.1	73.1	74.1	75.1	76.1	77.1	78.2	79.2	80.2	81.3	82.3	83.3	84.3	85.4	86.5	87.5	88.6	89.7	90.8	91.9	93.»
29	68.7	69.7	70.7	71.7	72.7	73.7	74.7	75.7	76.8	77.8	78.8	79.8	80.9	81.9	84.»	85.»	86.1	87.2	88.2	89.3	90.4	91.6	92.7	
30	68.3	69.3	70.3	71.3	72.3	73.3	74.3	75.3	76.4	77.4	78.4	79.4	80.5	81.5	82.6	83.6	84.8	85.8	86.»	87.9	»	90.»	91.2	92.4

Degrés de la température indiquée par le thermomètre

La densité absolue de l'alcool pur indiquée par Gay-Lussac diffère de— 0 gr. 33 par litre de la densité établie par le décret du 27 décembre 1884 sur laquelle est basé notre alcoomètre légal. Ce dernier a le même zéro que l'alcoomètre de Gay-Lussac, mais les degrés diffèrent ensuite jusqu'à 4 dixièmes. Comme l'alcoomètre de Gay-Lussac est très répandu, nous donnons ci-dessous la table des rapports entre les densités de *l'alcoomètre-degrés* de la précédente table, de *l'alcoomètre légal* et de *l'alcoomètre Gay-Lussac*, dont 0,794.7 = 0,794.33 légal ou *100* de l'alcoomètre-degrés.

Les eaux-de-vie jeunes et les alcools (surtout les alcools d'industrie) ne renferment guère de matières extractives naturelles. Un séjour prolongé dans des récipients en bois leur communique des matières tanniques et résineuses, etc. La présence de ces principes fixes entraîne nécessairement une élévation de densité qui fausse les résultats obtenus par la lecture de l'alcoomètre. La distillation permet de séparer ces principes avant d'effectuer la pesée à l'aide de l'alcoomètre. Une eau-de-vie, premier choix de Cognac, renfermant par litre 19 gr. 96 d'extrait, indiquait par la prise directe du degré alcoolique une force de 45°,4 alors que sa force réelle établie après distillation était de 49°,2.

Le mesurage de l'alcool à distiller et celui du distillat doivent être faits à la température de 15°, ainsi que la lecture du degré à l'alcoomètre, toute correction de température pouvant entraîner une erreur. On sait que les vases jaugés sont gradués à la température de 15°.

1° Tenant compte des observations précédentes, on prélève exactement 200 c. c. d'alcool et on les introduit dans un ballon de 500 c. c. On neutralise avec une solution de potasse normale jusqu'à la teinte *rouge-violacé* si l'acidité totale exprimée en acide acétique dépasse 0 gr. 500 par litre.

2° Rincer le ballon de 200 c. c. avec 10 à 15 c. c. d'eau

DEGRÉS (alcoomètre-degrés)	Densités correspondant aux degrés lus sur l'alcoomètre		DEGRÉS (alcoomètre degrés)	Densités correspondant aux degrés lus sur l'alcoomètre	
	Légal	Gay-Lussac		Légal	Gay-Lussac
0	1.000.00	1.000.00	50	0.934.37	0.934.8
1	0.998.14	0.998.05	51	0.932.41	0.932.9
2	0.996.95	0.997.0	52	0.930.41	0.930.9
3	0.995.52	0.995.6	53	0.928.37	0.928.9
4	0.994.13	0.994.2	54	0.926.30	0.926.9
5	0.992.77	0 992.9	55	0.924.20	0.924.8
6	0.991.45	0.991.6	56	0.922.09	0 922.7
7	0.990.16	0.990.3	57	0.919.97	0.926.6
8	0.988.91	0.989.1	58	0.917.84	0.918.5
9	0.987.70	0.987.8	59	0.915.69	0.916.3
10	0.986.52	0.986.7	60	0.913 51	0.914.1
11	0.985.37	0.985.5	61	0.911.30	0.911.9
12	0.984.24	0.984.4	62	0.909.07	0.909.6
13	0.983.14	0.983.3	63	0.906.82	0.907.3
14	0.982.06	0.982.2	64	0.904.51	0.905.0
15	0.981.00	0.981.2	65	0.902.24	0.902.7
16	0.979.95	0.980.2	66	0.899.91	0.900.4
17	0.972.92	0 979.2	67	0.897.55	0.898.0
18	0.977.90	0.978.2	68	0.895.16	0.895.6
19	0.976.88	0.977.3	69	0.892.74	0.893.2
20	0.975.87	0.976.3	70	0.890.29	0.890.7
21	0.974.87	0.975.3	71	0.887.81	0.888.2
22	0.973.87	0.974.2	72	0.885.31	0.885.7
23	0.972.86	0.973.2	73	0.882.78	0.883.1
24	0.971.85	0.972.1	74	0.880.22	0.880.5
25	0.970.84	0.971.1	75	0.877.63	0.877.9
26	0.969.81	0.970.0	76	0.875.00	0.875.3
27	0.968.76	0.969.0	77	0.872.34	0 872.6
28	0.967.69	0.967.9	78	0.869.65	0.869.9
29	0.966.59	0.966.8	79	0.866.92	0.867.2
30	0.965.45	0.965.7	80	0.864.16	0.864.5
31	0.964.28	0.964.5	81	0.861.37	0.861.7
32	0.963.07	0.963.3	82	0.858.54	0.858.9
33	0.961.83	0.962 1	83	0.855.67	0.856.0
34	0.960.55	0.960.8	84	0.852.75	0.853.1
35	0.958 23	0.959.4	85	0.849.79	0.850.2
36	0.957.86	0.958.1	86	0.846 78	0.847.2
37	0.956.45	0.956.7	87	0.843.72	0 844.2
38	0.954.99	0.955 3	88	0.840.60	0.841.1
39	0.953 50	0.953.8	89	0.837.41	0.837.9
40	0.951.96	0.952.3	90	0.834.15	0.834.6
41	0.950.30	0.950.7	91	0.830.81	0.831.2
42	0.948.72	0.949.1	92	0.827.38	0.827.8
43	0.947.05	0.947.4	93	0.823.85	0.824.2
44	0.945.35	0.945.7	94	0.820.20	0.820.6
45	0.943.61	0.944.0	95	0.816.41	0.816.8
46	0.941.83	0.942.2	96	0.812.45	0.812.8
47	0.940.02	0.940.4	97	0.808.29	0.808.6
48	0.938.17	0.938 6	98	0.803.90	0.804.2
49	0.936.29	0.936.7	99	0.799.26	0.799.6

distillée que l'on ajoute au liquide alcoolique du ballon-cucurbite.

3º Verser 4 à 5 c. c. d'eau distillée dans le ballon jaugé à 200 c. c. L'extrémité du tube effilé par lequel descendent les produits de condensation doit plonger dans cette eau.

4º Distiller d'abord très doucement ; activer ensuite, sans excès cependant. Arrêter le chauffage lorsqu'il ne reste plus que 20 c. c. environ de liquide et séparer immédiatement du réfrigérant le ballon-curcubite pour éviter l'absorption des produits condensés sous l'influence du refroidissement.

5º Le distillat est rendu homogène par agitation ; on ajoute la quantité d'eau nécessaire pour l'amener au volume primitif de 200 c. c. — bien entendu, exactement à la température de $+ 15º$ —.

6º Le liquide est versé dans une éprouvette à pied — toujours à la température de $+ 15º$ — et on y plonge l'alcoomètre. La lecture, au point d'affleurement, donne sans corrections le degré exact de la solution alcoolique.

Avec un appareil à distiller, hermétiquement clos, et en suivant les prescriptions que nous venons d'indiquer, on obtient le degré alcoolique avec une approximation de un ou deux dixièmes pour les alcools ne titrant pas plus de 90º.

Nous avons dit plus haut que la neutralisation de l'alcool à distiller dépendait de son acidité totale exprimée en acide acétique ; pour simplifier les recherches, le tableau suivant donne sans calcul l'acidité en acide acétique pour une prise d'essai de 25 centimètres cubes.

Dans la colonne A se trouvent indiquées les valeurs correspondantes de 1/10 à 9/10 de centimètres cubes de potasse décime.

Les 9 colonnes réservées aux *centimètres cubes* se lisent de haut en bas. Le premier nombre 0.4800 dans la colonne 2, par exemple, indique la valeur de l'acidité pour *2 c. c.* de potasse déci-normale employée. Le deuxième

Acidité par litre en acide acétique sur une prise d'essai de 25cc

Centimètres cubes en potasse déci-normale — 1cc = 0.060 d'acide acétique monohydraté

A	1	2	3	4	5	6	7	8	9
	0.2400	0.4800	0.7200	0.9600	1.2000	1.4400	1.6800	1.9200	2.1600
0.0240	0.2640	0.5040	0.7440	0.9840	1.2240	1.4640	1.7040	1.9440	2.1840
0.0480	0.2880	0.5280	0.7680	1.0080	1.2480	1.4880	1.7280	1.9680	2.2080
0.0720	0.3120	0.5520	0.7920	1.0320	1.2720	1.5120	1.7520	1.9920	2.2320
0.0960	0.3360	0.5760	0.8160	1.0560	1.2960	1.5360	1.7760	2.0160	2.2560
0.1200	0.3600	0.6000	0.8400	1.0800	1.3200	1.5600	1.8000	2.0400	2.2800
0.1440	0.3840	0.6240	0.8640	1.1040	1.3440	1.5840	1.8240	2.0640	2.3040
0.1680	0.4080	0.6480	0.8880	1.1280	1.3680	1.6080	1.8480	2.0880	2.3280
0.1920	0.4320	0.6720	0.9120	1.1520	1.3920	1.6320	1.8720	2.1120	2.3520
0.2160	0.4560	0.6960	0.9360	1.1760	1.4160	1.6560	1.8960	2.1360	2.3760

Dixièmes de cent. cubes

nombre au-dessous *0.5040* indique la valeur pour 2 c. c.
1/10. Le troisième nombre *0.5280* indique la valeur pour
2 c. c. 2/10, ainsi de suite, 2 c. c. 3/10, 2 c. c. 4/10, jusqu'à 2 c. c. 9/10.

Si la burette nous signale l'emploi de 6 c. c. 5/10,
nous lirons le sixième nombre de la colonne 6, soit

1.5600 qui représente la quantité d'acide acétique correspondante.

Maintenant que nous sommes renseignés sur le dosage de l'acidité des eaux-de-vie ou alcools, passons à la détermination du titre acide du moût et du vin.

Nous avons démontré que l'acidité du milieu a une grande influence sur le processus de la fermentation alcoolique. L'acide tartrique (1) présente l'heureuse propriété d'augmenter le pouvoir ferment de la levure, c'est-à-dire d'augmenter sa fonction anaérobie. M. E. Kayser (2), le laborieux et savant professeur de l'Institut agronomique, a publié dans les Annales de l'Institut Pasteur une série d'intéressantes recherches qui confirment magistralement ces données.

Les acides végétaux que le vin contient, notamment les acides tartrique, malique, citrique, provoquent chez la levure des phénomènes physiologiques particuliers qui se traduisent par une plus ou moins grande proportion de glycérine, d'acide succinique, d'acides volatils, etc. Donc, leur importance est considérable au point de vue œnologique, car, indépendamment de leur action chimique propre, ils entraînent la formation d'une foule de produits secondaires qui ont beaucoup d'effet sur la nature du vin et les diverses réactions qu'il subit pendant le vieillissement .

Pour apprécier rapidement l'acidité totale d'un moût ou d'un vin blanc, le tube Dujardin-Salleron (fig. 16) est assez pratique et mérite d'être recommandé aux viticulteurs.

Mode opératoire.— Verser jusqu'au trait A le *moût* ou le *vin blanc* à essayer; au besoin, affleurer exactement

---

(1) V. Sébastian. *Recherches œnologiques en Espagne* (page 49). Alger, 1894.

(2) *Annales de l'Institut Pasteur*, janvier 1896. E. Kayser. Contribution à l'étude des levures.

le niveau du liquide avec la pipette. Ajouter deux gouttes de solution alcoolique de phénol-phtaléine au 1/30. Verser goutte à goutte la liqueur de potasse décime.

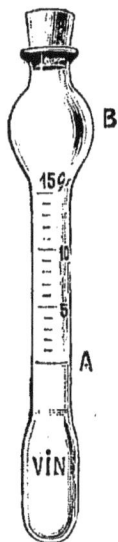

Fig. 16. — Tube Dujardin-Salleron.

La phtaléine prend d'abord une teinte rose à l'endroit où tombe la goutte de solution alcaline, mais cette teinte disparaît par agitation. On continue à verser doucement, jusqu'à ce que le mélange prenne, par l'addition d'une dernière goutte de potasse, une *teinte rose persistante*. On lit alors sur le tube tenu bien verticalement, en regard de la graduation et en face du niveau du liquide, la richesse du moût ou du vin évaluée en grammes et décigrammes d'*acide tartrique* par litre.

Le Comité des Arts et Manufactures, dont les décisions servent de base à tous les laboratoires de l'Etat, recommande l'évaluation de la richesse acide en *acide sulfurique*; mais, puisque le viticulteur relève généralement l'acidité des moûts par l'acide tartrique, il est plus rationnel d'exprimer les résultats en cet acide.

L'acidité totale d'un vin se compose d'un grand nombre d'acides; nous citerons les acides tartrique, citrique, acétique, malique, succinique, le bitartrate acide de potasse, etc. Chacun de ces acides a un équivalent particulier, c'est-à-dire que pour donner à un liquide une puissance acide égale, il faudrait prendre

1 gr. d'acide sulfurique
1 gr.23 — acétique
1 gr.43 — citrique
1 gr.53 — tartrique.

C'est par ces chiffres qu'il faut multiplier le résultat obtenu en acide sulfurique lorsqu'on veut rapporter l'acidité à un acide différent. M. Mathieu a simplifié tous ces

calculs en établissant une règle acidimétrique (fig. 17)
au moyen de laquelle on obtient, en regard d'un
curseur qui glisse sur une graduation, non seulement l'équivalent que l'on recherche, mais encore, suivant le cas, la proportion de *tartrate neutre de potasse* ou

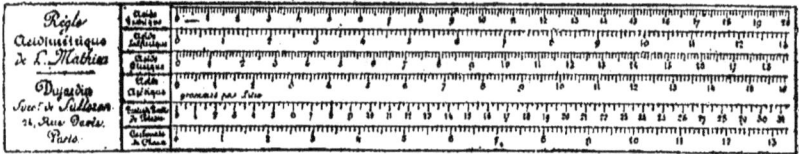

Fig. 17.— Règle acidimétrique.

de *carbonate de chaux* pur qu'on doit employer pour
désacidifier un vin trop vert ou piqué.

*Méthode opératoire pour le dosage de l'acidité totale dans
le moût et dans le vin.* — Cette méthode est applicable aux
moûts, aux vins blancs et aux vins rouges.

1° Introduire dans un gobelet de verre ou vase à précipiter 25 c. c. de moût filtré. Si on opère sur des vins
jeunes chargés d'acide carbonique, les chauffer et les
agiter vivement pour chasser ce gaz dont la présence
fausserait les résultats.

2° Placer la solution de potasse décime dans une « burette automatique Sébastian », graduée en dixièmes de
centimètre cube. Le moût s'assombrit (le vin rouge devient violacé) au contact de la liqueur alcaline. A partir
de ce moment, qui indique l'approche du terme de la
réaction, on ne laisse plus tomber la solution de potasse
que goutte à goutte. De temps en temps, on prélève une
goutte du moût ou du vin au bout d'une baguette de
verre et on la dépose sur une bande de papier de tournesol sensible. Le point de saturation marquant la fin de
l'opération est atteint lorsqu'une auréole colorée se
forme autour de la tache. Les bords intérieurs de cette
auréole doivent être de la même teinte que le tournesol
sensible ou à peine bleutés. Un bleuissement accentué
prouverait que le terme de la réaction a été dépassé, et

qu'il y a excès de liqueur potassique. L'opération, dans ce cas, serait à recommencer.

Dès que la teinte recherchée se montre, on note le nombre de centimètres cubes de liqueur de potasse qui ont été employés. Il suffit de multiplier ce nombre par 0.0049, puis par 40 pour obtenir l'acidité totale du vin exprimée en acide sulfurique monohydraté (SO^4H^2).

L'emploi du *tournesol*, comme celui de la phtaléine, dont nous parlerons plus loin, est admissible pour des essais comparatifs. Cependant il est bon d'ajouter que le moût renferme des sels acides, notamment des *phosphates acides*, comme aussi des sels neutres et, en particulier, des *phosphates neutres*. Or, la solution de phosphate bipotassique (phosphate neutre de potasse) est nettement alcaline au tournesol. La valeur des résultats donnés par le tournesol n'est point, par conséquent, une valeur absolue avec d'autant plus de raison que le moût et le vin sont assez riches en potasse pour autoriser la présence des trois phosphates de potasse, lesquels sont d'ailleurs solubles.

La *phtaléine* est un réactif précis des sels acides. Pour lui, les sels neutres, en particulier les phosphates secondaires de potasse, sont neutres, Mais il y a un autre réactif (auquel M. A. Fernbach s'est très heureusement adressé dans ses belles recherches sur l'acidité du malt) connu sous le nom d'*Orangé Poirier N° 3*, qui vire au rouge en présence de la moindre trace d'acide libre. Pour ce réactif les sels acides, particulièrement les phosphates primaires (acides), sont neutres, tandis que les phosphates secondaires (neutres) sont alcalins. En combinant la phtaléine et l'orangé, on peut arriver à des données exactes en ce qui concerne l'acidité du moût et l'influence des phosphates.

En Autriche, en Allemagne, en Italie, l'acidité s'exprime en acide tartrique, ce qui est plus commode, puisqu'on a généralement recours à l'acide tartrique pour relever une acidité trop faible.

L'acidité exprimée en acide sulfurique devra être multipliée par 1.53 pour être évaluée en acide tartrique.

Un centimètre cube de potasse normale = 0.056 *KOH.*

10 centimètres cubes de potasse déci-normale = 0.056, *56 grammes* de potasse caustique pure ayant été dissous dans un litre d'eau distillée.

100 centimètres cubes de la solution normale de potasse versés dans un ballon et complétés à 1000 c. c. avec de l'eau distillée, donnent la solution de potasse déci-normale.

Un centimètre cube de potasse normale ou dix centimètres cubes de potasse déci-normale correspondent à :

0,049 Acide sulfurique monohydraté.

0,075 Acide tartrique.

0,063 Acide oxalique.

0,090 Acide lactique.

0,060 Acide acétique.

0,069 Acide citrique.

0,022 Acide carbonique.

Avec ces éléments, il est facile d'établir un tableau pour chacun de ces acides; afin d'avoir rapidement le résultat d'un dosage sans aucun calcul. Le tableau ci-dessous s'applique à l'acidité en acide sulfurique donnée par la liqueur de potasse décime suivant le *procédé à la tache* que nous venons d'indiquer.

La *burette automatique,* dont il est fait mention dans l'exposé de la méthode opératoire pour le dosage de l'acidité totale, permet de conserver la solution de potasse à l'abri de l'acide carbonique de l'air qui la carbonate facilement.

Cette burette est représentée par la figure 18 (1). Elle se compose d'une burette B divisée en dixièmes de cen-

---

(1) Langlet, constructeur, 9, rue de Savoie, à Paris.

Centimètres cubes de ueur de potasse décime	ACIDITÉ EN ACIDE SULFURIQUE SUR 25 c.c. DE PRISE D'ESSAI								
	Dixièmes de centimètre cube de liqueur décime de potasse								
	1/10	2/10	3/10	4/10	5/10	6/10	7/10	8/10	9/10
10	1.96	1.98	2.00	2.02	2.04	2.06	2.08	2.10	2.11	2.13
11	2.15	2.17	2.19	2.21	2.23	2.25	2.27	2.29	2.30	2.32
12	2.35	2.37	2.39	2.41	2.43	2.45	2.47	2.49	2.50	2.52
13	2.54	2.56	2.58	2.60	2.62	2.64	2.66	2.68	2.69	2.71
14	2.74	2.76	2.78	2.80	2.82	2.84	2.86	2.88	2.89	2.91
15	2.94	2.96	2.98	3.00	3.02	3.04	3.06	3.08	3.09	3.11
16	3.13	3.15	3.17	3.19	3.41	3.43	3.45	3.47	3.48	3.50
17	3.33	3.35	3.37	3.39	3.60	3.62	3.64	3.66	3.68	3.70
18	3.52	3.54	3.56	3.58	3.60	3.62	3.64	3.66	3.68	3.70
19	3.72	3.74	3.76	3.78	3.80	3.82	3.84	3.86	3.88	3.90
20	3.92	3.94	3.96	3.98	4.00	4.02	4.04	4.06	4.07	4.09
21	4.11	4.13	4.15	4.17	4.19	4.21	4.23	4.25	4.26	4.28
22	4.30	4.32	4.34	4.36	4.38	4.40	4.42	4.44	4.46	4.48
23	4.51	4·53	4.55	4.57	4.59	4.80	4.82	4.84	4.86	4.88
24	4.70	4.72	4.74	4.76	4.78	4.80	4.82	4.84	4.86	4.88
25	4.90	4.92	4.94	5.96	4.98	5.00	5.02	5.04	5.05	5.07
26	5.09	5.11	5.13	5.15	5.17	5.19	5.21	5.23	5.25	5.27
27	5.29	5.31	5.33	5.35	5.37	5.39	5.41	5.43	5 64	5.66
28	5.48	5.50	5.52	5 54	5.56	5.58	5.60	5.82	5.84	5.86
29	5.68	5.70	5.72	5.74	5.76	5.78	5.80	6.02	6.04	6.05
30	5.88	5.90	5.92	5.94	5.96	5.98	6.00	6.02	6.23	6.25
31	6.07	6.09	6.11	6 13	6.15	6.17	6.19	6.21	6.43	6.44
32	6.27	6.29	6.31	6.33	6.35	6.37	6.39	6.41	6.43	6.44
33	6.46	6.48	6.50	6.52	6.54	6.56	6.58	6.60	6.62	6.64

timètre cube. La burette communique avec le flacon A qui contient la potasse déci-normale. Une poire en caoutchouc E que l'on presse fait monter la liqueur

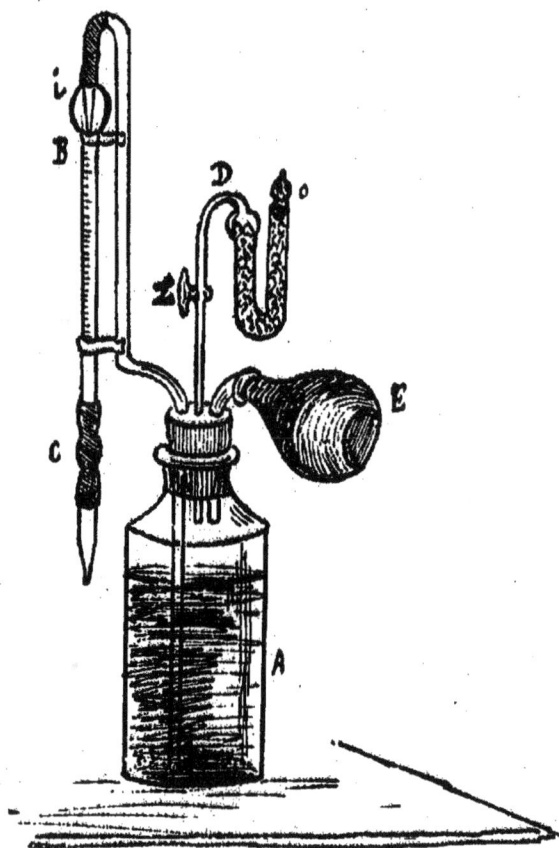

Fig. 18. — Burette automatique Sébastian.

titrée par le tube T et la déverse dans la burette B. Lorsque le liquide arrive dans la partie renflée *i* surmontant la burette, on cesse de presser la poire en caoutchouc, et le tube T formant siphon aspire l'excès du liquide au-dessus du zéro; son extrémité effilée, que l'on voit dans le renflement, est en effet disposée de façon à rendre automatique la mise au zéro. La burette s'ajuste donc pour ainsi dire d'elle-même et sans tâtonnement.

Le tube en U (D) est garni de chaux sodée de manière à débarrasser de son acide carbonique l'air qui pénètre dans le flacon A pendant les opérations. Ce tube se ferme en o avec un bouchon de verre et en z avec un robinet. Il faut avoir soin d'ouvrir des deux côtés lorsqu'on pratique un dosage.

Ce modèle de burette — plus ou moins modifié suivant les circonstances — peut rendre des services, notamment dans les analyses volumétriques qui exigent deux liqueurs titrées équivalentes, alcalines et acides, urane et acide phosphorique, etc. Il suffit d'accoupler deux burettes.

DOSAGE DU TANNIN. — Nous savons déjà (page 63) que l'acide tannique coagule les substances albuminoïdes naturelles du vin, s'oppose à la maladie de la graisse et permet en outre la précipitation des substances collagènes destinées à la clarification des vins.

Le collage est fréquemment pratiqué pour toutes espèces de vins, mais on peut dire qu'il fait partie de la méthode de fabrication des vins mousseux de Champagne. Nous n'insisterons pas ici sur l'opération même du collage qui sera développée plus loin ; d'ailleurs, il suffit de savoir qu'au moment de la mise en bouteille, le tannin doit exister dans le vin à l'état de traces, les matières albuminoïdes immédiatement coagulables ayant totalement disparu.

Donc, il est indispensable de procéder à un dosage rigoureux du tannin contenu dans le vin fait et dans la solution de tannin employée au tannisage en vue de la coagulation totale des matières albuminoïdes soit naturelles, soit provenant du collage. Il faut aussi connaître, bien entendu, le rapport qui existe entre la substance collagène et la solution de tannin.

Dans ces conditions, nous allons envisager l'analyse du tannin en relation avec :

1° Richesse du vin en tannin ;

2° Richesse en tannin de la solution destinée au tannisage du vin ;

3º Rapport entre la solution tannique et un poids déterminé de la colle mise en œuvre.

Beaucoup de méthodes ont été proposées pour le dosage des matières astringentes du vin; nous citerons entre autres celles de:

Charles Girard (par le perchlorure de fer).

Roos, Cusson et *Giraud* (par l'acéto-tartrate de plomb après précipitation des phosphates à l'état de phosphate ammoniaco-magnésien).

Barillot (par l'acétate de zinc).

Lowenthal (par le permanganate de potasse).

Carpené (par l'acétate de zinc et le permanganate de potasse).

Jean Pi (par la méthode Lowenthal-Carpené modifiée).

A. Girard (par les cordes à boyaux — *ré* de violon).

L'analyse d'un même échantillon de vin blanc par les divers procédés volumétriques nous a fourni des résultats différents. Ces résultats sont influencés par la température et la proportion d'alcool, d'acides, de tannin, de sels, etc., que renferme le vin.

La seule des méthodes connues qui permette de fixer exactement tout le tannin d'une dissolution est, à notre avis, la méthode pondérale A. Girard. Elle est basée sur la propriété que possède le tissu animal de fixer le tannin.

On utilise comme agent fixateur le *ré de violon* préparé par Thibouville à Paris. Cette corde non huilée est formée de cinq boyaux de mouton purifiés et blanchis; on la soumet à des lavages prolongés successifs dans l'eau alcoolisée, dans l'eau acidulée (ou dans la benzine), dans l'eau distillée, jusqu'à ce qu'elle ne cède à ces dissolvants aucune substance réduisant à froid le permanganate de potasse.

Ces lavages doivent être faits à l'avance, de façon à ce que la corde ne renferme que son humidité naturelle au moment de l'emploi. On réunit quatre ou cinq cordes et on en coupe quelques menus fragments, dont on pèse un gramme sur lequel l'humidité naturelle est dosée par dessiccation.

Il faut 3 à 4 grammes de corde pour les vins peu colorés, et 5 à 6 grammes, au moins, pour les vins fortement chargés en couleur. Un excès de surface absorbante est à rechercher, car les composés tanniques du raisin sont rapidement absorbés et forment souvent, par leur accumulation, une couche épaisse susceptible de gêner la fin de l'opération.

La quantité de corde pesée est mise à tremper dans l'eau pure pendant quatre ou cinq heures — à ce moment les boyaux gonflés et ramollis peuvent se détordre à la main. — On sépare facilement les cinq boyaux et on les plonge dans un flacon bouché à l'émeri renfermant 100 c c. de vin. Si on veut écarter la très légère cause d'erreur provenant de l'eau qui les imprègne, on les pèse avant de les introduire dans le flacon, et on tient compte du poids de l'eau ainsi ajoutée.

L'alcool a la propriété de durcir et de contracter les tissus; on le chassera par ébullition en ayant soin de le remplacer par un égal volume d'eau distillée.

Après 6 ou 7 jours d'immersion à la température de 15° environ, tous les divers tannins du vin sont fixés par la corde à boyaux. On retire alors le produit tanné, on le lave à trois reprises dans l'eau distillée, puis on le laisse sécher doucement, à l'air libre, en élevant progressivement la température jusqu'à 40°. Lorsque les boyaux ont perdu toute propriété adhésive, on les introduit dans un flacon sec bouché à l'émeri et on achève la dessiccation à 100°.

Le poids des composés tanniques colorés ou incolores contenus dans les 100 c c. de vin est donné par la différence du poids qui existe entre les cordes pesées à l'état sec avant et après l'immersion.

Les vins de Champagne sont très pauvres en tannin. Il y en a beaucoup qui ne renferment pas plus de 0 gr.020 de tannin par litre. Les plus riches ne dépassent guère

0 gr. 050. Leur dosage réclame par conséquent des manipulations minutieuses et une rigoureuse précision.

Toutes les pesées doivent se faire avec une balance d'analyse sensible au 1/10 de milligramme et par la méthode des *doubles pesées*, dite de Borda. En opérant sur 100 c. c. de vin on risque d'avoir à peser des quantités inférieures à 2 milligrammes. On place le flacon vide sur un plateau de la balance, puis sur l'autre un poids plus lourd que le vase (tare) ; on ajoute alors, à côté du flacon vide, les poids nécessaires pour équilibrer la tare ; on écrit ce chiffre, ensuite on recommence l'opération ; quand le corps à peser est placé dans le flacon, la différence entre ce poids et le précédent est évidemment le poids exact du corps. Cette méthode permet de peser très juste, même avec une balance qui ne l'est pas ; il suffit qu'elle soit sensible.

La meilleure méthode volumétrique, comme celle de M. Jean Pi qui dérive des méthodes Barrillot-Lowenthal-Carpené, n'atteint pas la sûreté, la précision scientifique de la méthode Girard et elle offre de nombreux inconvénients, notamment des opérations longues et délicates, des solutions exactement titrées d'une conservation difficile telles que : acétate de zinc ammoniacal, permanganate de potasse ; indigotine pure. En outre, elle exige l'appréciation d'une teinte de saturation que toutes les vues n'observent pas également.

Chacun sait que les facultés optiques sont souvent fort dissemblables d'un individu à l'autre. Beaucoup de personnes distinguent mal les nuances d'une couleur et quelquefois même les couleurs entre elles. Le célèbre physicien Dalton qui a donné son nom (Daltonisme) à cette sorte d'incapacité coloristique voyait en rouge le vert clair des feuillages printaniers.

Dans le procédé d'analyse de M. J. Pi, le terme de la réaction est marqué par l'apparition d'une teinte jaune clair qu'un très faible excès de permanganate fait passer au jaune orangé. Cette teinte si fugitive nécessite par conséquent une grande attention et une habitude suffisante en admettant que l'opérateur ait la vue parfaite, ce qui n'est pas le cas 8 ou 10 fois sur 20.

Dosage de l'extrait sec en poids. — On appelle extrait sec les matières solides en dissolution dans l'eau et l'alcool qui restent après évaporation des dissolvants.

L'extrait étant la somme de toutes les substances fixes contenues dans les vins est d'une importance réelle, car il indique la proportion des substances nutritives que possèdent ces boissons, et donne en même temps les différences existant entre les produits des divers cépages et des diverses régions viticoles. Il fournit en outre des données précieuses pour la recherche de certaines falsifications comme le *mouillage* et le *vinage* par exemple.

A notre sens, l'extrait sec représente la somme des substances fixes du vin *privées de glycérine*. La glycérine possède à 100° une tension de vapeur qui n'est point négligeable et qui permet à l'eau et à l'alcool de l'entraîner. Si on ne l'élimine pas franchement, on s'expose à comprendre dans l'extrait sec une quantité inconnue et plus ou moins grande de ce corps, suivant la rapidité du chauffage et l'agitation de l'air au-dessus de la capsule. Pour obtenir des résultats comparables, il est donc nécessaire de peser des extraits débarrassés de la glycérine.

Parmi les procédés à suivre pour le dosage de l'extrait sec nous indiquerons :

1° L'essai pratique et rapide par l'œnobaromètre Houdart qui donne des résultats presque parfaits lorsqu'on opère sur des vins secs — complètement fermentés.

Il est bon d'ajouter que le dosage de l'extrait sec des *vins sucrés* ne présente aucune sécurité au point de vue scientifique, même par les méthodes de dessiccation. Dans ce cas la dessiccation est longue et difficilement complète. D'un autre côté, les matières organiques, les gommes, les sels qui composent l'extrait se modifient sous l'action de l'oxygène de l'air et changent de poids lorsqu'ils sont maintenus pendant quelque temps à la température de 100°.

Quand on opère sur des vins très riches en extrait ou très sucrés, comme le Muscat, il convient de les diluer au 1/4 et même au 1/5, avec de l'eau distillée, de façon à ne pas avoir un résidu supérieur à 1^{gr},5 ou 2 gram. On ramène ensuite au litre en tenant compte de la dilution effectuée.

Le procédé Houdart est basé sur l'emploi d'un densi-mètre spécial dont le 0 correspond à une densité de 0,987. Il est gradué en 1/5 de degré jusqu'à 16° soit 1.002 de densité. Chaque augmentation de 1° représente un accroissement de densité de 1 gram. par litre.

Mode opératoire. — Connaissant le degré alcoolique du vin par une des méthodes indiquées plus haut, on place le vin dans une éprouvette et on y plonge à la fois un thermomètre sensible et l'œnobaromètre.

Lorsque la température est devenue constante et que l'œnobaromètre reste fixe, on lit la température et le degré du densimètre tangent à la partie supérieure du ménisque.

Au moyen des tables qui accompagnent toujours la trousse œnobarométrique, on trouve directement l'extrait en grammes et par litre.

Salleron a construit une règle à coulisse qui simplifie encore le calcul de l'extrait (fig. 19). Cette règle porte trois graduations différentes : celle de droite, nommée *œnobaromètre*, représente les indications de ce densimè-tre, avec ses degrés divisés en cinquièmes; celle du milieu, mobile, désignée par le mot *alcool*, indique les degrés alcooliques en cinquièmes de degré obtenus avec l'alambic ou avec les ébullioscopes ; l'échelle de gauche, nommée *extrait*, donne le poids de l'extrait sec en grammes et en cinquièmes de gramme.

Pour se servir de cette règle, on amène la flèche tracée

sur l'échelle *alcool*, en face du chiffre de l'*œnobaromètre*, et on lit sur la règle de gauche, dite *extrait sec*, le chiffre placé en face du degré d'alcool. Ce chiffre est l'extrait en grammes et par litre.

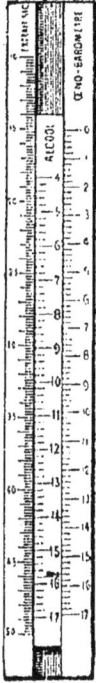

Fig. 19.—Echelle œnobarométrique.

DOSAGE DE L'EXTRAIT SEC PAR ÉVAPORATION AU BAIN-MARIE.

Le dosage de l'extrait sec en poids ne peut donner des résultats comparables en tous lieux qu'à la condition qu'une méthode uniforme soit partout adoptée.

Voici la méthode du laboratoire municipal de Paris. — La compétence spéciale des chimistes qui dirigent ce remarquable établissement est l'indice de sa valeur. — Elle pourrait servir de base aux recherches et expertises commerciales.

Le dosage complémentaire de l'extrait sec dans le vide, qui comprend la glycérine, donnerait au besoin un moyen de contrôle sérieux.

1° — 25 c. cubes exactement mesurés sont introduits dans une capsule de platine à fond plat, tarée et numérotée, ayant une hauteur de 22 mm. et un diamètre de 70 mm.

2° Porter à l'ébullition l'eau d'un bain-marie à niveau constant, fermé par un couvercle percé de trous d'une dimension telle que la capsule y pénètre en émergeant seulement d'un centimètre, tandis que son fond affleure l'eau bouillante.

Le bain-marie est installé dans une hotte fermée, à tirage rapide, de façon à faciliter l'entraînement de la glycérine et la condensation de la vapeur d'eau sur les parois de la capsule.

3° Après sept heures, les matières volatiles ont disparu

et l'extrait sec s'est déposé en couche d'égale épaisseur au fond de la capsule. On retire cette dernière, on l'essuie soigneusement et on la porte au dessicateur à acide sulfurique; lorsque le tout est bien refroidi, on la pèse et l'augmentation de poids trouvée représente *le poids des matières fixes à 100° contenues dans 25 c. c. de vin.* Pour avoir l'extrait par litre, il suffit de multiplier le chiffre trouvé par 40.

DOSAGE DU BITARTRATE DE POTASSE OU CRÈME DE TARTRE

La détermination du bitartrate de potasse, toujours utile dans les recherches scientifiques, a une certaine importance pratique dans des cas spéciaux, notamment pour les Muscats mousseux. Le bitartrate restant dans ces vins au moment de la mise en bouteille peut présenter quelques inconvénients d'autant plus grands, que sa proportion dépasse certaines limites. La crème de tartre se précipite au fur et à mesure de la production de l'alcool.

Mode opératoire. — 1° Mesurer 100 c. c. de vin et les placer dans une capsule de porcelaine tarée.

2° Evaporer au bain-marie à 100° jusqu'à ce que la capsule ne pèse que 8 grammes environ de plus que son poids primitif.

3° Laisser refroidir et reposer pendant 24 heures, pour permettre à la crème de tartre de se séparer en cristallisant.

4° Jeter sur un petit filtre, la crème de tartre qui s'est déposée au fond de la capsule;

5° Laver quatre fois la matière qui reste adhérente aux parois de la capsule et celle qui est sur le filtre, en employant chaque fois 5 cc. d'alcool à 40 ou 42 degrés centésimaux. (Conserver la liqueur filtrée et les liquides de lavage.)

6° Dissoudre la crème de tartre qui est sur le filtre au moyen de l'eau bouillante;

7° Recueillir la solution aqueuse de crème de tartre dans un gobelet en verre, l'étendre de beaucoup d'eau si elle est trop colorée, et y ajouter quelques gouttes de la solution aqueuse de phtaléine du phénol à 1 p. o/o.

8° La solution titrée de potasse déci-normale étant contenue dans une burette graduée, l'ajouter goutte à goutte au liquide précédent, en remuant après chaque addition, et cela jusqu'à ce que la liqueur ait viré au rose.

9° Noter le nombre n de centimètres cubes de solution déci-normale employés à cet effet. Ce nombre, multiplié par 0.0188 et par 10, indique la proportion de crème de tartre contenue dans un litre de vin.

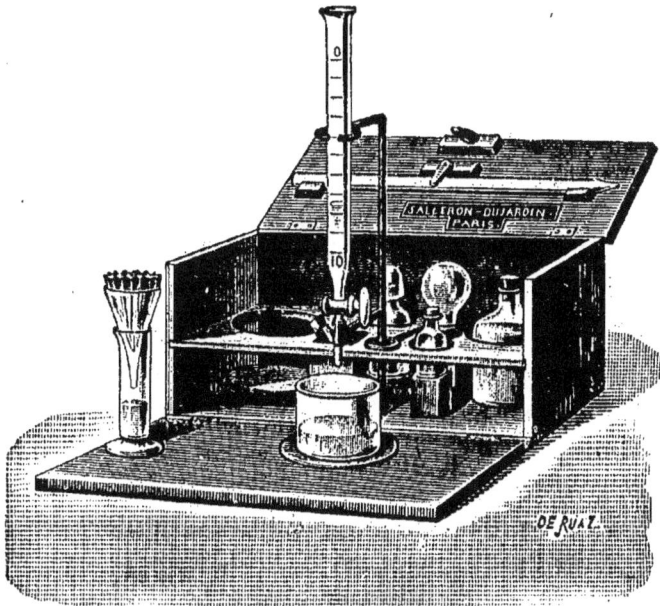

Fig. 20. — Acidimètre portatif de Dujardin.

Dosage de l'acide tartrique — Si on veut doser l'acide tartrique, on opère alors sur la liqueur séparée du bitartrate de potasse comme il a été dit suivant 5°.

1° Evaporer au bain-marie la liqueur séparée du bitartrate de potasse;

2° Reprendre le résidu par de l'eau chaude et partager ce liquide en deux parties ayant rigoureusement le même volume;

3° Neutraliser *exactement* une de ces parties par la potasse étendue (se servir de papier tournesol sensible).

4° Y ajouter l'autre partie de même volume.

5° Evaporer au bain-marie jusqu'à ce que le liquide soit réduit à 8 ou 10 c. c.

6° Laisser déposer pendant 24 heures.

7° Filtrer et laver quatre fois le dépôt avec 5 c. c. d'alcool à 40 ou 42 degrés centésimaux.

8° Dissoudre le résidu sur le filtre et dans la capsule, en lavant à l'eau chaude, et recueillir le liquide dans un verre ou vase à précipiter.

9° Ajouter à la solution aqueuse quelques gouttes de la solution à 1 o/o de phénolphtaléine.

10° La solution déci-normale de potasse étant contenue dans une burette graduée, l'ajouter peu à peu au liquide aqueux, jusqu'au virage rose.

11° Noter le nombre n de centimètres cubes nécessaires pour atteindre la réaction indiquée par la coloration de la phtaléine (1), qui, incolore en liqueur neutre ou acide, passe au rouge sous l'influence de la plus faible trace d'alcali.

Le nombre de centimètres cubes, multiplié par *0.075* donne la proportion d'acide tartrique renfermé dans un litre de vin.

---

(1) La *phtaléine du phénol* est un produit du phénol et de l'anhydride phtalique. Elle est colorée mais ce n'est pas une matière colorante.

CHAPITRE VI

Collage, tannisage, filtrage et chauffage des vins. — Pompes

Le collage a pour but de clarifier les vins dont la limpidité n'est point parfaite.

On considère l'état de clarté, de transparence, de brillant, en un mot la limpidité, comme le signe probable d'une bonne constitution.

La limpidité plaît au consommateur ; elle est absolument indispensable pour faire une bonne mise en bouteilles.

Les vins qui tiennent en suspension des matières d'origines diverses sont louches et troubles ; ils offrent un milieu très favorable au développement des germes de maladie.

Ces dépôts flottants, composés de mucilages, de ferments, de substances étrangères insolubles, de matières colorantes oxydées, peuvent se séparer lorsqu'on abandonne le vin au repos absolu. Mais la clarification par défécation naturelle est parfois trop longue ; elle a le grave inconvénient de laisser le vin avec toutes sortes d'éléments plus ou moins odorants qui forment des lies épaisses, réceptacles de ferments parasitaires.

Le commerce redoute avec juste raison les dangers d'un pareil voisinage, et, dans la plupart des cas, au lieu d'attendre la clarification spontanée, il a recours à la filtration ou au collage, pour atteindre plus rapidement et plus sûrement le résultat désiré.

La filtration est une opération mécanique qui consiste à faire passer le liquide au travers d'un tissu ou d'une masse poreuse dont le réseau est suffisamment serré pour retenir les particules qui troublent la limpidité.

Les principales matières filtrantes sont les tissus de coton, de laine ou de fil, le papier, etc.

Effectuée en vase clos, dans les appareils perfectionnés que l'industrie française construit aujourd'hui, la filtration ne modifie pas la composition du vin. Cependant, le collage est appliqué plus fréquemment aux vins fins de la Gironde, de la Champagne, etc., tandis qu'on préfère la filtration pour les alcools, les eaux-de-vie. Les cognacs sont filtrés plusieurs fois avant d'être mis en bouteilles.

Nous allons d'abord nous occuper des substances collagènes *albuminoïdes* et *gélatineuses* dont l'importance est si considérable en œnologie. Ensuite nous parlerons de la filtration.

On emploie ordinairement pour coller les vins: les *gélatines, l'albumine de l'œuf, la colle de poisson, le sérum de sang, la caséine du lait*. Malgré leur diversité d'origine, toutes ces substances sont reliées chimiquement par un principe commun : la matière albuminoïde.

Cette matière, ou plutôt ces matières, sont d'une composition très complexe et encore incertaine. — On sait qu'elles contiennent du carbone, de l'hydrogène, de l'oxygène, du soufre, de l'azote.

Les acides les précipitent ainsi que le *tannin, l'alcool,* et c'est précisément à cause de ces réactions qu'on peut les utiliser à la clarification des vins. En effet, tous les vins renferment des proportions variables de tannin, d'alcool et d'acides organiques.

Sous l'influence coagulante de l'alcool et des acides, l'albumine forme rapidement avec le tannin une combinaison insoluble qui développe au sein du liquide des flocons spongieux, des membranes minces constituant une sorte de réseau filtrant mobile.

Ce réseau, sollicité par sa densité supérieure à celle du

milieu ambiant, gagne peu à peu le fond du fût, englobant et entraînant dans sa chûte tous les corps solides en suspension.

L'analyse des phénomènes qui s'accomplissent pendant le collage montre que cette opération diminue sensiblement le titre alcoolique, l'intensité colorante, le tannin, et par conséquent l'extrait.

Des collages répétés nuisent forcément à la qualité du vin ; ceux qui pratiquent le collage sans aucune précaution s'exposent à des mécomptes.

Le collage à l'aide de substances albuminoïdes et gélatineuses convient très bien aux vins durs et astringents, trop riches en tannin, mais on ne doit l'appliquer aux vins fins et délicats qu'à la condition de leur restituer la quantité de tannin qu'il fixe et dont il occasionne la perte. Nous donnerons plus loin des indications précises à ce sujet.

Pratique du collage. — Nos praticiens recommandent de procéder au collage par un temps frais et clair avec léger vent du Nord. Lorsqu'un pareil temps règne, le baromètre est toujours haut et, par conséquent, la solubilité des gaz dans le vin est relativement plus grande. Le vin obéit, en cela, à toutes les lois qui régissent la dissolution des gaz dans les liquides.

Le champagne frappé ne mousse pas, ne pétille même pas, car il retient en dissolution tout le gaz carbonique qu'il contient. Si, à ce moment, on y introduit un clarifiant, il gagne le fond ; mais si on élève la température du champagne, le gaz carbonique refoule à la surface les voiles ou particules du clarifiant. Cet exemple montre l'influence de la température et de la pression barométrique sur la réussite du collage.

Plus la température est basse, plus le vin peut dissoudre et retenir de gaz ; si le baromètre est bas, le vin — surtout le vin jeune — laisse dégager de nombreuses bulles de gaz, il en sort notamment beaucoup de ses lies, siège de manifestations biologiques, dont la force ascensionnelle soulève jusqu'à la surface les parcelles les plus ténues du dépôt. Dans ces conditions, le vin se trouble et la matière collante éprouve des résistances capables de s'opposer à sa chute.

Les vins de Champagne destinés à la préparation des vins mousseux sont clarifiés à l'*ichtyocolle* ou colle de poisson, laquelle étant peu soluble doit subir un traitement spécial. Sous ce rapport, on peut dire qu'il existe presque autant de méthodes que de négociants. C'est ainsi que certains introduisent dans leurs formules du bitartrate de potasse, du chlorure de sodium, etc. Voici la méthode la plus rationnelle et la plus généralement employée.

Dans un petit tonneau défoncé nommé *barillet* ou dans un baquet en bois, on met 250 grammes de colle de poisson dilacérée et comme effilochée à l'aide d'un crochet. On ajoute peu à peu 20 litres de vin en agitant énergiquement avec un balai de jonc. Après 24 à 36 heures de macération, suivant la température (un trempage trop prolongé pourrait entraîner un commencement d'altération), l'ichtyocolle se gonfle, se désagrège et la colle s'épaissit; on la verse alors dans une passoire étamée placée au-dessus d'un autre baquet. Le mélange est battu, fouetté, malaxé entre les doigts, et on y verse doucement en remuant sans cesse 80 litres de bon vin vieux. Cette mixtion visqueuse s'emploie dans la proportion de *2 litres* par barrique de 200 litres. Chaque barrique reçoit ainsi 5 grammes de colle, soit $0^{gr},025$ par litre. Le fouettage est pratiqué aussitôt.

Dans la Gironde, le collage se fait ordinairement de la manière suivante : la bordelaise (225 litres) étant pleine, on débonde et on enlève environ dix litres de vin au moyen d'un siphon. La colle, préparée et battue avec un peu d'eau, reçoit 10 grammes de chlorure de sodium (sel de cuisine) par hectolitre, ensuite elle est versée dans le fût. Le sel diminue la solubilité des matières albuminoïdes, il augmente la densité du clarifiant, avive

la couleur du vin et le rend moins susceptible d'être
envahi par les ferments de la tourne et de l'aigre — dix
grammes par hecto représentent 0 gr. 10 par litre. —
Avec les chlorures naturels du vin, le total atteint à peine,
dans la généralité des cas, 0 gr. 20 à 0 gr. 25 par litre.
Or, d'après la circulaire du 24 janvier 1890 et la loi du
11 juillet 1891, la présence des chlorures est tolérée
jusqu'à 1 gramme par litre, calculés en chlorure de sodium.

La colle doit être bien mélangée avec le vin. Pour
arriver à ce résultat, on agite vigoureusement, dans tous
les sens, à l'aide d'un instrument appelé *fouet*. Les plus
répandus sont :

1° Le *fouet bordelais,* sorte de verge en fer ayant une
poignée à l'une de ses extrémités et, à l'autre, 8 à 10
houppes de crins de sanglier disposées en croix ;

2° Le *fouet parisien* ou dodine, très employé surtout
pour les vins en foudre. Il est solide et facile à désinfecter. C'est une tige de fer ronde, munie d'une poignée et
se terminant à un bout par une partie plate, recourbée
en croissant, percée de petits trous ;

3° Le *fouet mécanique Bazignan,* qui se compose d'une
barre creuse en fer étamé, dans laquelle rentre et s'em-
boîte un losange en fer articulé. Une bonde en métal
s'adapte à la bonde du tonneau et laisse passer une tige
en fer munie d'une manivelle permettant de développer
le losange précité au sein du liquide et de lui imprimer
un vif mouvement de rotation. Ce fouet est réservé au
collage des fûts de faible dimension, sixains, bordelaises,
demi-muids ; il a l'avantage de ne point faire de mousse
et de ne pas détériorer le trou de bonde sur lequel les
fouets des modèles parisiens et bordelais prennent brutalement point d'appui.

Le plus simple de tous les fouets est représenté par un
bâton de frêne d'un mètre environ, fendu en quatre brins
jusqu'au tiers de sa longueur ; les brins sont maintenus
ouverts par des petits coins en bois.

Après une ou deux minutes de vive agitation en tous sens, lorsque la colle est bien mélangée au vin, on remet dans la barrique le vin extrait en donnant un léger coup de fouet, puis on bonde.

Suivant la nature du vin et des matières employées au collage, suivant aussi la stabilité de la température et de la pression atmosphérique, le dépôt est rassemblé au fond du fût après 12 ou 15 jours de repos. Règle générale, les vins ne doivent pas rester plus longtemps sur les lies de fouettage, car ils y courent le risque de s'altérer. Tous les microbes s'attaquent aux matières azotées, les microbes aérobies en première ligne ; or, ces agents de maladies ne sont nullement détruits par la matière collante, ils sont simplement englués, enlizés sous ses particules spongieuses ; rien ne s'oppose à leur développement si la température leur devient favorable. L'action vitale de ces microscopiques parasites se traduit par des troubles divers, entre autres par un dégagement gazeux qui finit par soulever les lies en amenant la production de ce que les ouvriers de chai appellent des «lies folles ou mouches volantes.» Le réveil de la végétation de la vigne, que la routine traditionnelle considère superstitieusement comme une période très critique pour les vins, n'est dangereux que parce qu'il coïncide avec l'élévation de la température. C'est la chaleur qui provoque la pullulation des ferments pathogènes et le soulèvement des lies par suite du dégagement du gaz carbonique, en un mot, l'altération et le louchissement du vin.

Le collage ou fouettage fatigue toujours un peu le vin; aussi est-il prescrit par les praticiens de le laisser reposer plusieurs mois avant de renouveler l'opération.

Parmi les clarifiants albumineux, le meilleur est, sans contredit, l'*albumine de l'œuf.*

On emploie deux à trois blancs d'œufs par hect. de vin rouge. Dans la Gironde, on colle la bordelaise de 225 litres avec six blancs d'œufs la première année et cinq les années suivantes.

Le *jaune* de l'œuf renferme des matières grasses diverses qui rendent son contact dangereux pour les vins. La *coquille* est composée de carbonate de chaux, carbonate de magnésie, phosphate de chaux et oxyde de fer ; son introduction dans le vin a pour résultat de diminuer l'acidité — par conséquent, *on ne doit utiliser que les glaires ou blancs d'œufs frais.*

L'albumine, desséchée en poudre, est un excellent produit à condition qu'elle ne contienne pas des substances coagulées et insolubles par suite d'une mauvaise préparation ou bien une certaine quantité de gélatine, de gomme ou de dextrine frauduleusement mélangée.

Le sang défibriné doit ses propriétés clarifiantes à ses principes albuminoïdes dont la composition et les réactions générales sont analogues à celles que nous avons reconnues aux albumines.

L'emploi du sang offre de nombreux inconvénients, car il affaiblit et décolore sensiblement les vins : en outre il est exposé à se corrompre très facilement et à communiquer au liquide une odeur détestable qui dérive de l'animal dont il sort et qu'on appelle odeur de fauve ou de boucherie.

Le lait est aussi un clarifiant que l'œnologue doit rejeter.

Le lait est une solution de caséine, de sucre de lait, de sel, etc., tenant en suspension une faible proportion de matières caséeuses insolubles et des globules butyreux.

Il est employé très frais et écrémé, à la dose de 1 litre par bordelaise ; il agit comme le blanc d'œuf car il renferme jusqu'à 17 o/o d'une substance albuminoïde, nommée caséine, accompagnée d'albumine.

Le lait étant généralement alcalin diminue le titre acide ; de plus, il laisse dans le vin du lactose, sucre dont la fermentation lactique peut compromettre la constitution du vin.

L'affinité de la caséine pour les acides et pour les matières colorantes des vins incite souvent le caviste à appliquer le collage au lait, au blanchiment des vins jaunes ou rosés et aussi pour adoucir les vins verts ou piqués.

Parmi les *clarifiants gélatineux*, l'ichtyocolle occupe le premier rang. Avec l'albumine de l'œuf frais, c'est à notre avis, le clarifiant le plus recommandable.

L'ichtyocolle, ou colle de poisson la plus estimée, se retire de la vessie natatoire des esturgeons (poisson de l'ordre des Sturioniens, groupe des Chondoptérygiens à branchies libres), abondants dans le Don, le Danube et le Volga ; elle renferme 86 à 93 o/o de gélatine pure.

D'autres poissons fournissent de la colle. L'ichtyocolle roulée en rubans est composée des intestins de la morue. L'ichtyocolle en plaques provient de la gélatinisation par ébullition de la tête, des peaux, des intestins de poissons. On filtre, on concentre et on coule sur des plaques de pierre polie. Ces qualités sont inférieures et moins estimées.

La colle de poisson est très fibreuse ; elle convient surtout aux vins blancs, aux spiritueux, aux bières et, en général, aux boissons pauvres en tannin, car elle exige une plus faible quantité de matières astringentes pour se coaguler. Aucune colle n'appauvrit moins le vin que l'ichtyocolle, nulle autre ne lui abandonne moins de résidus solubles. On lui reproche de former des lies très légères favorables à la production des mouches volantes, surtout avec les boissons peu tannifères. Il est possible d'obvier en partie à cet inconvénient en tannisant le vin avant de le coller.

Tannisage du vin. — La quantité de tannin élaborée par chaque cépage varie beaucoup suivant l'état de la vendange ; en outre, la localisation des composés tannifères est sensiblement différente. Par exemple, les pellicules de la Carignane sont plus riches en tannin que celles du Petit-Bouschet et de l'Aramon, tandis que les pépins du Petit Bouschet et les rafles de l'Aramon renferment plus de matières astringentes que les organes similaires des autres cépages. D'une façon générale, les

pellicules et les pépins des cépages blancs sont bien plus
pauvres que ceux des cépages rouges.

A titre d'indication nous donnons les deux analyses
ci-dessous :

						Aspiran blanc (1895)	Cabernet franc noir (1895)
Pellicules tannin o/o						0.20	1.00
Pépins	»	»	»	»		0.90	2.65
Rafles	»	»	»	»		0.55	0.50

Il est aisé de comprendre que, pendant la cuvaison,
le vin pourra s'emparer plus facilement du tannin des
pellicules que de celui des pépins, par conséquent une
partie importante du tannin lui échappera. On peut dire
qu'il échappe presque totalement aux vins blancs fermentant en dehors des pellicules, des pépins et des rafles,
gisements exclusifs du tannin.

Le choix du tannin exige un très grand soin. Le meilleur est le *gallo-tannin*, préparé en traitant la poudre de
noix de galle, par 1 partie d'éther et 9 parties d'eau
mêlées ; le liquide se sépare en deux couches ; la couche
inférieure contient le tannin en dissolution dans l'éther
hydraté. On décante la couche supérieure, tandis que
l'inférieure, épaisse et sirupeuse, est lavée avec un peu
d'éther. On évapore à l'étuve et on a le tannin comme
résidu.

Pour les usages œnologiques, ce tannin doit être totalement privé d'éther et parfaitement desséché, en un
mot *pur et sec.* 0^{gr}8 de tannin pur sont fixés par 1^{gr}
de colle de poisson pure et sèche.

La préparation du tannin ne présente aucune difficulté ; en quelques mots nous allons la décrire.

La noix de galle concassée de la grosseur de la poudre à canon est introduite dans un appareil à déplacement (fig. 21) et traitée par un mélange à parties égales
d'alcool et d'éther neutre. On sépare le tannin du liquide
par la distillation. Lorsque la masse devient sirupeuse,

on la verse dans une capsule et on termine l'évaporation au bain-marie ; le résidu est l'acide gallo-tannique ou anhydride gallique (C^{14} H^{10} O^9).

L'éther du commerce étant rarement très pur, il risque de donner des produits imprégnés d'une odeur forte et désagréable dangereux pour le vin. Nous conseillons donc de traiter la noix de galle concassée par l'alcool de vin à 85 ou 90°. On laisse en contact pendant plusieurs heures dans l'appareil à déplacement, puis on soutire et on verse à part; on remet de l'alcool une deuxième, puis une troisième fois, et les trois liquides sont réunis pour subir la distillation. La fin de l'opération se continue comme il a déjà été dit. L'alcool est récupéré, et après évaporation dans la capsule, le tannin se dépose sous forme d'un résidu jaunâtre qui cristallise par le refroidissement.

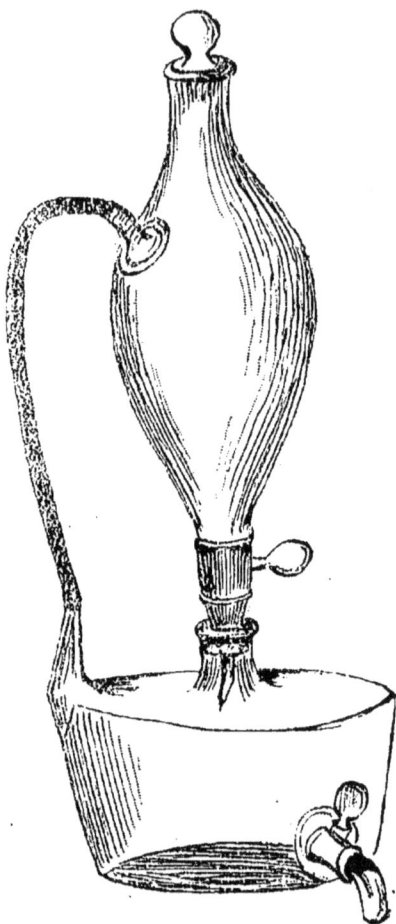

Fig. 21.

Le rôle des pépins, en vinification, est beaucoup plus considérable qu'on ne le pense généralement. Leur tannin est préférable — au point de vue œnologique — à celui de la noix de galle, mais son extraction présente quelques difficultés à cause des substances qui l'accompagnent.

Le pépin du raisin se compose d'une amande grasse entourée par une coque ligneuse qu'enveloppe une sorte de tunique mince. Il renferme une huile neutre connue sous le nom d'huile de pépin, une matière résineuse, du tannin, des composés acides volatils.

Pour isoler le tannin, il faut procéder ainsi que suit :

Les pépins — aussi frais que possible — sont broyés et introduits dans l'appareil à déplacement. On les épuise à froid par digestion méthodique avec de l'alcool à 50 degrés. Tous les liquides alcooliques faibles, provenant de cette digestion, sont réunis et évaporés dans le vide. Quand l'alcool a disparu, on ajoute de l'eau distillée et on filtre sur un filtre mouillé. Les résines insolubles restent sur le filtre, ainsi que la petite quantité d'huile que l'alcool a pu dissoudre.

La liqueur filtrée renferme le tannin et des composés acides volatils qu'une évaporation rapide fait disparaître. Le résidu est le tannin.

La solution de tannin pour le tannisage des vins se prépare en faisant dissoudre 100 ou 200 grammes de tannin dans un litre de bon alcool de vin à 90 ou 95°, ce qui correspond à 1 gramme ou 2 grammes de tannin par centilitre, soit : 0 gr. 10 ou 0 gr. 20 par centimètre cube.

Les solutions hydro-alcooliques de tannin se conservent presque indéfiniment dans l'obscurité, mais exposées à la lumière, elles absorbent l'oxygène et dégagent de l'acide carbonique.

Les solutions aqueuses stérilisées par le chauffage avant la mise en bouteille se comportent pareillement.

Pour pratiquer le tannisage d'une manière rationnelle, nous devons connaître exactement :

1° Le degré de pureté de notre solution de tannin ;

2° La quantité de cette solution qu'exige la colle de poisson que nous avons préparée ;

3° La quantité de tannin nécessaire à la précipitation des matières albuminoïdes du vin ;

4° La teneur du vin en principes astringents. — Si le vin ne renfermait pas de substances albuminoïdes et qu'il eût une proportion suffisante de tannin pour précipiter la colle, il serait mauvais de le tanniser.

A. — Le dosage de la solution de tannin se fera sur quelques centimètres cubes convenablement dilués. La proportion de 2 gr. de tannin dans 100^{cc} de liquide est bonne — soit 20^{cc} de la solution à 100 gr. de tannin par litre dilués dans 80^{cc} d'eau distillée.

On suit la marche de l'analyse pondérale indiquée plus haut (page 134).

Admettons que le poids du tannin fixé par les cordes égale *1 gr. 800* — cela nous indiquera que le tannin employé renfermait *0 gr. 200* d'impuretés par gramme, car s'il eût été pur, nous eussions trouvé *2 gr.* dans l'essai en question.

Nous savons maintenant que le titre réel de la solution de tannin correspond à 0 gr. 900 par 10^{cc} ou *0.09 de tannin par centimètre cube.*

DÉTERMINATION DU TANNIN ABSORBÉ PAR LE COLLAGE. — Pour déterminer le tannin absorbé par le collage, il nous suffira de connaître le rapport existant entre notre liqueur tannique déjà titrée et la solution de colle. A cet effet:

1 gr. d'ichtyocolle sèche est dissous dans 150^{cc} d'eau distillée très légèrement acidulée. Après dissolution on fait agir 20^{cc} de la liqueur tannique représentant *1 gr. 800* de tannin pur.

Agiter énergiquement à plusieurs reprises.

Laisser déposer le précipité pendant 24 heures environ.

Filtrer et laver à l'eau le dépôt restant sur le filtre.

Doser le tannin sur tout le liquide filtré.

Nous avons appris que 1 gr. d'ichtyocolle pure et sèche fixait les huit dixièmes de son poids de tannin pur et sec; par conséquent, dans les conditions de l'expérience, le dosage doit nous montrer que *1 gr.* de tannin est resté libre dans le liquide. — Si ce chiffre n'est pas atteint, c'est à cause des impuretés de la colle. Nous calculerons alors le rapport qui existe entre cette dernière et la solution tannique.

Admettons que les cordes de boyaux aient fixé 1 gr. 050

de tannin, — nous dirons qu'il a fallu 0 gr. 750 de tannin pour précipiter 1 gr. de colle en solution.

On tiendra compte de ces données fondamentales au moment du tannisage et du collage des vins.

La colle, telle que nous l'avons préparée, savoir : 250 grammes de colle dissoute dans 100 litres de liquide (page 147) précipiterait les huit dixièmes de son poids ou 200 gram. de tannin, si elle était absolument pure.

Or, nous avons trouvé qu'elle ne précipite que :
$$0.750 \times 250 = 187 \text{ gr. } 5$$

La différence entre 187 gr. 5 et 200 gram. indique le poids de tannin correspondant aux impuretés de l'ichtyocolle, soit *12.5*.

Puisque 1 gramme d'ichtyocolle pure est précipitée par 0.800 de tannin, le quotient de
$$12.5 : 0.800 = 15 \text{ gr. } 625$$

nous donnera la quantité de colle pure remplacée par des substances inactives vis-à-vis du tannin, soit 15 gr. 625.

$$250 \text{ gr. } - 15 \text{ gr. } 625 = 234 \text{ gr. } 375$$

Notre colle renferme donc *234 gr. 375* d'ichtyocolle dans 100 litres, ou 2.343 par litre et 0.0023 par centimètre cube.

Il nous faut maintenant soumettre à l'analyse le vin blanc que nous désirons coller.

Dans trois ballons de 220 c. c., marqués à deux traits de jauge, — l'un à 200 c. c., l'autre à 220 c. c. — nous versons 200 c. c. de vin bien limpide et 20 o/o de la liqueur tannique correspondant à 1 gr. 800 de tannin.

Agiter vivement à plusieurs reprises et laisser agir le réactif pendant quelques heures. Ensuite filtrer, s'il y a un précipité, et laver à l'eau distillée.

Pour chaque ballon, rechercher le tannin dans la liqueur filtrée suivant la méthode décrite :

Trois cas peuvent se présenter :

Le vin est resté limpide après adjonction des 20 c. c.

de liqueur tannique et, par l'analyse pondérale, on retrouve la totalité du tannin ajouté.

2° Le vin est resté limpide et on retrouve une quantité de tannin supérieure à celle que les 20 c. c. de liqueur tannique ont introduit (1 gr. 800).

3° Le vin s'est troublé et on retrouve moins de 1 gr. 800 de tannin.

A. — Si on retrouve la totalité du tannin ajouté, cela prouve que le vin ne renferme ni tannin naturel libre ni matières protéiques coagulables.

B. — Si on trouve une quantité de tannin supérieure à celle de la prise d'essai (1 gr. 800), l'excès de tannin provient du vin lui-même. Il faudra en tenir compte au moment du tannisage, car ce tannin disponible agira sur la colle.

C. — Moins de tannin retrouvé témoigne de la présence d'une certaine quantité de substances albuminoïdes qui ont fixé du tannin. Il faudra, dans ce cas, ajouter au vin la quantité de tannin nécessaire pour précipiter la colle qu'on lui donne et un léger excès en plus pour précipiter les substances albuminoïdes qu'il renferme. Le poids du tannin absorbé dans cette expérience permet de calculer exactement la dose nécessaire ; en pareille circonstance, l'expérience B sert de contrôle.

Dosage du tannin par la méthode Lowenthal. — MM. Salleron et Mathieu, dans leurs excellentes études sur les vins mousseux publiées en 1895, recommandent un procédé de dosage du tannin inspiré de la méthode de Lowenthal, qui dérive elle-même du procédé *Monier*.

Cette méthode (*Zeitschr. f. analyt. Chem.*, XVI, 33 et 201 ; XX91) consiste à oxyder le tannin par le permanganate de potasse (MnO^4K) en présence d'indigo qui sert d'indicateur et limite en même temps l'oxydation aux corps *plus facilement oxydables* que lui.

M. F. Jean, Carpené, Jean Pi ont apporté des modifications intéressantes à la méthode de Lowenthal. Le perfectionnement dû à M. Jean Pi est surtout remarquable ;

cependant nous avons préféré revenir au procédé de
M. F. Jean, plus simple et plus rapide, en éliminant sa
principale cause d'erreurs.

De nombreux essais comparatifs nous avaient démontré en effet que la gélatine exerce parfois une faible action réductrice sur le permanganate de potasse; dès lors,
cette cause d'erreur pouvait être écartée en ayant soin de
déterminer l'action réductrice de la gélatine sur la solution de permanganate chaque fois qu'on prépare une nouvelle solution de gélatine. Il suffit d'introduire ce nouveau facteur dans le calcul.

Ceci dit, procédons maintenant à la préparation de nos
liqueurs titrées :

1° *Solution de permanganate de potasse* à 1 gr. de permanganate pur et sec par litre. On la titre avec de l'acide
oxalique déci-normal dont 10 c. c. exigent 31 c. c. 6 de
permanganate, ou bien avec de l'acide citrique ou tartrique, etc.

10 c. c. solution déci-normale $(C^2O^2(OH)^2)$ d'acide oxalique = 0.063.

10 c. c. solution déci-normale $(C^6H^8O^7 + H^2O)$ d'acide
citrique = 0.069.

10 c. c. solution déci-normale $(C^4H^6O^6 + 2H^2O)$ d'acide
tartrique = 0.075.

2° *Solution d'indigo.* — On prend 1 gr. d'indigotine pure
(sublimé), on le met dans un flacon bouché à l'émeri
d'environ 30 c. c., on ajoute 20 c. c. d'acide sulfurique
monohydraté pur et on laisse le tout en digestion pendant 8 jours en agitant de temps en temps. On verse le
sulfate d'indigo formé dans une carafe jaugée de 500 c. c.,
on remplit d'eau et on filtre.

On titre cette solution avec la liqueur de permanganate. Le titre obtenu, on ajoute de l'eau à la liqueur d'indigo, de manière à ce que *20* c. c. de cette solution exigent 20 c. c. de permanganate. Nous préférons l'indigotine au carmin d'indigo qui se trouve rarement pur.

Le titre de cette liqueur peut subir des changements,

il est donc utile de prendre le titre à chaque nouvelle série d'opérations.

3° *Solution de gélatine* ou d'*ichtyocolle*. — On fait tremper pendant 6 ou 7 heures 25 grammes de gélatine Nelson dans 250 c. c. d'eau et on fait dissoudre la gélatine par chauffage au bain-marie ; on sature la solution de sel marin et on complète à un litre avec une solution saturée de sel marin. On agite et, après 48 heures de repos on filtre clair.

4° *Acide sulfurique dilué*. — Solution renfermant 50 gr. d'acide sulfurique pur et concentré par litre.

MÉTHODE OPÉRATOIRE. — Dans un vase en verre (vase à réaction) reposant sur une feuille de papier blanc on verse 50 c. c. de vin, on ajoute 20 c. c. de la solution d'indigotine ou de carmin d'indigo suivant le cas et 500 c. c. d'eau. La solution de permanganate est introduite dans une burette divisée en dixièmes de centimètre cube ; elle doit s'écouler régulièrement, et pas trop vite, l'orifice de la burette affleurant le liquide de façon à éviter autant que possible l'action de l'oxygène de l'air sur le permanganate.

Il faut agiter constamment pour assurer l'uniformité de la combinaison. M. Salleron a créé un agitateur mécanique très pratique. On cesse l'addition du permanganate lorsque la coloration bleue de l'indigo après être passée au vert fait place à une couleur *jaune clair*. Ce passage est très court et il exige l'attention soutenue d'un œil exercé. Une goutte de permanganate provoque une coloration rose pâle sur les bords du liquide qui ne tarde pas à devenir jaune orange. Le *jaune clair* constitue le terme de l'opération. On procède à une deuxième titration semblable et on prend la moyenne. Après avoir retranché la quantité de permanganate qu'exigent les 20 c. c. de solution d'indigo, on multiplie par 2 et le chiffre obtenu représente la quantité totale de matière oxydable contenue dans 100 c. c. de vin.

D'un autre côté on mélange 100 c. c. de vin avec 100 c. c.

de la solution de gélatine et 50 c. c. d'acide sulfurique dilué; on ajoute trois fortes pincées de kaolin pur, on agite énergiquement et on filtre de suite, on a une liqueur parfaitement limpide. Sur cette liqueur on prélève 100 c. c. qu'on titre avec le permanganate comme nous l'avons déjà indiqué. La moyenne de deux titrations, diminuée de la quantité de permanganate qu'exige l'indigotine, multipliée par 2.5 donne un chiffre b représentant les matières oxydables dans 100 c. c. de vin qui subsistent après élimination du tannin. D'où il résulte que $a - b$ représente le nombre de centimètres cubes de permanganate nécessaire $a - b$ pour oxyder le tannin de 100 c. c. de vin.

En l'absence de données précises sur les tannins qui, suivant les cépages, etc., agissent avec plus ou moins d'énergie vis-à-vis du permanganate, il est préférable d'exprimer le permanganate en acide oxalique, on obtient de la sorte des résultats comparables.

Choisissons un exemple pour décomposer d'une manière pratique la marche de la méthode que nous venons d'exposer.

50cc de vin
et 20cc de solution d'indigotine } font virer 31cc5 de permanganate

20cc d'indigotine seule   font virer $\underline{20^{cc}0}$ —

Différence $\underline{11^{cc}5}$

quantité totale de corps oxydables dans 100 c. c. de vin

$$11^{cc},5 \times 2 = 23^{cc},0 = a$$

Après précipitation par la gélatine:

100cc de la solution de la gélatine filtrée.
et 20cc de solution d'indigotine. } font virer 25rc6 de permanganate.

20cc d'indigotine seule font virer....... 20cc5   —

Différence... $\underline{5^{cc}1}$

à déduire pour influence de la gélatine. 1cc9

Différence... $\underline{3^{cc}2}$

Corps oxydables, après élimination des tannins, dans 100 c. c. de vin:

$$3^{cc},2 \times 2.5 = 8,00 = b$$

Si, dès lors, nous désignons par *c* la quantité de permanganate nécessaire pour oxyder 10 c. c. d'acide oxalique déci-normal, soit *31 c. c. 6* comme il a été dit plus haut, nous avons :

a = 23 c. c.

b = 8 c. c.

c = 31 c. c. 6.

Comme a — b = 15, nous formulerons :

$$x = \frac{15 \times 6,3}{31,6} = 2 \text{ c. c. } 9 \text{ de tannin exprimé en acide oxalique (6,3).}$$

Donc, 100 c. c. du vin dosé renferment *2 c.c. 9* de tannin.

Il est bien évident que l'exemple que nous avons choisi est loin de la réalité quant aux résultats obtenus. En effet, les vins blancs renferment généralement de 0 gr. 1 à 0 gr. 70 de tannin et les vins rouges les plus astringents ne dépassent guère *2 gr. 5* par litre.

FILTRATION. — La filtration qui est devenue aujourd'hui d'un usage général dans le commerce des boissons, a pour but de clarifier le vin en l'obligeant à passer au travers d'un tissu ou d'une masse poreuse dont le réseau est suffisamment serré pour retenir les particules en suspension, mais assez lâche, cependant, pour livrer au liquide un passage facile. C'est en somme une opération purement mécanique supérieure au collage qui modifie la composition du vin en lui enlevant de la couleur et du tannin. Il est vrai que le collage peut améliorer un vin trop astringent.

La matière filtrante disposée d'une façon convenable prend le nom de *filtre*.

Les principales matières filtrantes sont : le papier Joseph, les tissus de fil, de coton ou de laine adaptés à des combinaisons très variées. L'esprit inventif des constructeurs a doté l'œnologie d'une série de modèles vraiment remarquables.

En principe, pour que la filtration se fasse dans de bonnes conditions il faut :

1° Qu'elle s'effectue en vase clos afin d'éviter des pertes d'alcool et d'éthers ;

2° Qu'elle donne un résultat rapide ;

3° Que l'appareil soit simple, solide, facile à visiter et à nettoyer.

En cas d'accident les éléments filtrants doivent pouvoir s'isoler.

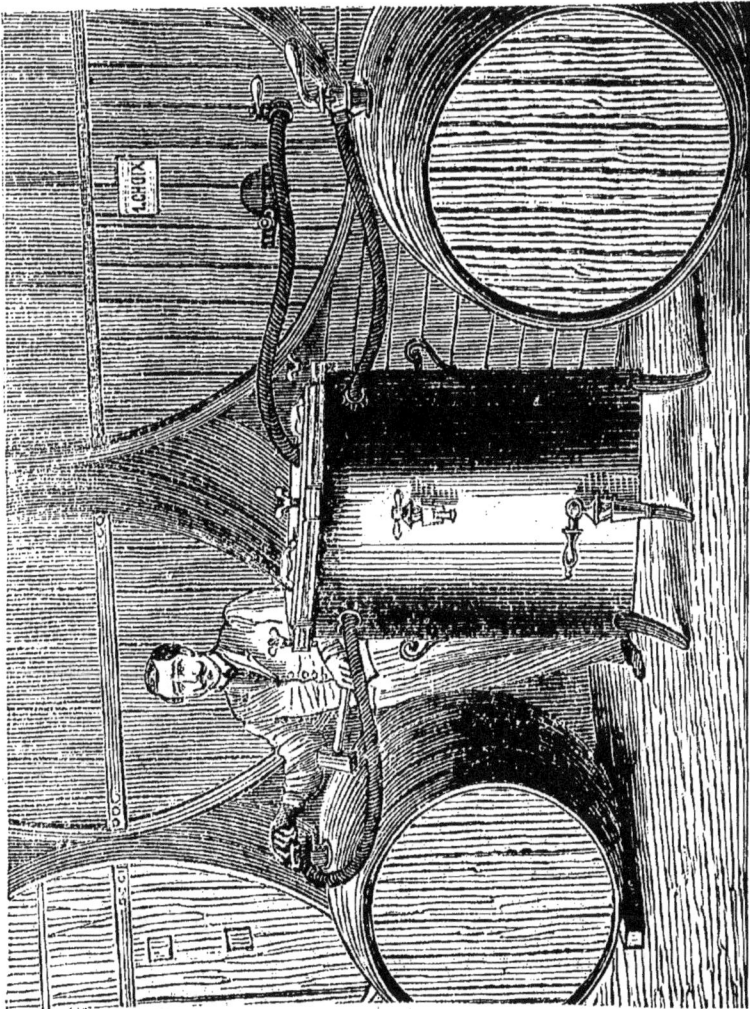

Fig. 22. — Filtre Caizergues.

Nous ne passerons pas en revue les divers types de filtres existants, mais nous exposerons succinctement le fonctionnement de ceux qui présentent un caractère nettement tranché afin de donner au lecteur une base d'appréciation.

Le filtre Mezot, le filtre Gasquet de Bordeaux, le filtre Caizergues de Béziers, sont des filtres à manche perfectionnés donnant un bon rendement sous un volume réduit.

Sous le nom méridionalement expressif de *Sans Pareil* (fig. 22), M. Caizergues construit un modèle très pratique. Dans un cylindre en cuivre étamé — mesurant 52 centimètres de diamètre sur 1 mètre 15 de hauteur, fermé hermétiquement par un couvercle serré avec des boulons sur un joint en caoutchouc — se trouve une seule manche enroulée avec un isolant en osier et placée dans un panier ; elle développe 11 mètres carrés de tissu filtrant. Le vin arrive par une douille qui se trouve sur le couvercle, entre dans la manche et s'écoule par deux tuyaux de sortie. Le filtre comprend un robinet dégustateur et un robinet de vidange. Son prix est relativement peu élevé.

Le filtre Simoneton de Béziers est construit dans un autre ordre d'idées.

Cet appareil (fig. 23) se compose de deux cadres en fonte doublés en bois de chêne, entre lesquels on place une série de plateaux D du même bois formant des cannelures solidement encadrées. Les plateaux sont habillés avec des serviettes en tissu de coton écru, doublé et retord, puis on les serre les uns contre les autres à l'aide d'écrous volants P en ayant soin de s'assurer que les serviettes ne font aucun pli.

L'appareil prêt à fonctionner forme autant de chambres hermétiquement closes qu'il y a de plateaux. Les joints sont produits par le tissu portant sur les cadres de chaque plateau.

Le vin doit arriver sous une pression de 1 à 4 mètres. Il pénètre dans le filtre par le robinet C, remplit successivement les chambres, traverse le tissu en déposant ses

impuretés et coule le long des cannelures pour sortir
par les petits robinets en étain E dans la gargouille
F.

Lorsque au bout de quelques minutes, le vin sort bien.

Fig. 23. — Filtre Simoneton.

limpide, on renverse les clés des robinets à double effet
et le vin filtré suit à l'abri de l'air le conduit S S qui le
mène au robinet de sortie I.

Au moyen des petits robinets V et U placés sur les
robinets d'entrée et de sortie, on peut surveiller sans
cesse la régularité et la perfection du filtrage. Si on
remarque un peu de louche, il est facile de rechercher la
chambre qui fonctionne mal en vérifiant l'un après
l'autre les robinets E à double effet. Cette chambre
trouvée, on l'isole par la fermeture du robinet et la
filtration se poursuit.

Avec les petits robinets à double effet, on peut :

1° En les ouvrant, voir la limpidité du vin de chaque plateau.

2° En les renversant, envoyer le vin filtré dans le canal de sortie SS qui court à la partie inférieure des cadres.

3° En les fermant, isoler un ou plusieurs plateaux qui

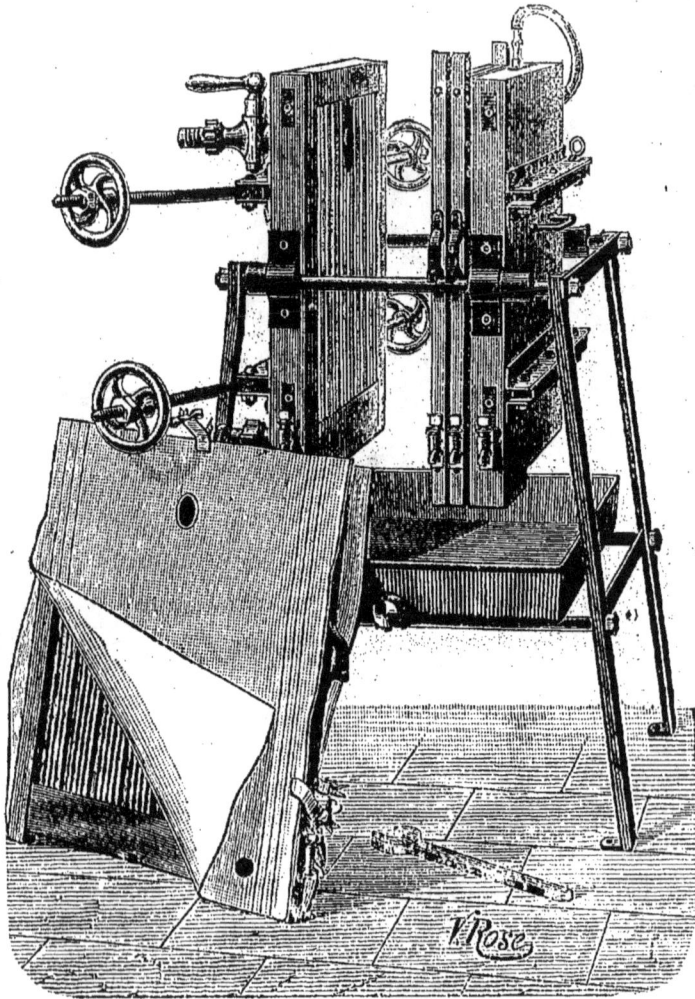

Fig. 24. — Filtre Simoneton petit modèle.

fonctionneraient mal, sans avoir besoin d'arrêter le travail du filtre.

La construction de ce filtre est très soignée. Son rendement est satisfaisant lorsqu'il est convenablement

installé. Naturellement ses nombreux avantages influent
sur le prix de vente ainsi que ses dimensions. Il existe
un petit modèle dont l'achat est abordable pour le
propriétaire qui veut s'occuper des vins de luxe.

Le filtre Philippe (fig. 25), de Paris, mérite aussi une

Fig. 25. — Filtre Philippe grand modèle.

mention spéciale. Sous un petit volume il utilise un
grand développement de surface filtrante et donne un

Fig. 26. — Filtre Philippe en fonctionnement dans une cave.

rendement que ses dimensions restreintes ne font pas prévoir.

Il est bien entendu que le débit d'un filtre ne peut être exprimé que d'une manière approximative car il dépend essentiellement — toutes choses égales — de la nature du liquide à filtrer et de la pression. Un débit trop rapide provoqué par une forte pression ne donne pas toujours les meilleurs résultats.

L'appareil Philippe, entièrement métallique, est solide et bien construit. Dans le couvercle fixe sont pratiquées des ouvertures destinées à l'introduction des éléments filtrants dans la caisse ou réservoir du filtre.

Ces éléments sont constitués par des poches ou sacs en tissu dont un cadre mobile métallique en treillis maintient les parois écartées et tendues.

La filtration se produisant de l'extérieur à l'intérieur, les impuretés et les lies ne peuvent obstruer totalement les manches ; elles se déposent sur la face extérieure et finissent par tomber dans le fond de l'appareil d'où un robinet de décharge les conduit au dehors. Cette disposition rend l'encrassement du tissu moins rapide, et favorise le filtrage des lies et des vins chargés de dépôts.

Le montage et le démontage des poches, à joint unique, est simple et commode. Enfin, la manœuvre d'une clef arrête ou suspend momentanément la filtration.

La filtration à travers un feutrage de papier, de cellulose, d'amiante, réduits à l'état de fibrilles est adoptée depuis longtemps pour les bières ; il suffit de citer les excellents filtres Maeglin et Cie de Reims, Guéret de Paris, etc.

L'appareil Guéret (fig. 27) mérite une mention spéciale; il filtre à l'abri de l'air et depuis 1/2 atmosphère de pression jusqu'à trois atmosphères. La masse filtrante ou pâte de papier forme plusieurs couches comprises entre deux toiles métalliques sur lesquelles sont fixés des disques perforés. (Employer des papiers purs ne communiquant aucun mauvais goût.)

· En France et à l'étranger, plusieurs grands établissements œnologiques utilisent des appareils du même genre. En Italie, les filtres Albach, Kraus et Siégel sont très appréciés pour la filtration des vermouths, des muscats et des vins fins. — La construction du filtre Albach est solide et élégante. Il se compose d'une sorte de caisse cylindrique en cuivre, étamée intérieurement. Le couvercle mobile est hermétiquement fermé au moyen d'écrous. Le fond est muni d'un robinet de déchargement. L'appareil est supporté par un chevalet en fer monté sur quatre roues, ce qui en rend le transport facile.

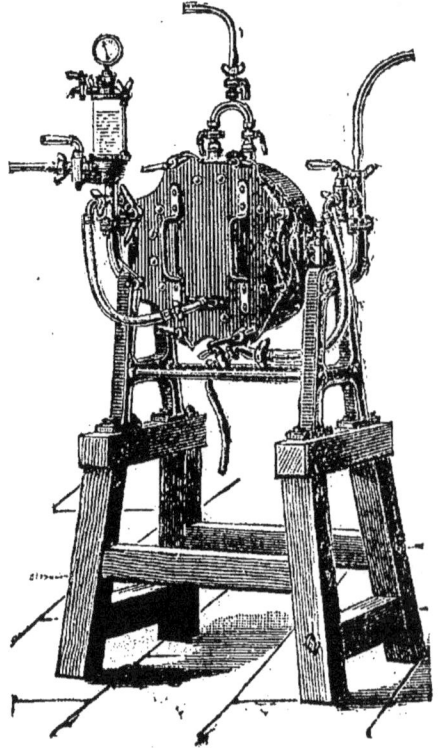
Fig. 27. — Filtre Guéret frères, Paris.

Deux tubes recourbés opposés et fixés de chaque côté de la caisse sont chargés, l'un de recevoir le vin, l'autre de l'expulser après filtration. Ces tubes sont surmontés d'une lanterne de verre munie d'un manomètre pour indiquer la pression intérieure.

Le tube d'arrivée communique avec la partie supérieure de la caisse, tandis que le tube de sortie correspond avec la partie inférieure. La masse filtrante composée de cellulose est divisée en deux ou trois couches. Un disque métallique percé de larges trous, limite la chambre du liquide filtré. Au-dessus se place un disque ou tamis métallique bordé d'un replis qui maintient à une certaine distance un second tamis métallique entouré d'un cordon cylindrique de caoutchouc. Là, on met une couche de cellulose de 2 à 3 centimètres sur laquelle se pose un tamis métallique à mailles plus étroites. Une nouvelle couche de 1 c. de cellulose est recouverte d'un dernier tamis bordé d'un cordon de caoutchouc qui supporte un disque en métal perforé et muni de pivots tou-

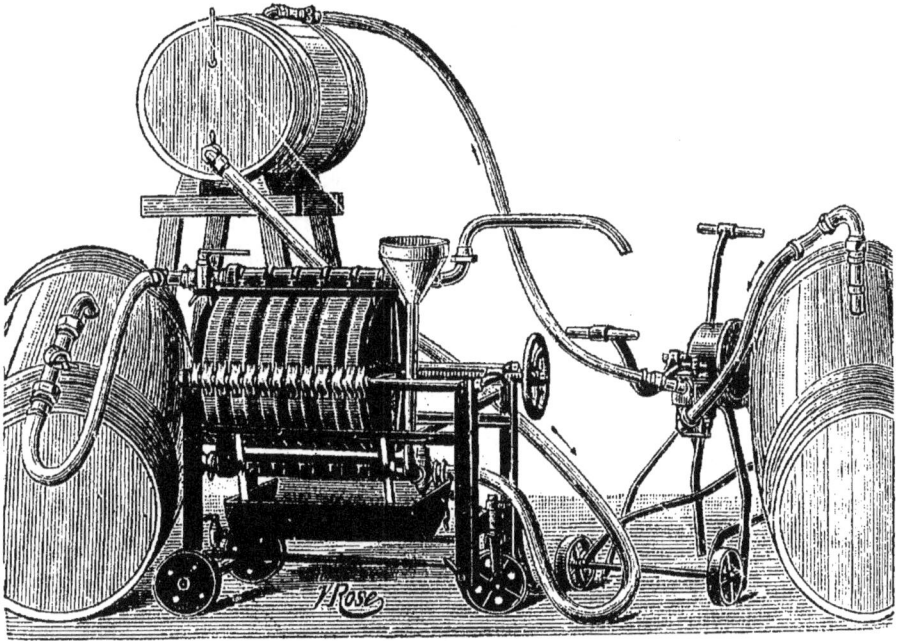

Fig. 28. — Filtre « Asbestos ».

chant le couvercle. Le vide entre ce dernier et le disque représente la chambre supérieure occupée par le liquide trouble.

La cellulose ayant été introduite dans le filtre à l'état pâteux renferme beaucoup d'eau qu'elle abandonne aux premiers litres de vin qui la traversent. Ce vin est recueilli à part. Inutile d'ajouter qu'après chaque opération l'appareil doit être l'objet d'un lavage sérieux.

M. Brulé, successeur d'Hermann Lachapelle, a présenté au Concours agricole de Montpellier (mai 1896) un filtre dénommé «Asbestos», dont le principe est analogue (fig. 28).

Cet appareil filtre à travers des fibrilles d'amiante formant feutrage sur des tamis en toile métallique fine, soigneusement étamée.

L'amiante ou asbeste est un silicate de magnésie et de chaux, sorte de textile minéral, inattaquable aux acides lorsqu'elle est pure, c'est-à-dire débarrassée de ses impuretés par un lavage à l'acide sulfurique ou chlorhydrique, suivi d'un rinçage à l'eau bouillie.

Le filtre Asbestos se compose d'une série de chambres verticales placées côte à côte et recevant alternativement les unes le vin à filtrer, les autres le vin filtré. Des tamis en toile métallique fine (diamètre 0^{m}60), sur lesquels est déposée la couche filtrante d'amiante, forment cloison entre les chambres de vin à filtrer et celles de vin filtré.

Toutes les chambres de vin à filtrer communiquent ensemble à la partie inférieure de l'appareil par un tuyau collecteur ; les chambres de vin filtré communiquent également ensemble, mais à la partie supérieure.

Des rondelles de caoutchouc logées dans l'épaisseur des cadres font joint. A l'arrière du filtre est placé un plateau fixe ; l'avant est formé par un plateau mobile muni d'une vis qu'actionne un volant. Le tout est supporté par un bâti avec chariot. Les chambres et le plateau mobile se déplacent dans le sens horizontal en glissant au moyen d'oreillons sur deux traverses en fer rond formant la partie supérieure du bâti.

Le montage et le démontage d'un tel système offrent beaucoup de simplicité pratique, puisqu'il suffit de serrer ou de desserrer la vis de quelques tours pour fermer ou ouvrir l'appareil entièrement en cuivre étamé.

La mise en train ne présente aucune difficulté. On commence par diluer dans une quantité de vin égale à la capacité totale de l'appareil environ 30 grammes d'amiante par tamis. Cette dilution est versée dans le filtre par l'entonnoir, les robinets d'air placés à la partie supérieure étant ouverts. Dès que le filtre est plein, on ouvre immédiatement la communication avec le récipient contenant le vin à filtrer. Le vin passe au travers des tamis en abandonnant à leur surface les fibrilles d'amiante dont le feutrage forme filtre. Le vin est repassé dans le filtre jusqu'à ce qu'il sorte limpide et brillant, ce qui a lieu quelques minutes après l'ouverture du robinet d'arrivée.

Lorsqu'on veut démonter l'appareil pour procéder au nettoyage, on desserre la vis centrale; tous les éléments deviennent libres et on enlève les tamis. La couche filtrante et les impuretés déposées à la surface n'adhèrent pas aux tamis; un simple jet d'eau projeté sur la face opposée détache tout cela complètement et très promptement.

Le filtre «Asbestos» étant en cuivre étamé, son nettoyage absolu est facile. On peut stériliser toutes ses parties à l'aide d'un jet de vapeur ou d'eau bouillante.

La couche filtrante étant renouvelée chaque fois pour une dépense minime, on ne risque pas d'apporter au vin traité des ferments de maladie provenant d'un vin précédent. En outre, on peut passer sans inconvénient d'un vin rouge à un vin blanc, d'un muscat à un vin sec, puisque le filtre est pour ainsi dire mis à neuf après chaque opération.

Il existe un modèle cylindrique en cuivre étamé à un seul tamis qui fonctionne sans pression, à l'abri de l'air. Un robinet flotteur règle automatiquement l'arrivée du vin à filtrer. Ce modèle convient aux petits propriétaires.

Pour filtrer de faibles quantités, on utilise les filtres en laine, crin, toile, appelés chausses.

Ces chausses — et d'une façon générale tous les tissus qui servent à la filtration des vins — doivent être tenues dans le plus grand état de propreté. Le plus souvent, on se contente, après leur emploi, de les laver à l'eau froide ou tiède, de les brosser, de les tordre, et on les remet en service après dessiccation. Nous avons constaté que les tissus ainsi traités renfermaient encore des organismes provenant des opérations précédentes, bactéries diverses, ferments acétiques et autres microbes qui infectent les vins malades.

La désinfection de ces chausses est difficile et doit être surveillée de près. Le mieux est de les plonger pendant une heure dans une solution faible de chlorure de chaux renfermant 1 o/o de chlore actif, soit par hectolitre d'eau *3 kil.* à *3 kil. 5* de chlorure de chaux commercial.

On rince ensuite à l'eau tiède, puis à l'eau froide, préalablement bouillie. Il faut noter que les coulisses ou cerceaux, en fil de fer ou en osier, qui bordent l'ouverture et la tiennent béante, sont les points les plus difficiles à désinfecter. Éviter avec soin de savonner ou de lessiver les chausses, dans la crainte de leur communiquer un mauvais goût.

Le papier, la cellulose, l'amiante, qui forment les masses filtrantes, ne retiennent guère que la majeure partie des levures ; beaucoup de bactéries leur échappent à cause de leur extrême petitesse. Sous ce rapport, les parasites du vin ne peuvent être sûrement détruits que par la chaleur, conformément aux indications de Pasteur.

CHAUFFAGE DES VINS OU PASTEURISATION.— Les observations de cet illustre savant, dont le monde entier déplore la perte, se résument ainsi :

1° On peut détruire dans les vins les microbes pathogènes et leurs germes en portant la température du liquide à 50° au moins et à 65° au plus. L'influence du milieu alcoolique et acide diminue la résistance de ces organismes, qui seraient capables de supporter une température de 100° dans l'eau pure. Il résulte de ce fait que les agents des altérations nuisibles aux qualités du vin sont supprimés par une élévation de température relativement peu élevée.

2° Cette élévation momentanée et modérée de la température des vins assure leur stabilité et leur limpidité sans modifier la saveur, le bouquet et la couleur, si l'opé-

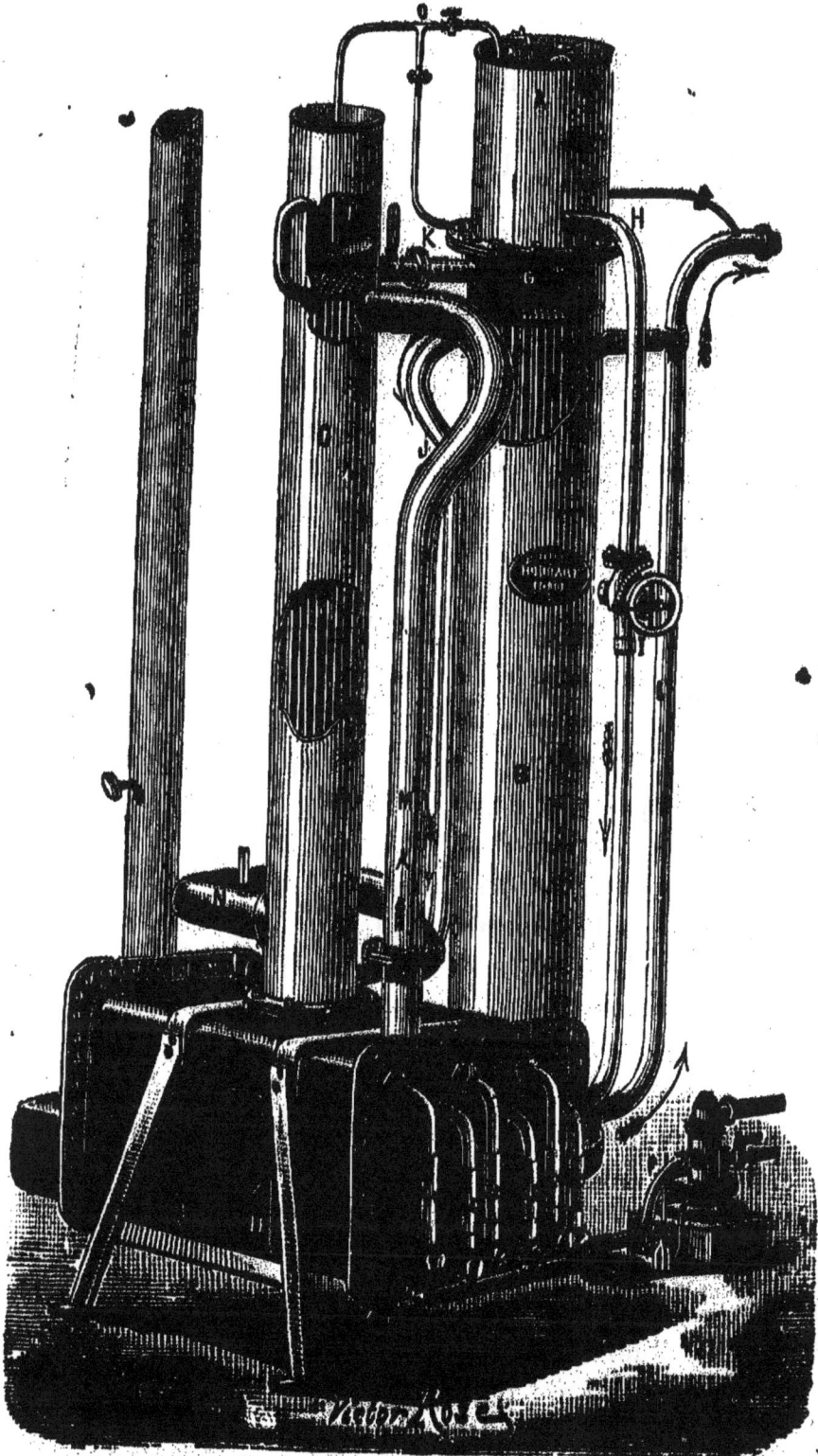

Fig. 29. — Appareil de chauffage des vins Houdart.

ration est méthodiquement conduite à l'abri du contact de l'air et au bain-marie.

3° Les vins chauffés peuvent s'altérer s'ils sont contaminés par des germes nouveaux pendant les soutirages, collages et autres manipulations qu'on leur fait subir.

4° Les vins chauffés se conservent indéfiniment en vase clos. Les oxydations dont ils sont le siège les améliorent comme les vins n'ayant pas subi cette opération.

D'après Hervé-Mangon, le chauffage rationnel des vins doit se plier aux conditions suivantes:

1° Le chauffage risque de donner au vin le goût de cuit lorsqu'il dépasse 56 ou 60°. La température de 59° est admise dans la pratique; elle est suffisante.

2° Pour éviter les pertes de gaz carbonique, d'alcool, d'éther, etc., il est indispensable d'opérer le chauffage en vase clos.

3° Le vin sera refroidi à la température ordinaire avant d'arriver au contact de l'air.

Les appareils œnothermes de Bourdil, Houdart, etc., répondent bien à ces conditions. L'appareil Houdart, que représente la gravure 29, peut être chauffé au moyen du générateur de vapeur usité pour l'étuvage du matériel vinaire. Il se règle facilement entre 55 et 60°.

Pompes. — Les trois grandes catégories de pompes — à piston, rotatives, centrifuges — présentent un grand nombre de modèles plus ou moins avantageux, suivant le travail auquel on les destine. Parmi les constructeurs français dont les appareils se rencontrent le plus fréquemment, figurent MM. Broquet, Beaume, Noël, Ritter, Fafeur, etc.

A notre avis, les meilleures pompes à vins appartiennent au type des *pompes rotatives*, car elles transvasent les liquides sans leur imprimer des secousses violentes, sans les fatiguer en un mot.

CHAPITRE VII

Considérations générales sur les bouchons et les bouteilles. — Résistance des bouteilles. — Nettoyage des bouteilles. — Machines à boucher et à capsuler.

Bouchons. — Le *liège* est l'écorce du chêne-liège (*quercus suber*), qui croît spontanément dans le nord de l'Afrique et le midi de l'Europe. C'est une essence propre au bassin de la Méditerranée, car le chêne-liège qui vient dans les landes de Gascogne et sur le littoral ouest de la France appartient à une espèce particulière : le chêne occidental (*quercus occidentalis*).

Les principales stations du chêne-liège sont les côtes barbaresques, en Afrique; le Portugal, l'Espagne, l'extrême midi de la France, la Corse, la Sardaigne, la Sicile. On ne le rencontre ni en Syrie, ni en Asie-Mineure; son aire d'habitation semble fixée entre le 34e et le 45e degré de latitude nord.

Le chêne-liège appartient à la famille des chênes à feuilles persistantes ou chênes-verts; il a le même feuillage bronzé, à reflets métalliques, de ses congénères, le ballote et l'yeuse, mais il s'en distingue surtout par l'écorce caractéristique à laquelle il doit son nom.

L'écorce du chêne-liège se compose de deux couches concentriques bien distinctes et de nature différente. La zone intérieure, ou partie active de l'écorce qui se trouve en contact immédiat avec le bois, est formée d'une matière grenue, peu élastique, entremêlée d'un tissu fibreux ; elle correspond au liber des autres arbres. C'est cette partie que les anciens liégeurs appelaient *la mère* et qu'en Algérie j'ai toujours entendu désigner sous le nom de *tannin*. Partout où cette couche vient à être détruite, il n'y a plus formation ni d'écorce ni de bois.

La deuxième couche, formant la zone extérieure de l'écorce, est plus épaisse que la précédente et se compose d'une matière spongieuse, élastique et compressible, peu perméable aux liquides, constituant ce qu'on appelle le tissu subéreux ou liège. Cette couche est une enveloppe inerte, participant à la croissance de l'arbre, sans concourir aux fonctions actives de la végétation ; c'est ce qui explique qu'on peut dépouiller l'arbre d'une partie de son enveloppe subéreuse, sans que sa vitalité soit atteinte.

Le liège était connu des anciens. Pline en parle dans son *Histoire naturelle* (Livre XVI, chap. XIII).

Il dit : « Son écorce est souvent employée pour les bouées d'ancre de navires, les filets de pêcheurs, les *bondes de tonneaux* et, en outre, pour la chaussure d'hiver des femmes. »

Cette citation prouve assez que les Grecs et les Romains connaissaient déjà bien des moyens d'utiliser le liège.

Pendant longtemps, le liège resta à l'état d'utilité secondaire, et il fallut le développement de l'industrie du verre pour le faire rechercher.

La fabrication des bouchons de liège date du XVIIme siècle, époque à laquelle l'emploi des bouteilles en verre commença à se répandre dans les usages de la vie domestique.

Le liège, avant d'être livré au commerce, subit différentes opérations qui sont le *bouillage*, le *raclage*, le *visage* ou *classement*, l'*emballage*.

Suivant leur épaisseur, les lièges se classent, dans le commerce, en quatre catégories principales.

1° *Lièges épais*, mesurant 31 millimètres et au-dessus.

2° *Lièges ordinaires*, *marchands* ou *en racés*, mesurant de 26 à 30 millimètres.

3° *Lièges bâtards* ou *lièges justes*, mesurant de 23 à 25 millimètres.

4° *Lièges minces*, mesurant 22 millimètres et au-dessous.

Chaque catégorie, suivant la qualité et la finesse des lièges qui la composent, se subdivise à son tour en: lièges *épais surfins*, *supérieurs*, *ordinaires*, *inférieurs*. Les lièges *ordinaires surfins* 1re, 2me, 3me, 4me qualité. Les lièges *bâtards* et les lièges *minces* se classent d'habitude en *bons*, *ordinaires* et *inférieurs* ou *rebuts*.

En dehors de leurs grandes lignes, ces classements sont un peu arbitraires et rien n'empêche de les multiplier à l'infini en introduisant des choix particuliers comme, par exemple, les *lièges à champagne*. Cette dernière qualité exige des lièges *épais surfins* d'une imperméabilité absolue.

Les meilleurs lièges viennent de certaines localités de la Catalogne, de l'Andalousie, du Roussillon et de l'Algérie; ceux du Var, de la Corse, du Portugal, sont moins renommés.

Il existe un grand nombre de types de bouchons: *Champagne*, *demi-Champagne*, *Bordeaux longs* (10 millimètres de plus que le demi-long), *Bordeaux demi-long* (22 millimètres de large sur 55 millimètres de longueur), *Limonades*; *12 lignes cylindriques*; *16 lignes coniques*; *16 lignes cylindriques*; *18 lignes coniques*, etc. Nous arrêterons là cette énumération qui se poursuit jusqu'aux *broches* et *bocaux*.

L'habitude de blanchir les bouchons en les exposant aux vapeurs d'acide sulfureux dégagées par la combustion du soufre est très répandue.

La forme des bouchons varie suivant les régions. En Bourgogne et dans le Beaujolais, on recherche des bouchons assez courts, tandis que le Bordelais n'emploie que des bouchons longs remplissant la plus grande parlie du goulot. Le bouchon de Champagne doit présenter au plus haut degré les conditions d'élasticité, de résistance et d'inaltérabilité. Ce bouchon, en effet, qui a 33 à 36 millimètres de diamètre sur 58 à 60 millimètres de longueur, va pénétrer, sous l'effort d'une puissante machine, dans le goulot d'une bouteille de 16 millimètres de diamètre. Là, comprimé par le verre et par une pression continue de 5 atmosphères au moins, exposé à l'action dissolvante de l'alcool, souvent pendant plusieurs années, il doit reprendre, au jour de sa délivrance, sa forme, sa dimension, son élasticité primitives. Quoi d'étonnant, après cela, que sur cent bouchons des meilleures provenances, il y en ait une dizaine à peine qui sortent triomphants de cette rude épreuve.

Expulsé de la bouteille, le bon bouchon présentera aussitôt ses formes premières en affectant la figure d'un champignon (fig. 32), la base circulaire qui se trouvait en contact avec le vin et qu'on appelle *miroir* ayant toujours conservé la propriété d'atteindre le diamètre originel de 32 millimètres. Ce bouchon aura gardé sa couleur naturelle sans zébrures ou sillons brunâtres (fig. 30). De pareilles cannelures indiqueraient un liège de qualité inférieure, peu résineux, se laissant en partie dissoudre et pénétrer par l'alcool sous l'action de la pression et voué à donner une *recouleuse*.

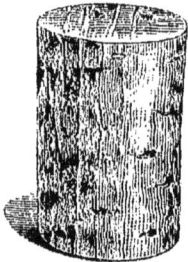

Fig 30.— Bouchon inférieur taché et cannelé.

Fig. 31. — Bouchon formant cheville.

Fig. 32.— Bouchon type formant champignon.

Les bouchons de mauvaise nature se laissent facilement déchirer et détériorer sous l'effort de la compression. Les uns, secs et revêches, véritables chevilles (fig. 31), dépourvus d'élasticité, gardent la forme du goulot qui les emprisonne. Les autres, incompressibles, se tassent et se durcissent à tel point dans le goulot qu'il faut le tire-bouchon et de solides efforts pour les extirper.

Pour tous ces motifs, le choix des bouchons est une opération très délicate surtout en ce qui concerne la préparation des vins de luxe et particulièrement des vins mousseux. Certaines personnes expérimentées reconnaissent les mauvais bouchons par la pression entre les doigts et un examen à la simple vue; mais leurs appréciations sont souvent infirmées par les faits.

M. Salleron, l'intelligent vulgarisateur de la chimie œnologique, s'est occupé du choix des bouchons et a indiqué un procédé qui résout au moins plusieurs parties essentielles du problème. Voici en quels termes s'exprime ce spécialiste distingué :

«Un négociant champenois avait jadis constaté que les bouchons qui restaient longtemps plongés dans l'eau se couvraient, à la longue, de taches brunes tout à fait analogues à celles qui caractérisent les bouchons des recouleuses, et, par analogie, il essayait les bouchons qu'il employait pour son commerce en les immergeant pendant quinze jours ou un mois. Tous les bouchons qui sortaient tachés de cette épreuve étaient éliminés, et les immaculés étaient seuls employés. Cette judicieuse vérification était rationnelle ; sous l'action de l'humidité, la subérine — matière solide qui entre pour 70 o/o dans la composition du liège — se ramollit et si elle n'est pas assez résineuse, les cellules qui constituent la couche extérieure du bouchon, comprimées par la pression de l'eau qui les entoure, sont crevées ; un peu d'eau pénètre dans le liège et le colore de légères marbrures.

»Le mode d'essai du liège au moyen de son immersion dans l'eau étant reconnu efficace, il fallait le rendre pratique, car le séjour des bouchons en pareil milieu pendant plusieurs semaines offrait de graves inconvénients.»

M. Salleron a construit une machine très employée aujourd'hui pour la vérification industrielle des bouchons. Il en existe divers modèles pouvant recevoir jusqu'à 10.000 bouchons. Celui que représente la figure 33 peut éprouver 100 bouchons ; c'est le plus petit modèle.

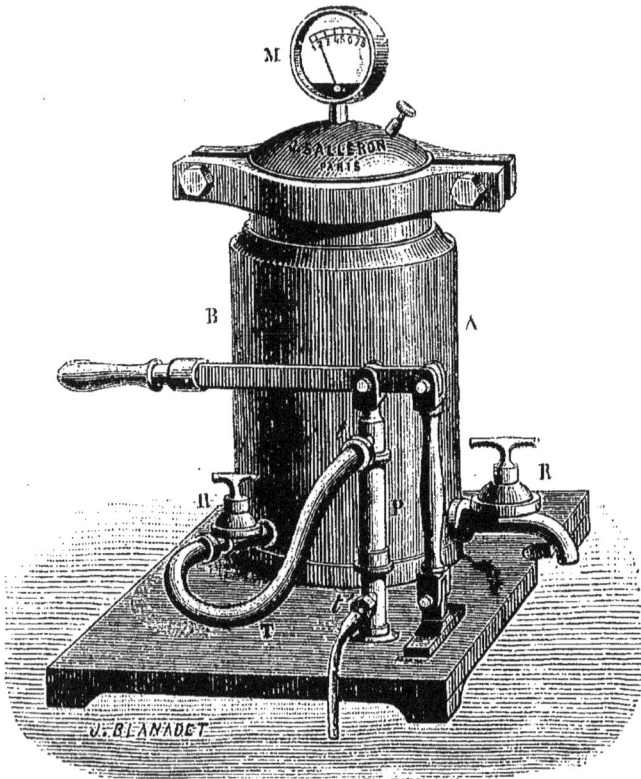

Fig. 33. — Machine à essayer les bouchons.

Un réservoir AB, en cuivre étamé, s'ouvre, à son sommet, par un large couvercle solidement maintenu par des brides à écrous. Sur le couvercle est vissé un manomètre M, qui mesure la pression intérieure de l'appareil. Une pompe aspirante et foulante P aspire par la tubulure *t'* l'eau d'un vase quelconque et la refoule par la tubulure *t* dans le récipient rempli de bouchons.

Après avoir supporté, dans cet appareil, cinq atmosphères pendant quelques heures, les bouchons sont retirés et vérifiés ; les mauvais sont tachés et déformés alors que les bons sont absolument immaculés.

A l'aide de ce petit instrument, M. Salleron a constaté que sur 1.000 *bouchons à vin de Champagne bruts*, c'est-à-dire découpés dans les écorces avant d'être arrondis et sans avoir été triés ou choisis, il y a en moyenne :

100 bouchons de tout premier choix, irréprochables comme résistance à la pression du vin et comme belle apparence, blancheur, absence de piqûres, etc.

100 bouchons de qualité secondaire, moins résineux, se tachant à l'une de leurs extrémités, légèrement piqués, mais pouvant fournir un bon bouchage.

100 bouchons se tachant un peu sous la pression, mais suffisants pour les vins de seconde qualité et pouvant résister à un bouchage de quelques mois.

600 bouchons de qualité inférieure qui doivent être attribués au tirage ou, s'ils sont employés pour le vin d'expédition, qui se transformeront en cheville ou donneront des recouleuses.

100 bouchons tellement tachés par la pression, piqués, fendus, etc., qu'ils doivent être mis au rebut.

Il résulte de ces chiffres, rapportés par une longue expérience, que 30 o/o seulement des bouchons bruts peuvent être employés avec sécurité pour l'expédition, et 10 o/o seulement fournir un bouchage irréprochable.

Quoi qu'il en soit, les bouchons destinés aux usages œnologiques doivent subir une purification absolue, car ils sont conservés le plus souvent sans aucune précaution dans des endroits exposés à toutes les poussières, tandis qu'ils devraient être tenus à l'abri dans un local sain et sec. La plupart de ceux qui mettent du vin en bouteilles se décident à faire tremper les bouchons dans l'eau chaude afin de les assouplir et de les rendre aptes à passer dans la machine à boucher, mais nullement pour les nettoyer.

Certains cavistes ont l'habitude de soumettre les bouchons à l'ébullition dans l'eau pure ou légèrement acidulée avec l'acide tartrique ou citrique ; d'autres préfèrent remplacer l'eau par le vin. Ces pratiques offrent des inconvénients.

En traversant la boucheuse, les bouchons bouillis dans l'eau laissent suinter un liquide généralement chargé de germes de moisissures et de nombreuses causes de contamination. Ceux qui opèrent avec du vin risquent de mêler au vin limpide de la bouteille quelques gouttes d'un liquide cuit, de couleur louche, capable de communiquer un mauvais goût. En outre, si ces bouchons avinés ne sont pas immédiatement utilisés, ils deviennent facilement le réceptacle des ferments de l'aigre.

Nous ne saurions trop insister à ce sujet, il faut faire subir aux bouchons un nettoyage suivi d'une stérilisation à la vapeur ou à l'eau bouillante.

Un des meilleurs appareils qui existent pour cette opération se compose d'un tambour en tôle perforé sur sa périphérie, tournant autour d'un axe creux et plongeant à moitié dans une auge, à la façon d'une meule à aiguiser. En imprimant à ce tambour un mouvement de rotation et en faisant arriver alternativement l'eau et la vapeur au milieu des bouchons qui le remplissent aux deux tiers, on obtient une stérilisation parfaite. La chose est facile, puisque eau et vapeur circulent dans l'axe creux.

Les bouchons retirés du tambour sont placés sur une grille où ils s'égouttent ; de cette façon, on évite l'écoulement de l'eau dans la bouteille au moment de leur compression.

Le petit propriétaire qui a des besoins limités obtiendra un résultat satisfaisant avec le dispositif qui suit :

Sur un fourneau renfermant quelques charbons allumés, on place un vase dans lequel on fait bouillir de l'eau. Les bouchons, déposés sur une grille qui sert de couvert au vase, s'imprègnent de vapeur d'eau, se gonflent et se ramollissent sans s'imbiber d'un liquide contaminé ou sujet à s'aigrir.

Dans tous les cas, l'ébullition dans le vin doit être proscrite. A la rigueur, et à défaut d'ustensiles appropriés, on pourra utiliser l'ébullition dans l'eau, mais à la condition expresse d'essuyer complètement les bouchons avec un linge propre avant de les introduire dans la machine à boucher. Lorsque le bouchon aura été comprimé, il sera bon, avant de le pousser dans la bouteille, de passer une petite éponge sur l'embouchure inférieure de la boucheuse pour enlever la goutte d'eau qui a pu être exprimée.

Bouteilles. — Les bouteilles, d'une homogénéité parfaite, fabriquées avec des éléments de premier choix, doivent avoir subi une recuisson des plus lentes. Une bouteille mal recuite n'échappera pas à la casse, surtout si elle renferme du vin mousseux.

Nous préférons les bouteilles en verre vert clair, dont la fabrication déjà ancienne possède, par conséquent, des méthodes plus étudiées et meilleures que celles que l'on emploie pour les bouteilles d'autres teintes. Certains verres sont trop attaquables par les acides du vin.

Leur forme varie suivant les régions. Par exemple, les bouteilles pour les vins liquoreux sont cylindriques avec un goulot en forme de fuseau; les bouteilles en usage pour les vins de Bordeaux sont cylindriques et surmontées d'un goulot également cylindrique, mais d'un diamètre plus petit; celles qu'on utilise pour les vins de Bourgogne et pour les vins de Champagne sont cylindriques à leur partie inférieure et coniques à leur partie supérieure. C'est une forme élégante et solide à la fois.

La bouteille qui convient le mieux pour les vins mousseux ne doit présenter aucun angle vif en aucune de ses parties. Le verre, d'égale épaisseur dans tous les points situés à la même hauteur, sera exempt de bulles et autres défauts apparents.

L'embouchure de la bouteille exige le maximum de perfection. Une ouverture parfaitement conique, s'élargissant légèrement à partir du bord supérieur, est nécessaire pour retenir le bouchon d'une façon uniforme.

Ci-dessous le tableau des contenances des différents types de bouteilles champenoises acceptées par la Chambre syndicale du commerce des vins de Champagne.

CONTENANCE, etc., DES BOUTEILLES CHAMPENOISES				
Types	Contenance en centilitres	Poids en kilogrammes	Hauteur en millimètres	Embouchures en millimètres
Magnum......	1.45 à 1.50	1.718 à 1.812	364	18 à 18 1/2
Champenoise...	0.78 à 0.84	0.970 à 1.030	305	17 1/4 à 18 1/4
Impériales Pints	0.56 à 0.60	0.810 à 0.875	277	17 à 18
1/2 Champenoise	0.39 à 0.42	0.560 à 0.625	250	16 1/2 à 17 1/2
1/4 Champenoise	0.18 à 0.20	0 345 à 0.375	205	16 à 17

Les bonnes verreries françaises — et elles sont nombreuses — fabriquent des produits universellement estimés. Nous avons essayé des bouteilles de Vauxrot qui ont supporté 29 et 30 atmosphères de pression instantanée.

La résistance des bouteilles exerce naturellement une grande influence sur l'industrie des vins mousseux. La *casse* est un fléau justement redouté.

Quelles sont les causes de ces déplorables accidents ? Évidemment, ces causes sont multiples, mais la puissance élastique du verre est une des principales.

En effet, la bouteille de verre est un corps [élastique qui, sous l'influence de la pression, subit des changements de capacité pouvant devenir permanents. Si l'effort de cette pression a trop déplacé les molécules du verre, la constitution de la bouteille est définitivement modifiée et les qualités d'élasticité sont perdues.

Il est admis qu'une pression longtemps prolongée fatigue la bouteille et affaiblit sa résistance. C'est pour ce

motif que les bouteilles ayant déjà servi sont considérées comme ne présentant pas une solidité suffisante.

Car il faut distinguer entre la résistance à une pression instantanée et une pression beaucoup plus faible,
mais continue. Une bouteille qui supporte 30 atmosphères pendant quelques secondes peut se casser sous l'effort constant d'une pression de 10 atmosphères. Il semble que les molécules du verre, sollicitées par une force
tenace quoique relativement faible, finissent par tourner,

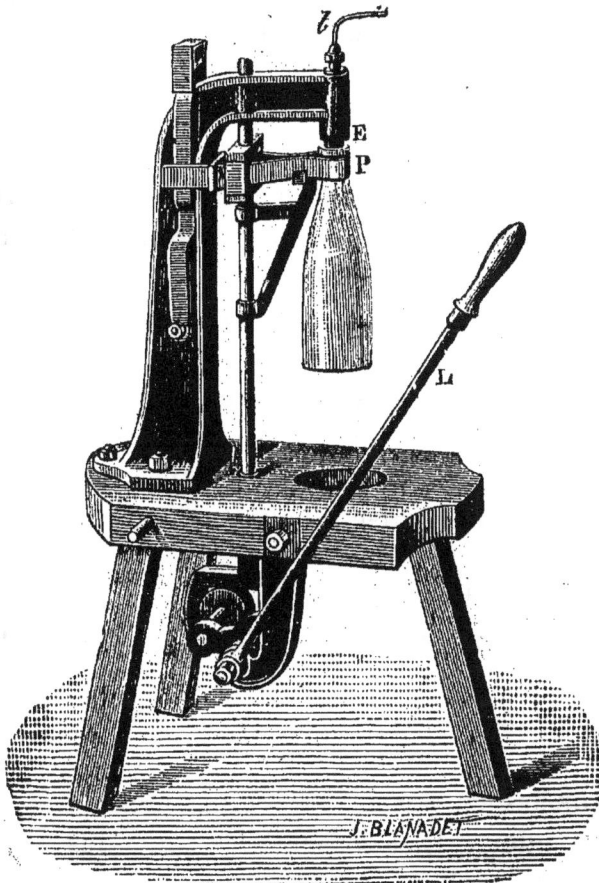

Fig 34.— Machine à essayer les bouteilles.

par se déplacer, par réduire leurs points de contact, en
un mot, quittent leur position normale et perdent de plus
en plus leur cohésion première.

Aujourd'hui, grâce aux sérieux progrès de la verrerie,

on trouve facilement des bouteilles qui résistent bien à une pression continue de 9 à 10 atmosphères. Si on n'employait que des bouteilles semblables, il est certain qu'on n'aurait point de casse à déplorer entre les 5 ou 6 atmosphères que réclame une bonne prise de mousse.

Pour éprouver la résistance des bouteilles, on utilise avec succès une machine spéciale, créée par M. Albert Roger, d'Épernay (fig. 34). Cette machine ressemble assez à une machine à agrafer. Elle est munie d'une pince P qui saisit par le col la bouteille pleine d'eau et appuie solidement son ouverture sous un orifice d'écoulement E. Il suffit d'incliner le levier L pour serrer le goulot et soumettre l'intérieur de la bouteille à une pression de 17 atmosphères. La pression cesse dès que le levier est relevé. Cette pression vient, par la tubulure t d'un récipient en tôle d'acier de 200 litres de capacité, dans lequel une pompe aspirante et foulante a comprimé de l'eau sous la pression de 18 atmosphères.

D'après les expériences de l'inventeur, la pression intérieure et instantanée de *17 atmosphères* n'altère pas l'élasticité du verre, quoique très suffisante pour briser les bouteilles de mauvaise qualité ou fendues à la suite de chocs.

La grande rapidité qu'offre le fonctionnement de la machine Roger permet de vérifier, non pas quelques échantillons pris au hasard, mais la totalité des bouteilles employées au tirage, ce qui constitue un avantage très précieux.

NETTOYAGE DES BOUTEILLES. — L'embouteillage demande un soin méticuleux. Il est essentiel d'avoir des bouteilles d'une propreté absolue.

Le nettoyage des bouteilles comporte quatre opérations :

1° Le *trempage* destiné à humecter et à ramollir les malpropretés adhérentes.

2° Le *nettoyage* ou lavage qui a pour but de détacher ces malpropretés.

3° Le *rinçage* pour expulser tous les corps étrangers au dehors de la bouteille.

4° L'*égouttage* pour débarrasser la bouteille de toute trace d'eau.

Le trempage dans l'eau tiède est à recommander, mais il faut veiller à ce que l'eau ne soit point trop chaude, car une bouteille passant brusquement de la température ambiante à une température élevée se casserait sûrement.

Pour le nettoyage, rejeter les grains de plomb qui s'encastrent parfois dans le fond de certaines bouteilles et que les acides du vin peuvent dissoudre.

La grenaille de porcelaine ou bien la brosse tenue à la main n'offrent pas ce grave inconvénient.

Fig. 35. Fig. 36.

Brosses à main.

Quel que soit le mode de nettoyage adopté, il est prudent d'examiner les bouteilles au jour afin de s'assurer de leur netteté parfaite, non seulement après le lavage et le rinçage, mais encore après l'égouttage au moment même de l'embouteillage.

Le nettoiement à la grenaille ou à la brosse ne donne pas un rendement suffisant lorsqu'il s'agit d'opérer sur des quantités considérables de bouteilles. On cherche alors des moyens plus rapides et on s'adresse aux machines.

Comme en toutes choses, les modèles sont ici très nombreux. Les plus modestes, marchant au pied ou à la main, donnent des résultats satisfaisants. Une manivelle actionne une tige-brosse par l'intermédiaire d'une roue dentée et d'un pignon. La brosse tourne avec une grande vitesse ; on lui présente les diverses parties de la bouteille renfermant encore de l'eau. Certains modèles portent un injecteur d'eau dans l'intérieur de la tige-brosse et peuvent nettoyer la bouteille vide (fig. 37).

L'on a créé des appareils à sable exigeant de l'eau sous pression. Il se pourrait que quelque grain de sable, aux

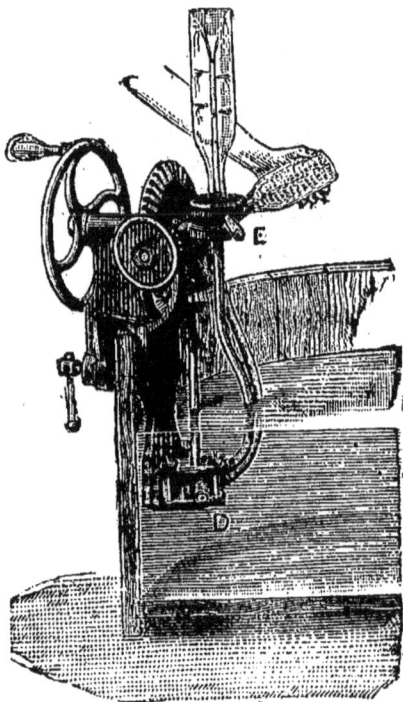

Fig. 37. — Machine à rincer. sans pression d'eau.

arêtes vives, zébrât le verre de rayures imperceptibles et affaiblît ainsi sa résistance. D'ailleurs, même dans les maisons de premier ordre, l'embouteillage des vins mousseux ou autres ne dépasse pas les limites pour lesquelles le nettoyage à la main, et au besoin à la machine marchant au pied ou à bras, est largement suffisant. La fig. 38 représente une machine à rincer à pression d'eau montée sur un bac, marchant au pied ou au moteur, avec arrivée d'eau dans la bouteille.

Fig. 38. — Machine à rincer à pression d'eau.

Soutireuses. — Le temps de tirage nécessaire à la vidange d'un fût avec un seul robinet est long quand il s'agit de remplir des bouteilles. De plus, si l'ouvrier n'est pas consciencieux, les déchets, par suite de débordement, deviennent onéreux.

Pour remédier à ces inconvénients, on a fabriqué des soutireuses à grand rendement qui ne demandent que cinq à dix minutes, manœuvres comprises, pour mettre en bouteilles un hectolitre de vin.

Ces types de soutireuses diffèrent surtout des robinets à un ou à plusieurs becs par l'arrêt automatique de l'écoulement du vin une fois la bouteille pleine.

Les soutireuses qui, à notre avis, travaillent le mieux sont des sortes de cuvettes dans lesquelles le vin conserve un niveau constant au moyen d'un robinet flotteur. Les bouteilles se placent parallèlement à cette cuvette, le point de la bouteille jusqu'où doit monter le vin se trouvant au niveau de cette dernière. On fait communiquer la cuvette avec la bouteille à l'aide de siphons, dont la courte branche plonge dans la cuvette. La grande branche pénètre au fond de la bouteille à remplir, chose avantageuse, car le vin qui envahit la bouteille ne se trouve au contact de l'air qu'un temps très court et seulement par la surface. Il est évident que le vin qui s'écoule dans la bouteille par un robinet a un contact avec l'air bien plus intense que dans le premier cas.

Les siphons sont portés par une petite tige mobile autour d'un axe, ce qui leur permet de s'élever et de s'abaisser à volonté. Leur position, à l'état de repos, est d'être relevés, car l'orifice de la petite branche se trouve maintenu par un contrepoids appuyé contre la paroi intérieure de la cuvette, le joint étant rendu étanche par une rondelle en caoutchouc portée par cette branche. Grâce à cette disposition, le siphon reste amorcé et il ne s'en écoule pas de vin pendant le remplacement de la bouteille pleine par une bouteille vide, puisque c'est la bouteille elle-même qui, par son propre poids, fait basculer le siphon et provoque l'écoulement du liquide. Ces siphons, placés les uns à côté des autres, donnent le rendement le plus économique lorsqu'ils sont au nombre de six.

L'ancienne tireuse à siphons était rectangulaire et fixe, ce qui ne permettait pas d'obtenir le maximum de travail utile. On l'a perfectionnée en la rendant rotative et, de cette façon, les mille petites fausses manœuvres occasionnées par l'encombrement des bouteilles vides, des bouteilles pleines, des machines à boucher, réunies en un même point, sont éludées, les différents services de l'appareil pouvant être répartis tout autour.

La soutireuse rotative Borel, que nous avons vu fonctionner dans la fabrique Pernod fils, à Pontarlier, débite normalement 1000 à 1200 bouteilles par heure avec 12 siphons.

Boucheuses. — Les petites boucheuses à la main ne peuvent être utilisées pour le bouchage des vins mousseux qui nécessite une perfection extrême et des bouchons d'un diamètre bien supérieur à celui de l'orifice de la bouteille. Elles présentent de nombreux inconvénients qu'il est bon de connaître afin de les atténuer autant que possible.

Dans ces boucheuses, la partie inférieure du poinçon d'abatage a un diamètre presque égal à celui de l'orifice de la boîte conique dans laquelle il se meut. Le diamètre ne peut être plus grand, car le poinçon ne pourrait arriver au bout de sa course et expulser totalement le bouchon. Or, comme la boîte est conique, le poinçon n'agit au début que sur la partie centrale du bouchon ; celui-ci, comprimé au centre, se boursoufle à la périphérie qui frotte contre les parois de la boîte. En continuant sa marche en avant, sous les efforts répétés de la percussion, il s'éraille et s'entr'ouvre parfois.

D'un autre côté, l'orifice inférieur de la boîte conique porte sur le corps de la bouteille et c'est le goulot de la bouteille qui supporte par conséquent tous les chocs successifs poussant le bouchon. Si l'un de ces chocs vient à se produire en dehors de l'aplomb de la bouteille, cette dernière se brise généralement.

Mais, fort heureusement, les appareils plus perfectionnés sont nombreux, on n'a que l'embarras du choix. Nous ne pouvons les mentionner tous. Après avoir fait remarquer que la simplicité des organes de ces machines est une garantie de leur solidité, nous ne nous occuperons que des détails ayant une action sur la qualité et la rapidité du bouchage.

Comme, dans toutes les machines en question, la boîte de compression du bouchon est cylindrique, le poinçon devra être muni d'une embase cylindrique de même dia-

mètre que la boîte de compression, de manière à éviter
le boursouflement et la désagrégation du bouchon sur les
côtés.

C'est surtout sur la boîte de compression que l'attention doit se porter.

Les machines à boucher que nous estimons actuellement les meilleures ont une boîte de compression formée
de trois pièces pouvant s'écarter ou se rapprocher et em-
brassant toute la surface du bouchon soumis à leur pression. Il n'y a donc aucune détérioration à redouter de ce
fait. Les deux pièces mobiles vont en se rapprochant au
fur et à mesure que la pression comprime le bouchon
entre les deux rouleaux mobiles. Cette méthode de compression par roulement évite la compression trop brutale
et la détérioration du bouchon. Le pressoir, arrêté à bout
de course, le bouchon se trouve logé dans un évidement
cylindrique formé, d'une part par le fond de la boîte,
d'autre part par le pressoir. Le poinçon de compression
en descendant l'envoie alors de cette cage dans la bouteille.

Le porte-bouteille est supporté par une tringle verticale
glissant entre des guides et commandée par un levier
auquel il est fixé par une vis de pression permettant de
régler la position du porte-bouteille suivant la hauteur
du modèle de bouteille employé. Un fort contrepoids
placé à l'autre extrémité du levier maintient toujours le
porte-bouteille en son point le plus élevé, de façon à appuyer solidement le goulot de la bouteille contre l'orifice
de la boîte livrant passage au bouchon.

Ce levier porte près de son axe un épaulement contre
lequel vient se buter, à la descente du levier de commande
de la boucheuse, un coin qui arrête tout mouvement de
descente du porte-bouteille. La surface de ce coin d'arrêt
doit toujours être maintenue rugueuse par des coups de
limes, et propre, afin d'éviter, pendant le bouchage, la
descente et la chute suivie de casse de la bouteille à rem-

plir. Ce coin se relève en même temps que se relève le levier de commande et l'opérateur peut enlever la bouteille librement.

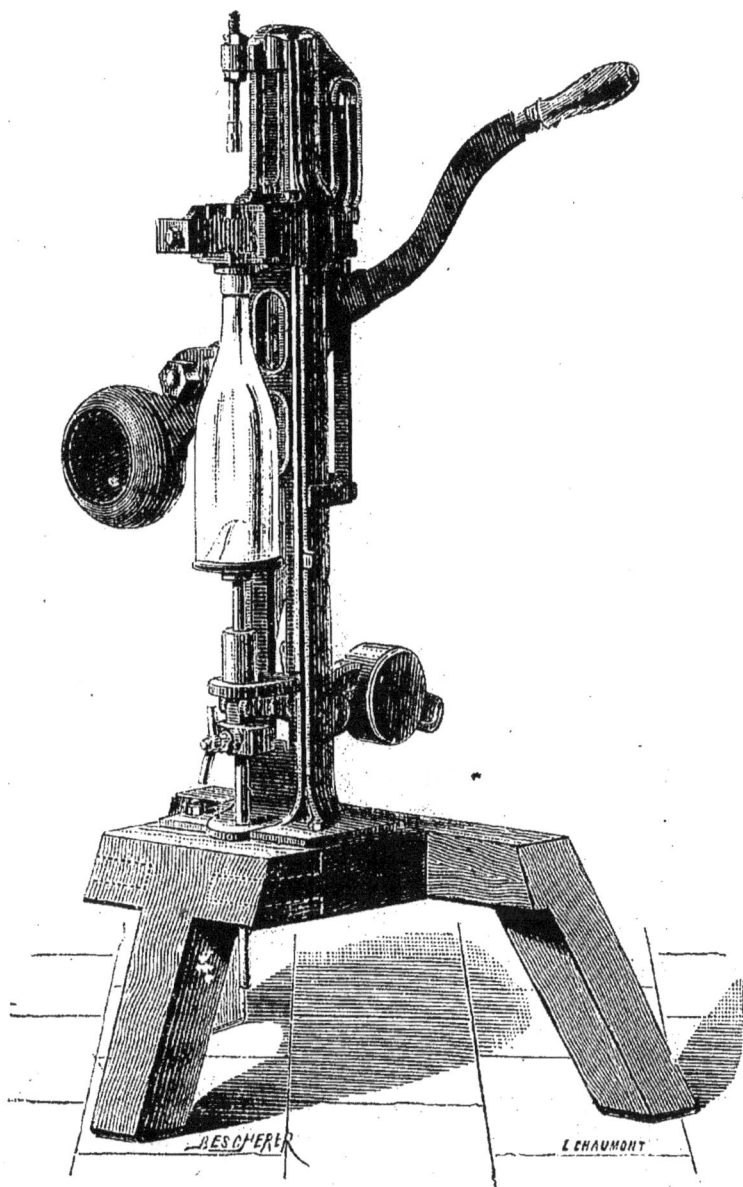

Fig. 39.— Machine à boucher à compression du bouchon Guéret.

Dans beaucoup de boucheuses, le porte-bouteille n'est pas maintenu automatiquement fixe durant le bouchage.

C'est le pied de l'ouvrier chargé de ce travail qui commande la pédale faisant agir un coin. On arrive aisément, après quelques essais, à ne faire entrer dans le goulot de la bouteille que les 3/4 ou les 4/5 du bouchon, comme l'exige le bouchage façon Champagne. Avec certaines machines comme celles du type Ducourneau par exemple, le bouchage est fait sans peine à ras ou à tête, suivant les besoins, par le simple réglage d'une vis.

La figure que nous donnons ci-contre représente le grand modèle de machine à boucher à compression du bouchon de la maison Guéret frères, à Paris.

Ficelage. — Le ficelage des bouteilles est fait soit à l'aide d'une ficelle végétale trempée dans l'huile de lin, soit à l'aide d'un fil métallique. On emploie couramment les deux sortes de liens lorsqu'il s'agit des vins mousseux.

Les systèmes d'agrafes ou de colliers avec leur chapeau en fil de fer prenant point d'appui en dessous de la bague de la bouteille sont très nombreux. Ils ont rendu facile l'opération de la pose du fil de fer à la main qui était des plus pénibles.

Quand on fait usage de ficelle ou de fil métallique pour fixer le bouchon, il est bon de placer au-dessus de ceux-ci une rondelle métallique qui en embrasse la surface. L'interposition de cette rondelle, portant une encoche en croix pour loger et empêcher le glissement du lien, évite que ce dernier coupe et déchire le bouchon soulevé par la pression interne.

Indépendamment de cette propriété importante, la rondelle métallique a l'avantage de répartir également la résistance sur toute la surface du bouchon.

Les vins fins non mousseux sont simplement bouchés et capsulés.

Capsulage. — Le capsulage a pour but d'envelopper le goulot de la bouteille d'un chapeau d'étain mettant le bouchon à l'abri de l'humidité des caves et donnant en outre à la bouteille une meilleure apparence.

Les capsules doivent être très flexibles et très extensibles, par conséquent renfermer très peu de plomb. Lorsque l'alliage renferme une trop forte proportion de ce métal, la capsule devient cassante et s'abîme fréquemment pendant l'opération du capsulage.

Les instruments destinés au capsulage sont nombreux, mais il n'y en a que quelques-uns qui remplissent le but proposé.

Les machines les plus recommandables sont celles qui, ne présentant pas des éléments faciles à dégrader, capsulent la bouteille par pressions consécutives. Nous signalerons la capsuleuse capsulant à 4 plis, dont voici la description:

Cette capsuleuse est formée d'un anneau métallique rond sur sa surface extérieure, tandis que la partie intérieure est divisée en quatre segments excentrés. Chacune de ces parties excentrées commande un rouleau dont l'axe est fixé, par l'intermédiaire d'une pièce de raccordement, à la joue de compression munie d'une embase en caoutchouc et d'un ressort qui l'oblige à revenir à son point de départ lorsqu'elle n'est sollicitée par aucune autre force. Un levier produit la rotation de l'anneau excentré qui est maintenu dans sa position normale par un guidage circulaire extérieur. Les joues de compression sont fixées par leur prolongement sur une pièce concentrique à l'anneau excentré, de telle sorte qu'elles occupent une position légèrement oblique par rapport à l'axe de l'appareil. Lorsqu'on agit sur le levier qui commande l'anneau excentré, ce dernier vient s'appuyer sur lès rouleaux que portent les joues ; celles-ci sont forcées de se rapprocher de l'axe de l'anneau au fur et à mesure que celui-ci tourne.

Le montage des joues étant oblique par rapport à l'axe, la compression se produit obliquement, c'est-à-dire de la tête du goulot vers le ventre de la bouteille, ce qui tend la capsule et lui donne un meilleur assujettissement. La compression se produit en même temps sur les quatre faces de la capsule ; il se forme donc 4 plis, et comme sur chacun des 4 points la force de compression n'a pas besoin d'être grande, les déchirures de la capsule sont évitées. Après une première compression, on fait tourner la bouteille de 1/8 de tour environ et on aplatit les plis de la capsule contre le goulot par une deuxième pression.

Cire à cacheter les bouteilles. — A défaut de capsules, on se sert d'un mastic résineux pour compléter l'occlusion des bouteilles bouchées au liège. Ce mastic garantit les bouchons de l'humidité, des suintements qui entraînent le développement des moisissures, et aussi de l'atteinte des rongeurs. Les rats et certains insectes, notamment les cloportes, attaquent parfois le liège.

On prépare la cire à cacheter de différentes manières. Voici plusieurs formules.

Suif	2	parties
Cire jaune	4	—
Résine	10	—

Suivant que l'on désire un goudron jaune, rouge, bleu, noir ou vert, on ajoute cinq parties d'ocre ou de jaune de chrome (chromate de plomb) ; de minium (protoxyde et bioxyde de plomb) ; de bleu de Prusse (ferrocyanure ferrique) ; de noir de fumée ; d'un mélange d'ocre jaune ou de jaune de chrome et de bleu de Prusse.

On fait fondre le tout sur un feu doux dans un vase de terre, ou mieux de fonte, en remuant avec énergie, et en ayant soin de retirer du feu lorsque la matière se boursoufle et monte.

La térébenthine de Bordeaux un peu cuite peut remplacer la cire jaune dont le prix est plus élevé.

Le *galipot*, résine solide et jaune qu'on recueille sur divers arbres de la famille des conifères, peut être substitué au suif, suivant la formule ci-dessous — quantité suffisante pour 250 à 300 bouteilles.

1 kilogr. galipot.

500 gram. résine.

125 gram. cire jaune.

Quelquefois on met 90 grammes de suif à la place de la cire. L'un et l'autre de ces produits ont pour but de rendre le goudron moins cassant.

La coloration qu'on donne au goudron est un moyen facile de reconnaître à première vue les différentes sortes de vins.

Autre formule :

Térébenthine commune .	100	parties
Poix résine.	125	—
Cire jaune	25	—
Colophane	25	—
Minium	12	—

La préparation suivante donne une bonne cire rouge très économique :

Huile de lin..	1	partie
Poix de Bourgogne	2	—
Cire jaune	1	—
Ocre rouge	1	—

Pour goudronner une bouteille on trempe dans le goudron maintenu en fusion sur un réchaud toute la partie saillante du bouchon et 13 à 14 millimètres du goulot. On imprime à la bouteille un léger mouvement de rotation en la tenant horizontalement, afin de répartir la couche adhérente d'une manière uniforme. Puis on remet la bouteille debout.

Il faut que le goudron ait assez de fluidité pour que la couche qui reste sur le bouchon soit transparente et peu épaisse. Lorsque le goudron se refroidit et devient épais, il faut le réchauffer pour que la bouteille qu'on y plonge ne s'en charge pas trop.

Il est indispensable de débarrasser les goulots des tra-

ces d'ancien goudron avant de leur faire subir une opération nouvelle.

Le goudronnage est, sans doute, un peu fragile ; mais
convenablement appliqué, il procure une fermeture hermétique obtenue à petits frais, excellente pour les vins
de longue conservation.

L'industrie vend le goudron à bouteille prêt à être employé. Son prix est assez bas pour qu'il n'y ait pas grand
intérêt à le fabriquer soi-même.

CHAPITRE VIII

Aperçu sur les procédés de vinification. Vins rouges et blancs

Les procédés de vinification varient presque à l'infini ; chaque région, chaque pays, a des coutumes tradition- nelles qui exercent une influence considérable sur la qualité des produits — le type du vin à produire, le cli- mat et surtout la nature du cépage en sont les princi- paux facteurs.

A titre d'enseignement, nous croyons utile de résumer ici les procédés en usage dans la Bourgogne et dans la Gironde pour obtenir ces grands vins rouges ou blancs de table, dont l'œnologie proclame l'indiscutable supé- riorité.

Vins rouges. — En Bourgogne, la vendange est cueillie avec le plus grand soin lorsque la maturité du raisin est acquise. Les grappes sont purgées des grains avariés qui servent à faire des produits inférieurs.

Jadis, on égrappait à la main sur une claie d'osier, puis les grains étaient écrasés sous les pieds.

Aujourd'hui, les fouloirs-égrappoirs (fig. 40) se substi- tuent de plus en plus à l'égrappage à la claie ; ils ont l'avantage de faire un travail plus rapide, plus économi- que et d'assurer l'aération de la vendange. Une oxygéna- tion ménagée rend les matières colorantes plus solubles et stimule le développement des levures alcooliques.

Cependant, l'égrappage n'est pas universellement adopté dans le pays bourguignon, mais les raisins égrappés ou non égrappés fermentent librement dans la cuve et sont foulés de temps en temps, soit à pieds et à jambes nus, soit à l'aide de bâtons-fouleurs. Ce dernier sys-

Fig. 40. — Égrappoir-fouloir Mabille.

tème présente des conditions de propreté et de sécurité sur lesquelles il est inutile d'insister.

Certains vignerons maintiennent le marc immergé en adoptant la cuve à étages de Michel Perret ou tout autre moyen, ils se dispensent ainsi du foulage. En pareil cas, la vendange doit être aérée au moment de la mise en cuve, car il ne faut pas oublier que le foulage entraîne un peu d'aération.

Lorsque la fermentation est terminée, on soutire et on porte le marc sur le pressoir. La liquidation des marcs suit la règle ordinaire.

Les vins sont logés dans des tonneaux de petite capacité que l'on range sur un chantier composé de deux longrines parallèles, assemblées par des entretoises.

Ces vins reçoivent en cave des soins minutieux, tels que ouillages, collages, filtrages et soutirages, suivant le cas et les époques. Les soutirages se pratiquent à l'air libre.

Dans le Médoc, les vendanges ont lieu généralement pendant la dernière quinzaine de septembre et quelquefois en octobre. Des surveillants spéciaux veillent constamment à ce que les coupeurs ne mettent pas dans la vendange les raisins non mûrs ou pourris, à ce qu'ils n'oublient pas de grappes sur les souches et n'introduisent dans les paniers aucune feuille, aucun corps étranger.

D'une façon générale, et pour obtenir des vins plus fins et plus moelleux, on sépare les grains d'avec les grappes ou rafles. Ces grappes, comme nous le savons déjà, renferment des principes acerbes, âpres et astringents qui participent de la nature des tannins et qui donnent au vin une dureté souvent trop désagréable. D'ailleurs, la pellicule du grain de raisin des cépages du Médoc (Cabernets, Malbec, Merlot) est assez riche en principes tannifères pour assurer la bonne tenue des vins égrappés.

L'égrappage se fait à l'égrappoir mécanique ou à la main.

Lorsqu'on opère à la main, l'égrappoir consiste en un grand cadre rectangulaire d'environ $2^m,20$ de long sur $1^m,20$ de large et $0^m,30$ à $0^m,35$ de profondeur, supporté par quatre pieds de 1 mètre. A $0^m,25$ du bord supérieur, se trouve un grillage en bois ou en fer dont les mailles arrondies mesurent 1 centimètre 1/2 de côté.

La vendange, déposée sur la plate-forme où sont placés les pressoirs (fig. 40 et 41) et l'égrappoir, est jetée à la pelle sur ce dernier. Des ouvriers agitent le raisin à la main ou à l'aide de petits râteaux en bois. Les grains traversent le grillage ou tamis et les grappes qui restent dessus sont portées au pressoir, car elles renferment encore quelques grains. Le peu de moût qu'elles donnent est ajouté à la cuve.

La vendange égrappée est foulée aux pieds et mise en cuve. Quelquefois, on ne la foule pas.

Le fouloir-égrappoir Mabille, que représente la figure 40, est un modèle très connu. Il se compose d'un fouloir ordinaire à cylindres cannelés, au-dessous duquel s'adapte un cylindre horizontal en tôle de cuivre perforée. Dans l'axe de ce cylindre tourne un arbre portant une série de

Fig. 41 — Pressoir Mabille.

palettes inclinées à 45° et disposées en hélice.

La vendange, après avoir subi l'écrasement du fouloir, tombe dans le cylindre perforé où elle reçoit le choc des palettes qui, tout en l'expulsant, séparent les grains des rafles.

Les grains passent à travers le cylindre perforé et tombent dans un entonnoir qui les conduit dans la cuve.

Les rafles sont chassées au dehors du cylindre.

Des cuves bien propres reçoivent la vendange. On les remplit aux 3/4 et on lute leur couvercle avec du plâtre. L'acide carbonique s'exhale par un tuyau de dégagement adapté au couvercle et débouchant dans un vase d'eau. De cette façon, le *chapeau* formé par les pépins et les pellicules qui surnagent n'est jamais la proie des ferments du vinaigre.

Lorsque la fermentation a lieu en cuve ouverte, on s'oppose à l'aigrissement du chapeau en foulant chaque jour à l'aide d'une batte percée de trous ou bien en le maintenant immergé au moyen d'un treillage arc-bouté aux solives du toit.

Dans tous les cas, il est prescrit d'écarter, avant le soutirage, tout chapeau qui n'a point une odeur absolument saine.

La durée de la cuvaison est très variable, suivant la température, la maturité de la vendange, la nature des cépages. On pratique le soutirage ou écoulage au bout de 8 jours et parfois aussi après 15, 20 et 25 jours. Le refroidissement du vin et la dégustation guident le propriétaire.

Le vin qui s'écoule est transvasé dans des barriques en bois de chêne dites «bordelaises», d'une contenance de 225 litres. On les range dans le cellier sur des traverses en bois appelées *tins* ; elles sont bouchées par un morceau de toile jusqu'à ce que la fermentation secondaire soit complètement terminée. Quand un abaissement notable de la température accompagne la fin des vendanges, cette fermentation devient très paresseuse.

De l'expression des marcs on retire le vin de presse qui sert aux ouillages ou à la consommation des ouvriers.

Pendant les premiers mois, l'ouillage est très régulièrement pratiqué une ou deux fois par semaine, ensuite une fois par mois. Le premier soutirage a lieu quatre mois environ après la mise en barrique. On transvase le vin dans une barrique bien propre et légèrement méchée à l'avance. Le deuxième soutirage a lieu vers fin mai et le troisième en octobre. En décembre, on opère un collage au blanc d'œuf (6 à 7 par barrique).

Les barriques exactement remplies sont mises bonde de côté.

Les soins à donner aux vins pendant la deuxième année consistent en trois soutirages et un collage appliqué un mois avant la mise en bouteille qui a lieu courant mars. Dans ces conditions, le vin de la vendange 1897 sera mis en bouteille en mars de l'an *1900*.

La mise en bouteille est entourée de beaucoup de soins, surtout en ce qui concerne la propreté absolue, la siccité, le choix des bouchons.

Vins blancs. — MM. de Lapparent et Coste-Floret ont très méthodiquement et très clairement exposé les procédés modernes de la vinification des vins blancs. Tous ceux qui s'occupent d'œnologie liront avec fruit leurs excellents ouvrages (1).

On produit beaucoup de vins blancs avec des cépages rouges; par conséquent, il faut distinguer le cas où l'on emploie des raisins blancs de celui où on opère sur des raisins rouges.

En Bourgogne, les *cépages blancs* tels que le Chardonnay et le Gamay sont vendangés lorsque les fruits sont bien mûrs, mais sans attendre qu'ils soient pourris. Après avoir éliminé avec soin tous les grains avariés, on transporte rapidement la vendange, égrappée ou non, dans le cuvier, où elle est foulée avant tout commencement de fermentation.

Une macération prolongée et surtout la moindre formation d'alcool ne manqueraient pas de dissoudre la matière colorante jaune des pellicules. Ce danger est encore plus grand lorsqu'il s'agit de cépages rouges.

Le moût est reçu dans une cuve de débourbage et abandonné au repos pendant une douzaine d'heures. Les matières les plus lourdes, les impuretés qui flottent en suspension au sein du liquide se déposent ou montent à la surface. Il est facile de les extraire en écumant ou en soutirant au bout d'un certain laps de temps.

Dans les pays chauds, le développement hâtif de la fermentation entraverait souvent le débourbage si on négligeait de le prévenir par un mutage approprié.

Le mutage blanchit le moût et anesthésie les levures.

---

(1) M. de Lapparent: *Le vin* ; chez Gauthier-Villars, à Paris. — M. Coste-Floret : *Vinification des vins blancs* ; chez Masson, à Paris; Coulet, à Montpellier.

L'antique procédé — incommode et peu sûr — basé sur la production de l'acide sulfureux par la combustion du soufre sera sans doute remplacé à brève échéance par le sulfitartre de MM. Gastine et Gladysz dont nous avons parlé.

Au sortir du fouloir, le vigneron bourguignon introduit le vin dans des fûts de deux hectolitres installés sur chantiers. Le moût du pressoir, plus chargé de principes astringents, est également réparti entre toutes les pièces si le mélange des produits du fouloir et du pressoir n'a pas été fait dans la cuve à débourber. Pour éviter les pertes, on laisse un certain vide dans chaque tonneau. Dès que la fermentation principale est terminée, les tonneaux sont ouillés ; ils reçoivent ensuite les soins usités pour l'amélioration des vins rouges du pays.

Dans la région de Sauternes, où l'on cherche à faire des vins blancs fins et liquoreux, la vendange et la vinification sont l'objet de précautions minutieuses.

On laisse la maturité atteindre sa limite extrême. Le Sauvignon, le Sémillon et surtout la Muscadelle sont alors attaqués par une moisissure, le *Botrytis cinerea*, dont les phénomènes biologiques paraissent accomplir une œuvre utile à cette vinification spéciale. Nous avons exposé à la page 57 ce que nous avions constaté à ce sujet. Si le temps est beau, c'est-à-dire chaud et assez humide, les grains faiblement atteints par la pourriture sont dans de bonnes conditions ; mais s'il pleut, si l'humidité devient excessive, le développement rapide du Botrytis n'est pas sans danger pour la qualité du vin.

La cueillette se fait lentement et par tries successives. Les grains arrivés à l'état de blettissement voulu sont détachés de la grappe avec des ciseaux et déposés dans des paniers en osier sans être froissés.

La première trie ou passe est pratiquée lorsque la baie d'aspect grisâtre se résout en un globe juteux que la moindre pression écrase. Elle donne peu ; son produit, très liquoreux, se nomme *vin de tête*.

La deuxième trie, dont le rendement est plus abondant, fournit le *vin de centre* qui, selon les années, se classe avec le vin de la catégorie précédente ou à sa suite.

A ces deux tries succèdent d'autres tries, composées de grains plus ou moins moisis et desséchés.

La cinquième ou la sixième trie, qui est la dernière, ramasse le peu qui reste encore sur souche. Quand l'année n'est pas favorable, on fait moins de tries ou même on récolte tout à la fois.

La vendange est foulée aux pieds, puis pressée rapidement afin d'éviter autant que possible la coloration du vin.

Suivant le degré de la température ambiante, la fermentation se déclare avec plus ou moins d'ardeur ; à aucun moment on ne cherche à l'entraver par des mutages.

Lorsque les grands froids l'ont arrêtée et que les vins deviennent limpides, on soutire. A ce moment, la dégustation permet déjà de présumer de leurs qualités.

Pendant le premier mois, l'ouillage a lieu tous les jours, le trou de bonde n'étant protégé que par un morceau de toile.

Les soutirages réglementaires se pratiquent en février, mai, août et septembre. Ces vins très riches en sucre, etc., subissent des fermentations complémentaires lentes ; ils ne sont réellement faits qu'au bout d'un an.

Comme on le voit, la vinification des grands vins blancs de la Gironde se distingue de celle de la Bourgogne par la cueillette des raisins correspondant à un état spécial de maturité. Des deux côtés, l'*élevage* des vins est entouré de pratiques rationnelles. Les procédés qu'il met en œuvre pour atteindre la limpidité et le vieillissement du vin reposent sur des moyens chimiques et physiques tels que : soutirages, filtrages, collages et l'intervention du temps et de l'oxygène de l'air, agent des réactions intimes qui dégagent le bouquet.

CHAPITRE IX

Classification des vins de luxe

On considère comme *vins de luxe* ces sortes de vins qui ne peuvent se boire pendant toute la durée du repas; le nom de *vin de dessert* qu'on donne à la plupart d'entre eux les caractérise assez heureusement. Certains méritent bien aussi l'honneur d'être appelés *vins de dames.*

La consommation journalière de vins capiteux, riches en sucre et en alcool, fatiguerait vite l'estomac et la tête, tout en choquant le goût. Il paraît difficile, en effet, de boire un verre de Muscat sur le potage. L'usage, qui en cette circonstance est basé sur la raison même, veut que de pareils vins emplissent les coupes entre la poire et le fromage, comme on dit vulgairement. Leur couleur agréable à l'œil est accompagnée d'un parfum subtil qui charme l'odorat, et d'un moelleux velouté qui caresse et flatte le palais.

Savoureuse Malvoisie, ardent Grenache, pétillant Champagne, vous jouissez tous des mêmes charmantes prérogatives, vous échauffez le cœur et l'esprit, vous faites jaillir le rire et les propos gaulois !

En notre fin de siècle, où tant de *jeunes* sont atteints moralement et physiquement de sénilité neurasthénique, le Banyuls, les vins vieux, doivent prendre rang parmi les meilleurs reconstituants.

Les pères vénérables de la médecine, Esculape et Hippocrate, demandaient bien des guérisons aux vins aromatisés, aux vins chauds, aux vins édulcorés avec le miel de l'Hymette ; leurs modernes successeurs, devenus légion, plaisantent un peu l'antique pharmacopée, mais, au besoin, ils n'hésitent pas à lui faire quelques légers emprunts. Aucun d'entre eux ne met en doute les effets bienfaisants du jus de la vigne, et, à l'heure actuelle, ces doctes messieurs guérissent les estomacs délabrés et les souffrances des gastralgiques par la cure aussi agréable que simple et facile des vins mousseux et du raisin frais.

Nombreuses sont les régions qui produisent en France des vins de luxe, vins de dessert ou vins de dames, déjà possesseurs d'une haute renommée et bien dignes de figurer sur les tables les plus somptueuses, je dirai même : au banquet des dieux ! si j'osais suivre les inspirations de ce vieux sang latin qui coule dans mes veines, imprégné d'une vague tendresse pour le polythéisme antique.

Mais il faut chasser ces images qu'anime un mystérieux atavisme ; nous devons aborder l'étude méthodique et pratique de faits matériels, c'est-à-dire passer en revue la préparation de chaque type de vin de luxe en essayant, autant que possible, d'indiquer les améliorations qu'elle comporte dans l'état actuel de nos connaissances. Par la pensée, le lecteur raccordera les chapitres qui vont suivre à celui que nous avons consacré à une promenade à vol d'oiseau parmi les cépages et les vins de luxe du beau pays de France.

Voici le classement que nous croyons pouvoir adopter:

1º *Vins rouges, rosés ou blancs doux et aromatiques.*

2º *Vins rouges, rosés ou blancs doux non aromatiques.*

3º *Vins blancs ou clairets dits vins de paille, vins passerillés* (les *vini Santi* d'Italie, etc.).

4º *Vins alcooliques secs* (types Xérès, Marsala).

5º *Vins rouges ou blancs liquoreux.*

6º *Vins forcés et vins mutés.*

7º *Vins vieux* (vieillissement artificiel).

8º *Vins mousseux* (blancs secs, Muscats).

9° *Fabrication artificielle des vins mousseux* (appareils à gaz carbonique).

10° *Vins aromatisés* (vermouth).

11 *Vins toniques.*

Vins rouges ou rosés doux et aromatiques

Dans cette catégorie, la couleur est un caractère négligeable. Suivant que l'on emploie tel ou tel cépage, il est bien facile d'obtenir des vins rouges, rosés plus ou moins jaunes.

Les considérations développées dans les chapitres précédents (1) expliquent cela sans qu'il soit nécessaire d'insister. Admettons que nous opérions sur un Muscat rouge de Madère. Si la fermentation du moût a lieu en présence des pellicules ou peaux du raisin, le vin sera rouge. Si nous séparons la majeure partie de ces pellicules, le vin sera rosé, enfin, si nous laissons fermenter le jus des raisins en dehors du contact des pellicules, nous aurons un vin ambré, presque blanc. Il ne faut pas oublier que la peau cède au vin des matières colorantes et une substance odorante caractéristique, véritable cachet d'origine.

La macération des peaux dans l'alcool à 50° légèrement acidulé par l'acide tartrique permet d'extraire ces matières colorantes et odorantes. Dans bien des cas, l'œnologue pourra tirer profit de cette opération au gré de ses désirs.

Le titre alcoolique des vins doux aromatiques ne doit pas s'élever au-dessus de 15 o/o en volume, car sans cela

---

(1) *Voir*: Pellicule du raisin, matières colorantes, page 59, et aperçu sur les procédés de vinification, page 200.

ils rentreraient dans la catégorie des vins liquoreux dont nous nous occuperons plus loin.

Pour atteindre un pareil degré, on a recours soit au passerillage du raisin, soit à l'alcoolisation ou au sucrage du moût dans des proportions déterminées.

Passerillage et alcoolisation combinés donnent les meilleurs résultats et permettent d'éluder le sucrage qu'il ne faut employer que contraint et forcé par une suite de circonstances défavorables.

En principe, la fermentation doit être brève ; le titre alcoolique du vin, riche en sucre indécomposé, sera assez élevé (15⁰) pour s'opposer à toute fermentation secondaire détruisant le sucre et l'arome caractéristique du fruit.

On vendange le raisin extrêmement mûr. Le *passerillage* dont il a été question (page 57) représente une simple concentration des sucs du raisin par évaporation naturelle de l'eau qu'ils renferment ; sa durée moyenne est de 7 à 8 jours. Les contrées chaudes, sèches et aérées lui conviennent bien, tandis que le *blettissement* résultant d'une décomposition du péricarpe sous l'action des moisissures exige des milieux à atmosphère un peu humide.

Le meilleur passerillage s'obtient en plein air, par torsion ou pincement sur souche du pédoncule des grappes mûres. Si le temps est trop humide et pluvieux, comme il advient parfois en automne, on fait passeriller dans une chambre ou bien sous un hangar largement aéré et exposé au soleil. Mais toute médaille ayant son revers, le passerillage sur souche offre l'inconvénient d'abandonner une partie de la récolte aux incursions audacieuses des grappilleurs de tout acabit.

La vendange est soigneusement foulée après égrappage et enlèvement des grains verts ou gâtés. Ensuite on la porte sur le pressoir.

Malgré les instructions de Chaptal qui en cette circonstance avait cru sans doute — à défaut d'expérience personnelle — pouvoir s'appuyer sur les récits de Pline, le vin de goutte ou Lacryma des Anciens, provenant du moût qui s'échappe des grappes sous une faible pression, est inférieur à l'ensemble de la cuvée. Lorsque le raisin est bien mûr, la pulpe sucrée adhère fortement à la pellicule ; elle est moins fluide, et c'est pour ces motifs que la dernière pressée est plus riche en sucre que la première.

Le moût, dont la richesse saccharine a été déterminée par l'un des moyens indiqués (1), est reçu dans un cuvier où il abandonne beaucoup d'impuretés après un repos de quelques heures. Cette défécation naturelle lui enlève aussi une grande partie des ferments que les mucilages, etc., englobent et entraînent avec eux en se déposant. Tout cela contribue à modérer les allures de la fermentation.

On soutire, et après avoir enlevé le dépôt qu'on utilise pour la préparation de vins communs, le moût est remis dans le cuvier pendant huit à dix heures.

Que se passe-t-il après ce premier débourbage? Une légère fermentation s'éveille bientôt et à la surface du liquide une épaisse couche écumeuse se forme. Elle est composée d'impuretés et d'un grand nombre de cellules de levures soulevées par le gaz carbonique. De temps en temps, on enlève avec une écumoire cette sorte de couenne appelée *cotte* par les anciens vignerons champenois.

Ces diverses opérations s'accomplissent d'autant mieux que les raisins sont plus froids au moment du pressurage.

Suivant l'importance de la production, le moût est introduit dans des petits fûts ou dans des bonbonnes.

Les progrès de la fermentation sont suivis à l'aide d'essais répétés, car il est essentiel de les arrêter au

---

(1) Pages 84 et suivantes.

moyen d'une adjonction d'alcool dès qu'une certaine quantité de sucre a disparu.

Connaissant la richesse saccharine initiale, la quantité de sucre décomposé et celle qui reste encore dans le moût, il appartient à l'opérateur de conserver un vin plus ou moins doux, en rapport avec le goût des consommateurs.

Après alcoolisation, ce vin doit renfermer 15 o/o d'alcool en volume, une partie de cet alcool provenant de la décomposition du sucre et l'autre ayant été ajoutée directement.

Pour déterminer la quantité d'alcool nécessaire au mutage, on recherche d'abord quelle est la quantité d'alcool produite par la fermentation. Une distillation à l'aide de l'alambic Salleron nous fournira promptement les indications indispensables, et la table de la page 72 nous fixera le nombre de litres d'alcool à ajouter pour atteindre le total de 15 o/o d'alcool en volume.

L'alcoolisation donnera des résultats d'autant meilleurs que l'alcool de vin employé sera plus fin et plus droit de goût.

La fermentation abandonnée à elle-même s'arrête généralement lorsque le milieu renferme à peu près 15 à 16 o/o d'alcool. Par conséquent, si nous avons recueilli un moût qui possède naturellement une proportion de sucre suffisante pour donner plus de 16 o/o d'alcool, il est à prévoir que la fermentation laissera indécomposé tout le sucre existant en plus de la quantité nécessaire à la formation de 15 à 16 o/o d'alcool.

Admettons que la densité de notre moût corresponde à 1124 Gay Lussac (mustimètre Salleron) ou 15.9 Baumé, ce qui représente, d'après la table de la page 88, une richesse saccharine de 300 grammes par litre. Il est évident que les levures n'utiliseront pas plus de 273 grammes de sucre pour produire 16 o/o d'alcool ; dans ces conditions, 27 grammes de sucre, au moins, resteront non décomposés.

Sachant que 1.700 grammes de sucre donnent environ 1 degré d'alcool, si nous voulons que notre vin conserve 100 grammes de sucre indécomposé, il faudra lui ajouter la quantité d'alcool que représentent 100 grammes de sucre moins 27 grammes.

$$100 - 27 = 73$$

Or 73 grammes de sucre donnent 4,2 o/o d'alcool.

La table de la page 72 nous montre qu'il faut verser 5 lit. 06 d'alcool à 95° pour enrichir un milieu de 4 degrés.

Donc, en ajoutant au moût 5 lit 06 d'alcool à 95° peu après le départ de la fermentation, nous sommes sûr de trouver dans le vin fait *100 gr.* environ de sucre indécomposé.

Inversement, on peut calculer combien de sucre doit recevoir un moût faible en matière sucrée pour que la fermentation puisse atteindre 15 o/o d'alcool tout en laissant une certaine quantité de sucre indécomposé dans le vin.

Choisissons un exemple : Lorsque, par suite de circonstances atmosphériques défavorables ou bien à cause de la nature du cépage employé, etc., le moût d'un vin qui doit garder 50 gr. de sucre indécomposé par litre ne renferme que 223 gr. de sucre par litre au sortir du pressoir, ce moût, abandonné à lui-même, ne pourra donner qu'un vin de 13° (voir la table page 87).

Nous savons que chaque degré d'alcool équivaut à 17 gr. de sucre par litre. Donc, pour atteindre les 15 degrés nécessaires à la stabilité du vin doux, il faudra d'abord lui ajouter deux fois 17 gr. de sucre

$$17 \times 2 = 37$$

Avec 37 grammes de sucre en plus, c'est-à-dire avec un total de 260 grammes de sucre par litre, le moût fermentant librement produira 15°2 d'alcool.

C'est à peu près la limite à laquelle l'action antiseptique de l'alcool agit sur les ferments et les paralyse.

Mais nous désirons avoir 50 gr. de sucre indécomposé par litre. Nous ajoutons donc :

$$37 + 50 = 87$$

soit 87 grammes de *sucre candi* par litre de moût. La richesse saccharine primitive de ce moût se trouvera ainsi élevée à 310 grammes par litre.

Le *sucre candi* est du saccharose pur, c'est-à-dire du sucre de canne ou de betterave cristallisé en prismes rhomboïdaux obliques (système clinorhombique avec facettes hémiédriques). Tout le monde connaît ces cristaux durs, anhydres, craquant sous la dent, inaltérables à l'air. Densité 1606.

Le saccharose ne fermente pas directement, mais son inversion ne tarde pas à se produire en présence d'un milieu faiblement acide comme le moût, ou bien sous l'influence d'un ferment soluble appelé invertine que la levure sécrète. La réaction est exprimée par l'équation :

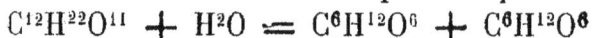

$$C^{12}H^{22}O^{11} + H^2O = C^6H^{12}O^6 + C^6H^{12}O^6$$

Le saccharose se trouve remplacé par un mélange à parties égales de glucose et de lévulose. On sait que le *sucre de raisin* est composé de ces deux sucres isomères.

100 parties de saccharose donnent 105,263 de sucre de raisin.

D'après l'équation $171 : 180 : : 100 : +$ soit 105,263.

Nous devions signaler l'inversion du saccharose, quoique, dans le cas présent, ce phénomène n'offre qu'un intérêt relatif ; puisqu'il s'agit de conserver le sucre indécomposé, mieux vaudrait qu'il restât infermentescible. Mais fermentescible ou non, ce que nous savons touchant les effets de l'alcool sur la vitalité des levures nous assure que notre vin fait restera doux, avec 50 gr. environ de sucre par litre et un titre alcoolique de 15°.

Nous croyons indispensable d'ajouter que la méthode de préparation des vins doux par alcoolisation est préférable à la méthode par sucrage. Cette dernière provoque une fermentation paresseuse qui affaiblit toujours l'arome du fruit.

Reprenons maintenant la première opération où nous l'avons laissée, c'est-à-dire après alcoolisation faite.

On remplit la futaille et on ferme le trou de bonde avec un bouchon faiblement enfoncé. La fermentation se poursuit insensiblement jusqu'à ce que le milieu renferme environ 15 o/o d'alcool.

Tous les quinze jours on pratique l'ouillage, et pendant l'hiver on choisit une journée claire et froide pour se livrer au transvasement dans une futaille très propre et légèrement soufrée.

Il n'est pas nécessaire de multiplier les soutirages, puisque le moût a reçu une défécation soignée avant d'entrer en fermentation.

En juin ou juillet, on filtre après s'être assuré de la richesse du vin en alcool et en sucre, car il est possible à ce moment de renforcer judicieusement l'un ou l'autre de ces corps.

Quelques jours plus tard, on met en bouteille. Certains préfèrent laisser le vin filtré dans le fût jusqu'au retour des grands froids. Ils mettent en bouteille vers fin décembre et cachètent à la cire (voir page 197). La cire à cacheter donne une occlusion parfaite; elle protège les bouchons contre les diverses causes d'altération et met le suintement des mauvais lièges à l'abri des moisissures et autres microbes dangereux pour la constitution de l'arome du vin.

La clarification des vins blancs ou jaunes du type en question doit être obtenue par le débourbage du moût, par le soutirage du vin et, au besoin, par la filtration. Nous n'hésitons point à réléguer le collage au second plan.

L'arome de plusieurs cépages du groupe des Muscats et des Malvoisies est parfois très exalté, surtout dans les pays chauds. Ils fournissent souvent un vin plus agréable et plus fin quand on les mélange avec un quart ou un tiers de raisins blancs sans arome particulier, comme l'Aspiran blanc, le Mauzac, etc.

Le Muscat de Cassis, par exemple, se prépare avec un mélange de Mourvèdre et de Muscat blanc en proportions variables, conformément au goût du consommateur. Généralement, on adopte le mélange de trois cinquièmes Mourvèdre et deux cinquièmes Muscat.

Les raisins, cueillis très mûrs, sont exposés au soleil sur des claies pendant quelques jours. La durée du passerillage est empiriquement fixée ; elle varie, d'ailleurs, avec la température, la qualité du vin que l'on vise et la nature du raisin.

A l'aide des méthodes que nous avons indiquées (page 90), les progrès de la concentration des sucres peuvent être exactement appréciés et contenus dans les limites voulues. En suivant une marche rationnelle basée sur l'expérience et l'observation, l'œnologue arrivera à produire un type uniforme et bien équilibré au point de vue de l'arome et de la douceur.

Lorsque le raisin est à point, on le purge des grains pourris, on l'égrappe et on l'écrase avec soin. Le moût, additionnné de 7 à 8 o/o d'alcool de vin, est introduit dans une cuve de faible dimension (1) et la fermentation s'accomplit en présence d'une certaine quantité de pellicules.

Une toile, tendue sur l'ouverture de la petite cuve et sous le couvercle librement posé, maintient, au-dessus du chapeau, une atmosphère d'acide carbonique. Soir et matin, le foulage est pratiqué avec soin pendant trois ou quatre jours.

Après ce laps de temps, on décuve et le marc est pressé. Toute la partie liquide mélangée est mise dans des petits fûts très propres et très sains.

Le premier soutirage a lieu un mois plus tard. Le deuxième, en février, est suivi d'un long repos jusqu'en

(1) On se sert ordinairement d'un demi-muid défoncé.

décembre. A ce moment, on filtre ou on colle avec l'albumine de l'œuf frais ou l'ichtyocolle. — La présence du Mourvèdre noir rend le collage bienfaisant, des matières astringentes sont précipitées et le vin devient plus moelleux.

On transvase le vin dès qu'il est parfaitement limpide et, après quelques jours de repos, on le met en bouteille.

La méthode de Cassis est à peu près semblable à la méthode Toscane.

En Toscane, le *Moscatel noir* ou Aleatico (feuilles à trois lobes, glabres ; bourgeonnement glabre, à folioles colorées ; grains franchement ronds à goût musqué) est mélangé avec 1/3 d'autres raisins, notamment : le Canaiolo nero, le Mammolo nero et aussi le Trebiano pour la préparation du fameux vin dénommé Aleatico Toscan. Le Mammolo dégage un subtil parfum de violettes, comme certains cépages du Médoc et de la Loire.

On observe de cueillir les raisins bien mûrs et par une belle journée, de façon à ce qu'ils ne soient point humides. On les transporte avec précaution afin de leur éviter les meurtrissures, et on les étend sur des nattes, sur des roseaux ou sur le pavé, couvert de paille, d'une chambre claire et aérée. Suivant le degré de la température ambiante, de l'aération du local, etc., l'exposition dure sept, huit et parfois une douzaine de jours. Les autres opérations sont analogues à celles de Cassis, c'est-à-dire guidées par un empirisme plus ou moins heureux.

Les nombreux échantillons de Muscats et de Malvoisies que nous avons analysés présentent des différences considérables dans la quantité de sucre indécomposé.

Un Muscat de Frontignan 1885 avait : alcool, 14°,9 ; matières réductrices (sucres), 95 grammes par litre.

Un Muscat de Frontignan 1886 avait : alcool, 14°,9 ; sucre, 119 gram.

Muscat de Maraussan vieux : alcool, 14°,3 ; sucre, 80 grammes par litre.

Muscat de Cassis vieux : alcool, 14°,2 ; sucre, 80 gram.

Malvoisie du Roussillon : alcool, 16°,7 ; sucre, 100 grammes.

Malvoisie de Sicile : alcool, 14°,8 ; sucre, 133 gram.

Malvoisie de Naples : alcool, 14°,9 ; sucre, 108 gram.

Malvoisie du Priorato : alcool, 14°,8 ; sucre, 118 gram.

Moscatel de Tarragone : alcool, 15°,4 ; sucre, 190 grammes.

Vins rouges, rosés ou blancs, doux non aromatiques

Les vins que nous rangeons dans cette catégorie ne possèdent aucun arome particulier comparable à celui des Malvoisies et des Muscats, car le raisin qui les produit est dépourvu de principes aromatiques marqués. Sous ce rapport, son jus est neutre.

Les raisins non aromatiques susceptibles de donner un bon vin de table peuvent concourir à la préparation des vins de luxe en question. C'est assez dire que leur liste est longue et qu'on en trouve dans toutes les régions viticoles.

Ils se différencient des vins de table par une richesse saccharine et un titre alcoolique plus élevés. On sait que les bons vins de table doivent être modérément alcooliques et ne pas renfermer du sucre indécomposé en quantité appréciable au goût, en un mot, être secs, c'est-à-dire parfaitement fermentés.

Les lignes précédentes font entrevoir que la préparation des vins doux non aromatiques est identique à celle des vins doux aromatiques.

En effet, ces vins, comme ceux de la 1re catégorie, doivent renfermer 15 o/o d'alcool et on peut les obtenir par :

1° Le dessèchement partiel du raisin ou passerillage ;

2° L'alcoolisation du moût ;

3° Le sucrage du moût.

Ces deux dernières méthodes sont applicables dans tous les cas, mais le passerillage ne convient pas également aux divers cépages. Chaque vigneron connaît bien par expérience les raisins qui se pourrissent et se décomposent facilement dès que la maturité est atteinte.

La douceur de ces vins dépend naturellement de la plus ou moins grande quantité de sucre indécomposé qu'ils possèdent, quantité que règle le goût du consommateur. Cependant, à notre avis, pour répondre exactement à leur meilleur type, ces vins ne devront pas être trop sucrés mais simplement moelleux ; l'extrême douceur est réservée aux vins liquoreux dont il sera question plus loin.

La couleur des vins doux non aromatiques n'est pas un caractère important. Nous avons expliqué déjà que l'on pouvait obtenir des teintes différentes par l'introduction d'une certaine quantité de pellicules dans la cuve en fermentation.

Rien ne s'oppose à ce que ces pellicules, et partant la matière colorante, soient prises sur un cépage étranger à la composition du moût.

Notre vin doux n'ayant point d'arôme bien marqué, la conservation de son propre sucre offre moins d'intérêt que dans les vins doux aromatiques ; aussi, en l'absence d'alcool, pourrons-nous employer plus librement le sucrage si le passerillage présente des difficultés.

Nous savons que 100 de sucre de canne (candi) donnent 105,263 de sucre de raisin ou sucre interverti. Par la fermentation, 100 parties de ce sucre de raisin forment de l'alcool et de l'acide carbonique, le reste étant représenté par une production de glycérine, acide succinique, cellulose, etc., et aussi acide carbonique.

On peut évaluer ainsi que suit la disparition du sucre et la production de l'alcool qui nous intéressent au premier chef :

100 de sucre donnent 60,98 c. c. d'alcool ; ce qui revient à dire que 1 degré d'alcool est donné par $\dfrac{1}{0,06098}$ = 16,40 de sucre de raisin ou de sucre interverti par litre.

Donc, si nous faisons fermenter 1ᵏ640 à 1ᵏ700 de sucre de raisin dans 100 litres de moût, nous obtiendrons un gain de *1 degré* d'alcool.

Le sucrage des vins de luxe doux ou liquoreux n'a pas besoin d'être réglé avec une précision rigoureusement scientifique. En pratique, on compte que pour ces sortes de vins 1ᵏ640 à 1ᵏ700 par hecto représentent la dose convenable. Pour les vins mousseux nous adopterons exactement le chiffre de 1ᵏ640 dans tous nos calculs.

Prenons un exemple : Nous avons un moût qui dose 220 gr. de sucre par litre. Complètement fermenté, ce moût nous donnerait un vin de 12°,9 environ.

Mais nous désirons conserver à ce vin une certaine douceur fixée à 50 gr. de sucre par litre.

Pour que ces 50 gr. de sucre restent indécomposés et que leur présence ne devienne pas une cause dangereuse à la bonne constitution du vin, il faut que le titre alcoolique atteigne au moins 15°. Sans les propriétés antiseptiques de l'alcool qui sont nettement sensibles à partir de 15°, le sucre pourrait subir les attaques des ferments de la pousse, de la mannite, etc., dès que la température favoriserait leur développement.

Nous obtiendrons le résultat cherché soit par une addition de sucre candi, soit enfin en combinant l'alcoolisation et le sucrage ; la conduite de l'opération dépend entièrement de l'œnologue.

Les tables de la page 87 montrent que la fermentation naturelle et complète d'un moût renfermant 258 à 260 gr. de sucre par litre produit un vin de 15° environ. Donc, notre moût a besoin de ce chef d'une addition de 40 gr. de sucre par litre :

$$220 + 40 = 260 \text{ grammes.}$$

Tenant compte des 50 gr. supplémentaires destinés à

rester indécomposés et à donner la douceur, nous aurons à ajouter un total de 90 gr. de sucre par litre. Le moût présentera alors une richesse totale de 220 + 40 + 50 = *310 gr. par litre.*

En remplaçant le sucrage par l'alcoolisation, nous obtiendrons un résultat analogue.

Exemple : Le moût renferme 220 gr. de sucre, si nous voulons lui conserver 50 gr. de sucre par litre, il faudra laisser fermenter 170 gr. seulement :

$$220 \quad 50 = 170$$

170 gr. de sucre donnent pratiquement environ 10 degrés d'alcool (voir table, page 86). Dans ces conditions, dès que la distillation nous indiquera que le milieu possède 10 degrés d'alcool, en d'autres termes, que 170 gr. de sucre ont disparu, nous ajouterons immédiatement une quantité suffisante d'alcool pour élever le titre à 15° et arrêter ainsi la décomposition du sucre. En consultant la table de la page 72, nous verrons qu'il faut ajouter *6 litres 57* d'alcool à 95° pour enrichir notre vin de *cinq degrés.*

Ces 5 degrés d'alcool ajoutés représentent l'alcool qu'aurait donné le poids de sucre qui manque à 170 gr. pour atteindre par fermentation naturelle 15° d'alcool, environ *88 gr. de sucre.*

$$170 + 88 = 258$$

En résumé, connaissant la richesse saccharine du moût et le poids du sucre que l'on veut conserver au vin, il est facile de déterminer par le calcul ou en s'aidant des tables (page 85) dressées à cet effet la proportion d'alcool ou de sucre nécessaire pour renforcer le moût s'il y a lieu. L'adjonction est faite avant, pendant ou après la fermentation. A notre avis, le meilleur résultat s'obtient en opérant pendant la fermentation.

Comme nous le savons, 16 gr. 40 à 17 gr. de sucre candi par litre correspondent à 1 degré d'alcool.

Les vins doux préparés de la manière que nous avons indiquée sont protégés par leurs 15 o/o d'alcool contre toute altération ; ils peuvent affronter les plus longs voyages et subir sans dommages l'influence des climats chauds.

La fabrication de ces sortes de vins non aromatiques est praticable dans tous les pays viticoles tandis que les *vins liquoreux* proprement dits sont plus spécialement réservés aux régions méridionales.

Fabrication des vins blancs ou clairets dits vins de paille ou vins passerillés

On ne réussit bien ce genre de vins qu'avec le moût de certains cépages, quoique, en définitive, ils puissent être fabriqués avec les raisins de la plupart des variétés. Hâtons-nous d'ajouter qu'il n'y a pas intérêt à donner des soins particuliers à un produit trop commun car son prix de revient dépasserait alors sa valeur réelle.

Chaque viticulteur doit entreprendre quelques essais et déterminer sa méthode opératoire suivant les résultats obtenus.

Les Italiens appellent les vins de paille *«vini santi»* ou vins saints parce qu'ils les laissent habituellement passeriller sur la paille jusqu'aux fêtes de la Toussaint, c'est-à-dire jusques vers le 1er novembre.

Le terme, *vin passerillé*, conviendrait peut-être mieux car tous les raisins passerillés ne le sont pas nécessairement par exposition sur la paille, tandis que le passerillage est toujours le résultat cherché et obtenu.

Peu importe que le raisin soit à jus neutre, musqué ou aromatique. S'il n'a aucun arome spécial, les réactions dont il sera le siège pendant le vieillissement lui donneront du bouquet.

En principe, les raisins trop aqueux et à peau molle

supportent mal le passerillage ; ils se fendillent facilement, éclatent sous la moindre pression et se couvrent rapidement de moisissures.

Le passerillage du raisin mûr peut être obtenu dans un four, par l'exposition au soleil ou dans un local fermé, enfin par torsion du pédoncule des grappes restant sur souche. Ce dernier système est préférable et il faudra l'adopter toutes les fois que la chose sera possible. Il semble que la dessiccation naturelle et graduelle sur le cep même, entraîne, par la continuation de la vie des cellules, la formation de composés subtils qui exercent une influence favorable sur les qualités du vin.

Le passerillage au four est très dangereux, il agit trop brutalement et donne souvent des produits ayant un arrière-goût de cuit.

L'exposition au soleil, en plein air, se fait dans la vigne même ou sur une aire, en plaçant les raisins soigneusement cueillis, soit sur un lit de feuilles de vigne, soit sur des nattes ou des claies en roseaux qui permettent de les transporter aisément à l'abri en cas d'orage.

On passerille aussi dans une chambre sèche et bien aérée. Les raisins purgés des grains avariés y sont déposés sur des nattes, sur des claies en roseaux ou simplement sur de la paille épandue. Certains font mieux encore ; ils lient les grappes deux par deux à des traverses en bois distantes de 40 centimètres environ et réunies par des cordelettes. Ces façons d'échelles suspendues au plafond permettent d'emmagasiner une grande quantité de raisins dans un petit local; en outre, l'aération ne laisse rien à désirer.

Bien entendu, les raisins soumis au passerillage doivent être l'objet de visites régulières afin de leur éviter la contamination des grains moisis.

Nous avons dit en exposant les procédés généraux de vinification des vins blancs de Sauternes (page 206) que les raisins passerillés donnaient d'excellents vins lorsqu'ils étaient faiblement attaqués par la pourriture noble

(*Botrytis cinerea*). Dans ce cas, il convient de débourber
et d'écumer soigneusement le moût avant le départ de
la fermentation. Les dépôts du fond et de la surface
renferment, non seulement des matières mucilagineuses
albuminoïdes, mais encore des germes de moisissures
et des impuretés de toute sorte qu'il convient d'expulser.

La durée du passerillage est déterminée par la qualité
du vin que l'on veut produire. Si on recherche un vin
très doux, on foulera le raisin quand sa densité atteindra
1160 à 1180 au *mustimètre* Gay-Lussac, ce qui indique
une richesse saccharine de 397 grammes à 450 grammes
par litre. Si on désire un vin moins sirupeux, une densité de 1134 Gay-Lussac ou Baumé 17 correspondant à
327 grammes de sucre par litre suffira amplement.

Lorsque les raisins soumis au passerillage se prêtent
bien à l'opération par leur nature et leur maturité, il
est possible de dépasser 22° Baumé ou 1180° de densité
Gay-Lussac, soit 450 grammes de sucre par litre.

Inutile d'ajouter que l'on a la faculté de recourir au
sucrage pour atteindre la densité voulue si les circonstances y obligent.

Dans la fabrication des vins de luxe, l'égrappage doit
être une pratique constante, car le foulage ou le pressurage des grappes entières laisserait une certaine quantité
de substances sucrées sur les rafles.

Le foulage exige une attention particulière ; en Espagne, nous avons vu fouler le raisin passerillé non point
par la compression directe de coups de talons répétés,
mais plutôt par le froissement du pied sur le grain.
L'ouvrier agit en poussant le pied d'arrière en avant et
d'avant en arrière, de manière à attaquer le grain par
une sorte de frottement qui dilacère la pellicule sans
écraser les pépins et met en liberté la pulpe compacte
et adhérente.

Parfois, après avoir foulé les raisins aux pieds on les
laisse en repos pendant 2 ou 3 jours dans une chambre
tempérée. Un commencement de décomposition ramollit

la pulpe et les pellicules. La masse pâteuse portée alors sur le pressoir abandonne assez facilement son moût. On donne quatre pressées ; c'est le liquide épais de la dernière qui est le plus sucré.

La fermentation a lieu en présence ou en dehors des pellicules au gré de l'œnologue. La température du local ne doit pas être trop fraîche afin que les ferments puissent se développer et attaquer le sucre. On enlève la couche écumeuse au fur et à mesure de sa formation à la surface.

On soutire en décembre, et le vin filtré est transvasé dans une futaille que l'on bonde légèrement la première année, hermétiquement la deuxième. Après deux ou trois ans de cave on filtre de nouveau, si la limpidité n'est pas irréprochable, et on met en bouteille.

Dans certaines contrées de l'Italie dont les *vini santi* sont renommés, notamment dans la région de Caluso, il existe plusieurs méthodes de passerillage et de vinification suivant la nature du vin à obtenir.

Les cépages préférés sont le Bonarda et surtout l'Erbaluce. Les uns laissent passeriller le raisin sur des nattes jusqu'en février, mars et même avril, les autres, qui désirent un vin moins sirupeux, pressent vers fin décembre ou commencement de janvier.

Le moût fermente seul dans une futaille légèrement bondée. La fermentation gênée par un excès de sucre est toujours très lente. On transvase vers la fin de l'année.

Suivant le degré du passerillage, il faut 350 à 500 kilog. de raisin frais pesés au moment de la vendange pour avoir un hectolitre de vin ; cela explique le prix élevé qu'atteignent les vins saints bien réussis. A Caluso nous avons vu acheter chez le récoltant, au prix de 260 fr. l'hectolitre, des vins âgés de deux ans.

Beaucoup de vignerons égrappent le raisin à la main vers le milieu du mois de mars ; ils laissent les grains dans un fût défoncé ou en cuvier pendant une huitaine de jours. Un commencement de décomposition se déclare dans le tas et amène une légère liquéfaction de la pulpe, ce qui facilite son extraction par le foulage et le pressurage.

Le moût est recueilli dans des futailles. On laisse un vide de 10 centimètres environ et on bonde légèrement. La fermentation est abandonnée à elle-même jusqu'en décembre — par conséquent, pendant 9 ou 10 mois — alors on soutire et le vin introduit dans des fûts bien propres reste en repos en attendant la mise en bouteille.

D'autres praticiens foulent le raisin passerillé au mois de février et laissent fermenter 48 heures seulement. A ce moment ils soutirent et filtrent. C'est ainsi qu'ils arriven' à avoir un liquide très clair, parfaitement déféqué, dont la fermentation est presque nulle puisqu'il est privé de la majeure partie de ses ferments.

En résumé, la fabrication des vins de paille exige des raisins bien mûrs. Lorsque la concentration nécessaire des moûts ne peut se faire sur la souche même, on l'obtient par le passerillage sous un hangar ou dans une chambre claire, sèche et aérée. Autant que possible il faut éviter le passerillage par exposition directe au soleil et proscrire la dessiccation au four pour les motifs invoqués. Fin décembre, le raisin passerillé et purgé des grains moisis, verts(1) ou avariés, est soigneusement foulé après égrappage.

Le moût fermente, avec ou sans pellicules, dans une futaille non hermétiquement close. Il est écumé avec soin autant de fois que le dépôt se forme à la surface. Au bout de 15 à 20 jours, commencement de janvier, on soutire pour débarrasser le vin de ses lies de fond et on laisse la fermentation complémentaire poursuivre douce-

(1) Quelques cépages portent toujours quelques grains verts dans leurs grappes. Cette particularité est fréquente chez le Cinsaut, par exemple.

ment son œuvre dans des petits fûts légèrement bondés. Un deuxième soutirage, suivi d'un bondage parfait, est pratiqué en septembre. La mise en bouteilles peut avoir lieu en février ou mars de l'année suivante. Il est cependant préférable de procéder alors à un troisième soutirage avant de mettre en bouteilles, après l'été.

Si le vin n'est pas très limpide, on le filtre ou bien on le colle avec 5 gr. d'ichtyocolle par hectolitre. Dans ce dernier cas, il serait bon de rechercher la richesse naturelle du vin en tannin et de le tanniser convenablement 48 heures avant le collage. Pratiquement et sans commettre d'erreur bien sensible, on peut admettre que 5 gr. d'ichtyocolle commerciale pure fixeront 4 gr. de tannin pur.

Les fameux *vins de paille du Jura* s'obtiennent avec le Poulsard, le Pinot-Chardonnay et le Savagnin. Les raisins bien mûrs et soigneusement triés sont placés sur des claies dans des chambres aérées ou bien suspendus dans des pièces chauffées modérément. On les examine de temps en temps pour éliminer les grains moisis. La moisissure recherchée dans le pays de Sauternes est ici sévèrement proscrite.

En janvier ou en février, on presse ces raisins passerillés à l'aide d'un petit pressoir et le moût liquoreux qu'ils donnent est mis en tonneau. La fermentation est très lente et la décomposition du sucre n'est jamais complète. Le vin est mis en bouteille après 10 à 12 ans de tonneau. Comme on le voit, la préparation du vin de paille du Jura est dirigée par l'empirisme traditionnel.

Vins alcooliques secs

Les vins des catégories précédentes renferment une plus ou moins grande quantité de sucre indécomposé, ce sont des vins doux, tandis que ceux que nous allons étudier dans ce chapitre sont secs. Ils ne contiennent pas de sucre, et, dans tous les cas, ils n'en possèdent pas une quantité suffisante pour impressionner le goût.

Ces vins sont évidemment moins indigestes que les précédents. Leur titre alcoolique élevé, seul, les distingue des vins de table proprement dits.

On peut préparer les vins alcooliques secs avec des raisins de couleur, et, suivant les conditions de l'extraction du moût et de la fermentation, avoir des vins rouges, rosés ou blancs.

Ceux qui proviennent de raisins rouges sont sensiblement plus riches en tannin et plus légers.

Pour obtenir des vins blancs avec des raisins rouges, il suffit de presser rapidement les raisins une fois cueillis avant toute trace de fermentation. Les cépages teinturiers et les hybrides-Bouschet à jus rouge doivent être rejetés. Dès que le pressoir donne un liquide rosé, on le met à part, soit pour le décolorer à l'aide de l'acide sulfureux, soit pour en faire un vin rosé et de qualité distincte.

Le producteur fixe le titre alcoolique suivant son désir, mais, dans tous les cas, les vins de ce type doivent renfermer au moins 15 o/o d'alcool en volume (1). Les Madère et les Marsala atteignent 18 à 20 o/o d'alcool.

Nous décrirons d'abord la méthode générale de prépa-

---

(1) Les vins de Johannisberg ou vins du Rhin font exception à cette règle.

ration, ensuite nous étudierons quelques [méthodes spéciales à des crus renommés.

L'alcoolisation ou le sucrage sont les deux facteurs à mettre en œuvre pour atteindre le but.

L'excès de sucre est à [craindre, car si nous avons la faculté d'en ajouter, nous ne pouvons pas en extraire. On ne peut obtenir la réduction du titre saccharimétrique que par le mouillage du moût, ce [qu'il faut éviter autant [que possible.

Grâce au mustimètre, le praticien le moins intelligent suivra les progrès de la maturation et vendangera dès que la richesse saccharine oscillera entre 258 à 268 gr. par litre. Ce poids représente la quantité de sucre capable de donner le maximum d'alcool compatible [avec la vie du ferment.

Sans doute on trouve, dans quelques régions privilégiées du Roussillon, du Priorato, de l'Andalousie, de la Sicile, etc., des vins naturels titrant 16° 5/10 d'alcool — ce sont là des exceptions remarquables. — Au-dessus de ce titre et à défaut d'un contrôle sérieux, il est bien permis de croire à une alcoolisation directe.

En principe, les raisins doivent être cueillis [sains et mûrs. Si le mustimètre marque la densité 1109 à 1113 (Baümé 14°,2 à 14°,6), ce sera parfait, car la fermentation nous donnera un vin sec à 15,5 o/o d'alcool environ, sans qu'il soit nécessaire d'ajouter du sucre ou de l'alcool ; mais si la densité n'atteint pas 1100 ou 1101, il faudra, pour remplir les conditions requises, additionner le moût de sucre ou alcooliser le vin fait.

Dans le cas où, nous trouvant en présence d'un moût pauvre en sucre, nous désirerions éviter l'addition de candi ou d'alcool, il serait indispensable de recourir au passerillage suivant l'une des méthodes déjà décrites.

Les vins alcooliques secs gagnent du moelleux, de l'agrément et du bouquet à la suite des réactions intérieures qui accompagnent les phénomènes d'oxydation et de vieillissement ; par eux-mêmes, ils n'ont aucune saveur spéciale comparable à celle des Muscats et Malvoisies.

Lorsque les raisins sont à l'état voulu, on les soumet à la fraîcheur de la nuit, sans les exposer à la rosée, et on les foule rapidement dès la première heure. Il n'y a aucun inconvénient à fouler complètement aux pieds les raisins blancs ; mais si les raisins sont noirs, il est préférable de les porter directement sur le pressoir en observant de ne pas charger outre mesure afin d'éviter que le moût s'empare de matières colorantes en traversant une couche de raisins trop épaisse.

Après débourbage le moût est mis à fermenter en cave tempérée dans des futailles bien propres remplies au 4/5 environ. On l'aère largement avant le départ de la fermentation par un soutirage au moyen du robinet aérateur conseillé par M. Trabut et semblable au robinet-trompe imaginé par M. Pasteur pour l'aération de la bière à l'abri des germes extérieurs. Mais le soutirage ordinaire dans un cuvier, avec agitation et remontement du moût à l'aide d'un décalitre ou d'une pompe, est parfaitement suffisant.

Une deuxième aération suivra la première deux heures après et répandra dans le milieu fermentescible de l'oxygène dissous, aliment favorable à la reproduction des levures. Le moût pareillement traité ne tardera pas à devenir le siège d'une fermentation énergique.

Lorsque la fermentation s'arrête et que le vin se refroidit, on sépare le vin de ses lies. La fermentation secondaire se poursuit doucement, stimulée par l'aération qu'occasionne le transvasement, et, peu à peu, tout le sucre est décomposé.

La température de la cave ne doit pas être trop froide. A une température inférieure à 15° centigrades, beaucoup de levures restent inactives dans les milieux pauvres en substances azotées ou phosphatées et riches en alcool ou en sucre.

Les processus fermentatifs consécutifs à la fermentation principale sont d'une haute importance. On sait que les cellules de la fermentation primaire cèdent peu à peu la place à d'autres formes de saccharomyces générale- ment connus sous la dénomination de levures secondai- res, levures basses de forme ordinairement allongée qui se déposent au fond des tonneaux et qui sont en grande partie abandonnées dans les lies au moment des souti- rages. On considère la présence d'une petite quantité de ces levures comme avantageuse pour une fermentation secondaire normale, c'est-à-dire lente et persistante, tandis qu'on attribue à leur présence en excès ces arriè- re-fermentations rapides, véritable prolongement de la fermentation tumultueuse, qu'il faut éviter, car elles don- nent des vins maigres, moins distingués et souvent même défectueux.

La température et la composition chimique du moût exercent une influence prépondérante sur les fonctions biologiques de la levure, nous ne saurions trop le répé- ter. Le moindre changement dans le milieu ambiant se traduit par des modifications dans les phénomènes de nutrition, par le développement de tel microorganisme au détriment de tel autre, etc. Nous avons souvent cons- taté que des levures microscopiquement très belles et très pures, constituées en apparence par des formes de *S. ellipsoïdeus*, pouvaient donner lieu à une arrière- fermentation avec production de levures à formes allon- gées ; il est évident que ces différences morphologiques sont l'indice de modifications profondes dans les con- ditions de la nutrition et les produits qui en dérivent.

Le domaine des fermentations touche aux problèmes les plus élevés de la chimie biologique et il est impos- sible de l'aborder lorsqu'on est dépourvu de toutes con- naissances scientifiques. Certains faits ne peuvent être expliqués et compris que scientifiquement ; la digression à laquelle les circonstances viennent de nous entraîner en est peut-être la preuve. Dans tous les cas, le praticien saura bien franchir ces mystérieux arcanes pour suivre tranquillement la description des manipulations successives auxquelles nous nous empressons de revenir.

Après trente ou quarante jours, on procède à un deuxième soutirage ; deux mois plus tard, on en fait un troisième. Le quatrième soutirage a lieu en mars, six mois environ après la mise en cuve. L'opération est renouvelée en décembre.

La cave de garde ne doit pas être trop froide, mais *tempérée*. Le vin, protégé par son titre alcoolique, redoute peu les agents de maladie, graisse, tourne, etc., et en pareil milieu les phénomènes du vieillissement sont plus actifs, surtout si on a le soin de laisser un léger vidange dans les futailles, comme il est d'usage à Xérès et à Malaga.

A partir de la deuxième année, les soins en cave consistent en deux soutirages annuels, l'un au commencement du printemps, l'autre à la fin de l'automne. Lorsque l'oxydation lente et l'évaporation ont affaibli le titre alcoolique, il est bon de le relever par une addition d'excellent alcool de vin.

Vers la fin de la troisième année, le vin est fait : sans doute il gagnerait encore à être soigné dans la futaille, mais néanmoins il peut dès lors recevoir les honneurs de la mise en bouteilles.

En suivant cette méthode, on obtiendra un vin blanc alcoolique sec pourvu d'une solide constitution, agréable, moelleux et parfaitement limpide.

Vins blancs alcooliques secs préparés avec des raisins rouges

Nous savons que la matière colorante des raisins rouges — excepté chez les cépages teinturiers et les hybrides-Bouschet à jus rouge — se trouve localisée dans le tissu cellulaire de la pellicule du raisin.

Par conséquent, on obtiendra des vins blancs, si on parvient à séparer convenablement le jus des raisins rouges fraîchement cueillis et si on a soin de presser progressivement, de manière à ne pas déchirer les pellicules, ce qui faciliterait l'expulsion et l'entraînement des pigments colorés.

Malheureusement, beaucoup de propriétaires s'attardent à la cueillette de la vendange et la laissent échauffer au soleil. Les grains froissés ou écrasés éprouvent un commencement de fermentation ; il se forme de l'alcool qui dissout de la matière colorante. En outre, tous n'observent pas de recueillir à part les derniers produits du pressurage plus ou moins colorés.

Ces produits peuvent être décolorés momentanément par l'introduction de l'acide sulfureux dans le vin. Nous disons momentanément, parce que l'acide sulfureux ne détruit pas les matières colorantes à la façon du chlore, sa combinaison est instable et la couleur rosée réapparaît sous l'influence des soutirages provoquant l'aération, ou même au contact d'un acide.

La plupart des vins blancs provenant de raisins rouges, en un mot les vins *faits en blanc*, suivant l'expression consacrée, renferment toujours quelques pigments colorés, blanchis par le gaz sulfureux. Si nous remplissons un tube d'essai de ce vin et que nous ajoutions un peu d'acide acétique, en regardant de haut en bas dans le tube bien éclairé, nous verrons apparaître une légère coloration rosée, indice certain de la présence d'un jus de cépage rouge.

D'après M. Bouffard, $0^{gr},3$ d'acide sulfureux par litre suffisent pour stériliser un moût, et $0^{gr},1$ pour le décolorer sans que la fermentation en soit suspendue pendant plus de 24 heures. L'influence stérilisante disparaît par l'aération comme l'influence décolorante.

L'introduction de l'acide sulfureux dans le vin est obtenue par la combustion de mèches soufrées, par l'addi-

tion d'une solution aqueuse d'acide sulfureux, de bisulfites alcalins ou de sulfitartre (voir page 78).

Il est difficile de régler, même approximativement,
l'action du gaz sulfureux qui se dégage de la combustion
du soufre : les solutions d'acide sulfureux sont très altérables et les bisulfites alcalins fixent une portion correspondante d'acides tartriques, maliques, etc. Le sulfitartre de MM. Gastine et Gladysz, dont il a été longuement
question, n'offre aucun de ces inconvénients et permet
l'emploi ménagé et dosé de l'acide sulfureux.

Dans les pays chauds, où la fermentation est très
active, le débourbage a besoin d'être aidé par la sulfuration, à défaut du refroidissement qu'il n'est point
facile d'atteindre et de maintenir.

Le principal inconvénient de l'opération réside dans
l'oxydation que subit l'acide sulfureux et sa transformation en acide sulfurique qui se combine aux bases du vin
pour donner des sulfates. En Autriche, les vins renfermant plus de 20 milligrammes d'anhydride sulfureux
par litre sont déclarés impropres à la consommation.

Toutes les réactions que l'acide sulfureux peut provoquer au sein du moût et du vin sont encore imparfaite-
ment connues ; elles méritent d'être sérieusement étudiées, car il n'est pas démontré qu'elles soient exclusivement favorables, au moins pour certains vins.

La préparation des vins blancs alcooliques secs avec
des raisins colorés va nous permettre d'aborder un
exemple différant de ceux précédemment exposés. Pour
atteindre le but, nous combinerons le sucrage et l'alcoolisation.

Admettons le cas assez commun où le moût d'Aspiran,
de Cinsaut, etc., n'est pas très riche en sucre. Celui dont
nous disposons a une densité Gay-Lussac de 1080 ou
Baumé 10°,7, ce qui correspond (table page 86) à 183 gr.
de sucre par litre. Le vin fait ne dépasserait pas
10°,8/10. Or le vin du type que nous voulons obtenir
doit avoir au moins 15 p. %/0 d'alcool.

Sachant qu'un degré d'alcool provient de la décomposition de 16 gr. 40 à 17 gr. de sucre par litre, nous ajouterons au moût la quantité de sucre candi nécessaire pour que la fermentation naturelle puisse donner trois degrés d'alcool au plus.

$$17 \times 3 = 51$$

En ajoutant, par litre, 51 gr. de sucre candi ou de sucre de canne blanc cristallisé et sec, le moût atteindra la densité 1099 Gay-Lussac (mustimètre) ou 13° Baumé, correspondant à 234 gr. de sucre par litre. La richesse alcoolique du vin complètement fermenté sera donc 13°,$^8/^{10}$.

Le moût, ainsi sucré, est aéré comme il a été dit, ensuite on le laisse fermenter jusqu'à ce que l'aréomètre indique l'instant de la décuvaison. Les indications fournies à ce moment par la densité sont fort aléatoires, et, connaissant la richesse saccharine initiale, nous pensons qu'on peut arriver facilement par le dosage de l'alcool à une approximation suffisante en ce qui concerne la décomposition du sucre.

Quand le vin est bien fermenté et qu'il est froid, on soutire en élevant son titre alcoolique à 15° environ par l'adjonction de 1 litre 1/2 ou 2 litres environ d'alcool à 95°.

Certains praticiens soutirent dès que la fermentation principale a pris fin et ne pratiquent l'alcoolisation qu'au moment du soutirage du printemps, car, autant que possible, tout le sucre doit être décomposé lors du versement de l'alcool.

Lorsque le vin passe l'hiver en cave tempérée (14 à 16° centigrades), les fermentations secondaires se poursuivent lentement et font disparaître entièrement les matières sucrées jusqu'à concurrence, bien entendu, de 260 à 270 gr. de sucre par litre.

Une alcoolisation hâtive et en léger excès détermine l'arrêt de la fermentation et risque de conserver au vin une pointe de douceur en s'opposant à la décomposition totale du sucre.

Les soins subséquents sont identiques à ceux que nous avons décrits en parlant des vins alcooliques secs tirés des cépages blancs.

Parmi les grands vins blancs alcooliques secs, nous citerons : le Marsala ; le Lacryma-Christi ; le Madère ; le Xérès ; le Malvoisie sec type Madère que nous allons passer en revue.

La création du type connu sous le nom de Marsala est attribuée à un Anglais de Liverpool, M. Wood-House, qui vint s'établir à Marsala vers 1780. L'amiral Nelson, possesseur d'une villa à Bronte, près Marsala, le fit apprécier et adopter par ses compatriotes.

La préparation du Marsala s'est beaucoup perfectionnée depuis ; elle est monopolisée par quelques grandes maisons — Case Ingham, Stephens et Cie, Florio, etc. — qui cachent jalousement leurs opérations et méthodes œnologiques.

Le goût des consommateurs a fait créer différentes marques et types de Marsala. Le moins alcoolique est le *Marsala Garibaldi* qui peut prendre place parmi les vins doux. Ensuite vient le *Mezza Marsala* (demi-Marsala) ou *Marsaletta* de couleur brune, fabriqué par la maison Ingham et riche environ de 14 o/o d'alcool. Le type *concia* (1) *Italia* renferme 16 à 18 o/o d'alcool, enfin le type *concia Inghilterra* ou *Marsala doppia* (2) *concia* oscille entre 20 et 22 degrés d'alcool. On sait que les Anglais sont particulièrement friands des vins fortement alcoolisés.

Le Marsala subit cinq opérations principales :

---

(1) *Concia* signifie que le vin est accommodé, apprêté pour l'Italie, au goût des consommateurs italiens.
(2) *Doppia* signifie double.

1° Alcoolisation ; 2° Transvasement ; 3° Clarification ; 4° Sulfuration ; 5° Goudronnage.

On pratique l'alcoolisation avec de l'alcool vieux, droit de goût, provenant de la distillation du vin de Marsala. On l'ajoute peu à peu à chaque soutirage jusqu'à ce que le titre alcoolique exigé soit atteint.

Les transvasements ou soutirages se font au printemps et à l'automne. On en profite pour aérer le vin en le versant de haut et en l'agitant à plusieurs reprises avec un bidon, broc ou canne, afin de provoquer les phénomènes d'oxydation d'où dérive le vieillissement.

La clarification par filtration remplace de plus en plus le collage. Les filtres Albach, Krauss, etc., à pâte de cellulose, sont généralement usités.

Le gaz sulfureux n'est utilisé que pour blanchir un peu les vins trop roux et pour aider à la clarification.

Le goudronnage consiste dans l'introduction au sein du vin d'une certaine quantité de goudron pendant un laps de temps qui, parfois, dépasse trois ans. L'alcool dissout une partie des huiles essentielles et empyreumatiques du goudron, ce qui communique au liquide une saveur spéciale que les Italiens appellent *sapora di navigato*, c'est-à-dire goût de vin qui a navigué sur mer. Ce goût ressemble à celui du fameux vin de Commanderie de l'île de Chypre qui jouit d'une haute réputation. Un peu de moût cuit contribue à le relever.

Les *vins de Commanderie* tirent leur nom du domaine que les chevaliers du Temple avaient à Colossi près de Limassol et où se trouvait l'entrepôt des vins sucrés de l'île.

Le meilleur vin de Commanderie provient des raisins du *Xynisteri* à grains blancs ovoïdes que l'on fait passeriller pendant 15 ou 20 jours sur les toits plats des maisons à Zoopiyi, Eptagonia, Lefkara, Ora, Pera, etc. On foule aux pieds et on laisse fermenter dans des jarres jusqu'à ce que le vin se refroidisse. On presse le marc et le vin de presse est mélangé au vin de goutte. Les jarres en terre étant poreuses, les parois intérieures sont goudronnées et c'est là ce qui donne au vin le goût d'empyreume caractéristique.

La préparation du vin de Marsala étant centralisée dans des établissements bien outillés et bien dirigés, les diverses manipulations dont il est l'objet sont faites avec grand soin. La poix destinée au goudronnage subit une ébullition prolongée afin de laisser évaporer les produits trop fortement empyreumatiques qu'elle contient. Suivant les circonstances et le goût des consommateurs, on donne au vin plus ou moins de moelleux par l'addition ménagée d'une certaine quantité de moût concentré.

Les vins se gardent en fûts 3, 4 ans, aussi longtemps que possible. La mise en bouteille est précédée d'une dernière filtration.

Le *Lacryma-Christi* du Vésuve est un vin blanc très anciennement connu. Le meilleur s'obtient avec le raisin du *Greco della Torre*. Ce cépage peu fructifère, mais délicatement parfumé, communique au vin un arome exquis. On trouve en Italie beaucoup de cépages dénommés *Greco* entre autres : le Greco bianco de la Romagne et des Abruzzes ; le Greco piccolo de Toscane ; le Greco Castellano de Pesaro ; le Greco piccante des Pouilles, etc., mais la variété Napolitaine est supérieure.

La vendange a lieu tardivement. On cueille le raisin lorsqu'il est bien mûr et on le laisse passeriller pendant trois ou quatre jours sous un hangar ou dans un local aéré. Ensuite on le foule en le purgeant des grosses rafles. Le moût est versé dans des futailles avec la moitié seulement des pellicules et pépins que l'on maintient immergés. La décuvaison se fait quand le vin commence à se refroidir. Il est alors transvasé dans des fûts très propres conservés en cave tempérée.

La vendange écrasée au plutôt, les pellicules et les rafles qui ne participent pas à la fermentation sont portées sur le pressoir et le premier jus exprimé va rejoindre celui du foulage. La fin de la pressée est mise à part.

Les vins de Madère sont secs ou doux. Les vins liquoreux dérivent surtout de la *Malvoisie fine*, tandis que les vins secs proviennent du Sercial, cépage à feuilles glabres, trilobées, à grains blancs ronds, qui est très répandu dans les sables caillouteux de la partie méridionale de l'île.

Le Madère sec se prépare ainsi que suit :

Les moûts extraits par le foulage et le pressurage sont mélangés. Il est vrai d'ajouter que le pressurage n'est point poussé à l'excès ; généralement on ne donne que deux serrées. La fermentation a lieu en présence de tous les éléments solides du raisin.

On décuve lorsque le vin est froid. Ce vin est dur et âpre, il n'acquiert toutes ses qualités d'ampleur, de velouté, de bouquet, qu'après dix ou douze ans de soins en futailles.

Pour activer les phénomènes d'oxydation, certains insulaires recourent à la chaleur du soleil ou de grandes étuves dans lesquelles ils placent les fûts et les bouteilles ; ils obtiennent ainsi en 8 ou 10 mois l'amélioration qu'ils attendraient pendant plusieurs années d'un vieillissement naturel.

Nous n'insistons pas sur ces méthodes, car nous condenserons plus loin, en un chapitre spécial, toutes les connaissances que nous avons recueillies à ce sujet.

D'autres praticiens de Madère ajoutent au vin nouveau 10 à 15 o/o de vin chauffé au four dans des vases d'argile. L'opération se fait lorsque la température du four n'est pas trop chaude — 55° environ.

La richesse alcoolique du Madère dépasse souvent 20 degrés. Ce titre élevé est obtenu par une alcoolisation graduelle.

Vins de Xérès secs. — Xérès, ou Jérez conformément à la nouvelle orthographe, a donné son nom à des vins très distingués. Cette ville (60,000 habitants) est située à 49 kilom. environ au nord-ouest de Cadix, non loin du Guadalette.

Les vignobles qui produisent les moûts nécessaires à la préparation des vins de Jérez ne sont pas étroitement cantonnés sur le territoire de la cité de ce nom. Sanlucar de Barrameda, Puerto de Santa-Maria, Chiclana de la Frontera, Condado de Niebla et plusieurs autres localités des provinces de Huelva et de Séville contribuent pour une large part à l'approvisionnement des celliers Jérésans.

Les vendanges commencent généralement dans les premiers jours de septembre, lorsque la maturité est parfaite, et se poursuivent jusqu'à la mi-octobre. Elles débutent sur les coteaux calcaires appelés *albarizas*, où domine le Palomino plus précoce que les Mantuos castellano et Pilas des terrains sablonneux d'où dérivent les vins jaunes dorés. Les autres cépages sont le Perruno, le Mollar, l'Albillo, le Cañonazo, dont l'arome particulier est plein d'attraits. Le Moscatel ou Muscat d'Alexandrie et le Pedro Ximénès entrent principalement dans la composition des vins doux. Le Pedro Ximénès est la base des vins de Malaga liquoreux qui nous occuperont plus tard.

La cueillette se fait avec grand soin, et en plusieurs reprises, au fur et à mesure de la maturité. Les raisins, coupés tous les trois ou quatre jours, sont portés sur l'aire appelée « almijar » (1) et placés délicatement, côte à côte, sur des nattes en sparte qui recouvrent le sol. Cette disposition permet de les transporter rapidement sous couvert si un orage éclate. Pendant la nuit, la vendange est abritée par des toiles contre la rosée.

D'une façon générale, le passerillage s'obtient, en Espagne, par insolation, tandis qu'en Italie la dessiccation partielle est obtenue à l'ombre.

Chaque grappe est visitée minutieusement et purgée

---

(1) *Almijar* est un mot arabe qui a été introduit dans la langue andalouse par les anciens conquérants du pays.

des grains altérés. Les ouvriers se livrent ensuite à un demi-égrappage en détachant du pédoncule principal toutes les ramifications ou ailes secondaires.

Il n'y a pas de règle précise relativement à la durée de l'insolation. Chaque viticulteur possède à ce sujet son expérience personnelle ; il la fait cesser lorsqu'il juge que la concentration des matières sucrées est suffisante.

On foule aux pieds et le moût clair est recueilli dans des tonneaux. Quand les « trouilleurs » (1) ont épuisé la vendange, ils la disposent autour de la vis du pressoir. Le jus de la première pressée est réuni au produit du trouillage ; le mélange reçoit souvent une addition de plâtre.

Le marc émietté subit une deuxième et troisième pressée après avoir été humecté avec de l'eau. Ces moûts aqueux fermentent à part. On les distille pour en retirer l'alcool lorsqu'on n'en fait pas des « petits Jérez » destinés à la consommation locale.

La fermentation principale dure environ trois semaines, ensuite la fermentation secondaire se prolonge jusqu'à deux ou trois mois. Le liquide s'éclaircit par défécation naturelle et on procède à un premier classement en janvier ou février. Le vin limpide et brillant est transvasé dans des futailles préparées à cet effet, au moyen de siphons qui ne touchent pas aux lies. A l'occasion de ce soutirage, on additionne chaque « bota » de 8 à 10 litres de bonne eau-de-vie. — La bota contient 500 litres ou plus exactement trente arrobes (480 litres). — L'alcoolisation fortifie la constitution du vin et le protège contre le danger des ferments pathogènes toujours plus actifs à l'approche des chaleurs estivales.

Après cette opération, on laisse le vin en repos jus-

(1) Les *trouilleurs* sont les ouvriers qui foulent aux pieds la vendange.

qu'à l'été. Alors, on pratique un nouveau soutirage. Les vins reconnus faibles, manquant de corps, sont remontés par une nouvelle addition d'alcool; ceux qui laissent à désirer, au point de vue de la limpidité, reçoivent un bon collage au sang de bœuf frais, distribué à la dose de deux litres par bota, ou bien avec douze blancs d'œufs. On emploie aussi la terre argileuse de Lébrija, battue avec de l'eau-de-vie ou du vin. La terre de Lébrija est vendue par les Anglais sous le nom de Spanish Clay.

C'est après le second soutirage qu'on fait le classement de la récolte en cinq types, savoir :

Palma.

Palo cortado.

Rayas I. II. III. ; les trois raies indiquant la plus médiocre qualité.

Les soins en cave consistent simplement en deux soutirages annuels, l'un au printemps, l'autre en automne, à partir duquel on laisse s'établir la vidange qui favorise les phénomènes d'oxydation et hâte le vieillissement. Des coupages habiles entre les vins de différents crus ou de différentes époques permettent de réaliser tel ou tel type de Xérès.

L'ouillage se fait avec un peu d'alcool de vin jusqu'à ce que le titre atteigne 18 à 19 degrés. D'ailleurs, l'évaporation lente qui se produit à travers les pores du bois n'est pas négligeable. L'affaiblissement du titre alcoolique est encore accentué par la formation des éthers, dont l'importance est considérable sur la nature et la distinction du bouquet.

Nous considérons l'alcool éthylique comme dérivant d'un carbure, l'éthane C^2H^6, par le remplacement d'un H par un oxhydrile OH.— C'est d'ailleurs ainsi qu'on peut le produire dans les laboratoires. — Dans ces conditions, la composition de l'alcool est représentée par la formule

$$CH^3CH^2OH \text{ ou } C^2H^5OH$$

Le groupement C^2H^5 a reçu le nom d'éthyle. En effet,

l'alcool est, en réalité, un hydrate d'éthyle, c'est-à-dire de l'eau HOH, dans laquelle un H est remplacé par C^2H^5.

$$HOH \qquad\qquad C^2H^5OH$$
Eau $\qquad\qquad\qquad$ Alcool

Il est facile de comprendre que les acides donnent, avec l'alcool éthylique, des sels d'éthyle ; ce sont ces sortes de sels qui s'appellent *éthers* ; chaque alcool fournit naturellement les siens.

Nous devons observer, cependant, que si les éthers sont des sels d'alcool au point de vue de la constitution chimique, il existe entre eux des différences qui portent sur le mode de formation, sur les propriétés chimiques, sur les réactions. Les éthers, par exemple, ne réagissent pas les uns sur les autres, comme les sels entre eux.

Les *éthers*, les *aldéhydes* ou alcools désydrogénés, qui résultent de H^2 transformés en eau par l'oxygène, sont plus volatils que l'alcool éthylique. Dans la distillation ils passent avec les produits dénommés *alcool mauvais goût de tête* (aldéhyde vinique, éther acétique, etc.).

Les praticiens préfèrent alcooliser les vins jeunes avec des eaux-de-vie de 50 à 60°, car ils obtiennent ainsi un mélange plus rapide et plus intime. Les alcools de 89 à 95° sont réservés pour les vins vieux, en ayant soin de fractionner l'opération et de laisser un intervalle de plusieurs jours entre chacune d'elles.

Lorsqu'on distille à la propriété, il faut observer de séparer rigoureusement les *produits de tête* et les *produits de queue*. Les produits de tête sont en proportion de 1 o/o du contenu de la chaudière. Les produits de queue arrivent quand l'alcoomètre marque 50°. La perte totale est d'environ 4 à 5 o/o. L'eau-de-vie de cœur obtenue suivant la méthode de distillation de Cognac marque 70°.

Le vieillissement naturel, stimulé par des soutirages, abaisse lentement le titre des eaux-de-vie et alcools. On peut utiliser dans ce but l'eau distillée ou mieux encore l'eau bouillie qui donne plus de moelleux que l'eau distillée. Plusieurs industriels impriment un peu de moelleux à une eau-de-vie, à un vin dur et trop sec, par l'adjonction d'une certaine quantité de sirop de sucre. Ce sirop se prépare en faisant fondre à chaud 18 kil. de sucre candi dans 12 litres d'eau que l'on passe à la chausse de drap ou de molleton. On rencontre dans le commerce trois espèces différentes de sucre candi, savoir: le candi blanc, le candi paille, le candi roux.

Le premier est fabriqué avec des sucres raffinés et doit être préféré ; le second provient du sucre de betteraves en grains ou des sucres de la Havane et de l'Inde ; enfin, le troisième se fait avec des sucres bruts du Brésil.

Le tableau ci-dessous indique la quantité d'eau à ajouter à un alcool de titre donné pour diminuer son titre.

	Alcool 90 °/₀	Alcool 85 °/₀	Alcool 80 o/o	Alcool 75 °/₀	Alcool 70 °/₀	Alcool 65 °/₀	Alcool 60 °/₀	Alcool 55 °/₀	Alcool 50 °/₀
85	6,56								
80	13.79	6.83							
75	21.89	14.48	7.20						
70	31.10	23.14	15.35	7.64					
65	41.53	33.03	24.66	16.37	8.15				
60	53.65	44.48	35.44	26.47	17.58	8.76			
55	67 87	57.90	48.07	38.32	28.63	19.02	9.47		
50	84.71	73.90	63.04	52.43	41.73	31.25	20.47	10.35	
45	105.34	93.30	81.38	69.54	57.78	46.09	34.46	22.90	11.41

Exemple : pour ramener un alcool de 85 o/o en volume au titre de 45 o/o, on cherche dans la colonne verticale correspondant à 85 le nombre correspondant à la ligne horizontale ; on trouve 93.30. Donc, pour réduire à 45 p. o/o, cent volumes d'alcool à 85 o/o, il faut ajouter 93.30 volumes d'eau.

Vin sec de Malvoisie. — Les vins aromatiques secs sont rares parce que, comme nous l'avons déjà expliqué, l'arome du fruit disparaît presque complètement avec le sucre. Cependant, en suivant une méthode de vinification spéciale, il est possible d'obtenir avec le Muscat ou la Malvoisie, par exemple, un vin discrètement aromatique et en même temps sec, c'est-à-dire ne renfermant tout au plus que des traces de sucres.

On mélange 1/3 de Malvoisie avec 2/3 d'un bon raisin blanc neutre. Le moût de l'Aspiran gris rapidement exprimé, donne d'excellents résultats.

La fermentation a lieu en cave tempérée dans des fûts de 500 litres au maximum. Admettons que notre moût se compose de 1/3 Malvoisie et 2/3 Aspiran gris, avec une densité de 1090 mustimètre Gay-Lussac ou 11.9 Baumé, ce qui correspond à une richesse saccharine de 260 gr. de sucre par litre (table page 87). Nous savons que pour obtenir un vin sec il faut veiller à ce que le titre saccharimétrique du moût ne dépasse pas 260 grammes par litre; mais il est avantageux d'atteindre 255 à 260 gr. de sucre en passerillant la Malvoisie de façon à obtenir un vin qui renferme 15° environ d'alcool sans le secours d'un alcool étranger.

Avant que la fermentation ne soit commencée, on soutire en aérant largement. Le vin pris en bas est remis dans la futaille par le haut. On renouvelle l'opération à cinq heures d'intervalle.

Lorsque la fermentation tumultueuse est terminée, vers le 4° ou le 5° jour, on transvase et on laisse la fermentation secondaire achever doucement son œuvre. Courant mars on soutire et si la chose est nécessaire, comme dans le cas que nous avons choisi, on ajoute assez d'alcool pour élever le titre à 15° au moins.

La méthode qui consiste à faire passeriller la Malvoisie pour obtenir un moût capable de donner 15° d'alcool par la fermentation totale de son sucre donne toujours de meilleurs résultats et conserve beaucoup plus l'arome du fruit.

Préparation des vins liquoreux blancs ou colorés

Les vins de cette catégorie présentent une certaine analogie avec les vins de paille ou passerillés appelés vins saints en Italie, mais ils sont encore plus riches en sucre et en alcool. Il est évident que par le sucrage et les divers moyens qu'indiquent les chapitres précédents, on peut arriver à produire un vin liquoreux partout où il y a des vignes, mais, néanmoins, la fabrication de ces vins est localisée dans les pays méridionaux, car ce n'est que là qu'ils réunissent cet ensemble de qualités apprécié des amateurs.

Nous diviserons les vins liquoreux en deux classes: 1° les vins cuits ; 2° les vins non cuits. Par opposition on pourrait les appeler vins crus.

La concentration du sucre des vins de la première classe est obtenue en soumettant à la cuisson une partie du moût, tandis que celle des vins de la deuxième classe est due au passerillage du raisin. Ce dernier procédé donne, à notre avis, des produits supérieurs, plus fins et à arome moins artificiel.

Vins cuits. — La fabrication des vins renfermant une plus ou moins grande proportion de moût cuit est surtout pratiquée en Espagne et en Italie. C'est la cuisson du moût qui imprime leur cachet spécial aux vins noirs de Malaga, et à certains types d'Alicante, de la Marche, de la Calabre, des Abruzzes, etc.

Vins de Malaga. — Le vin blanc doux obtenu suivant la méthode ordinaire est la base des vins noirs ou vins cuits de Malaga. Nous rappellerons brièvement cette méthode.

On vendange le raisin du Pedro Ximénès aussi mûr que possible, dans le courant du mois de septembre. L'insolation, conduite exactement comme à Xérès, dure

2 ou 3 jours. Afin d'éviter les inconvénients du foulage à pieds d'homme qui, poussé à l'extrême, écrase les rafles et exprime leur jus acerbe, on observe d'étendre la vendange en couches épaisses et de l'égrapper avec un rateau pendant le foulage. Ensuite elle est soumise à l'action du pressoir.

Les grands propriétaires et les grands industriels qui achètent de la vendange pour la vinifier dans leurs chais utilisent le fouloir-égrappoir genre Mabille.

Après le foulage-égrappage, la vendange est mise sur le pressoir et comprimée. Le moût qui s'écoule de la première pressée est mélangé à celui de l'opération précédente dans la cuve de débourbage.

Le marc rompu, émietté à la fourche, est soumis à une deuxième pression, puis à une troisième. Le liquide obtenu est mis à part pour la distillation, etc.

Après avoir subi un commencement de défécation dans la cuve ou citerne dite de débourbage, le moût fermente librement dans des fûts de 480 à 500 litres.

La densité moyenne de ce moût est généralement de 18 à 19 degrés Baumé, soit 1143 à 1152 du mustimètre Gay-Lussac, ce qui correspond à une richesse saccharine de 350 à 375 grammes de sucre par litre. La fermentation naturelle décompose environ 260 à 275 grammes de sucre (titre alcoolique 15°,2 à 16°,1) et laisse par conséquent une centaine de grammes de sucre indécomposés; le vin reste doux, c'est *le vin blanc doux de Malaga*, base de tous les types vins de Malaga, noirs ou blancs, cuits ou non cuits.

Pour obtenir le *vin noir de Malaga*, on a recours à divers produits préparés suivant les méthodes que nous allons indiquer. Ces produits sont:

1° Le vin maestro;

2° Le vin azufrado;

3° Le vin tierno;

4° Arropa;

5° Color.

Le vin maestro est un vin très liquoreux. On lui conserve une forte proportion de sucre en additionnant le moût d'une certaine quantité d'alcool. Les praticiens fixent ordinairement la ration d'eau-de-vie (40° environ) à cinq arrobes par 25 arrobes de moût, soit 80 litres par 400 litres. Dans ces conditions, la fermentation alcoolique se développe lentement et n'arrive à décomposer qu'une faible partie du sucre.

Le *vin azufrado* est du vin muté au soufre. Les propriétaires mutent leurs moûts suivant la méthode traditionnelle. Une mèche soufrée fixée à l'extrémité d'un fil de fer est enflammée et introduite dans le tonneau. Lorsque la combustion est terminée, on verse dans le récipient 30 à 40 litres de vin, on met la bonde et on roule dans tous les sens pour que le liquide absorbe le gaz sulfureux. Cette opération est suivie d'une autre semblable et ainsi de suite jusqu'à remplissage complet.

Un pareil mutage ne permet pas de fixer même approximativement les quantités d'acide sulfureux mises en œuvre. La quantité de gaz dégagée est inconnue, car on ignore quel est le poids et la pureté du soufre déposé sur les mèches. En outre, une partie du gaz, que nous évaluons aux 2/3, s'échappe du tonneau par le seul fait de la combustion et de l'échauffement de l'air qui en est la conséquence. Le moût versé dans le tonneau chasse ensuite un certain volume du gaz sulfureux, etc. Le mutage à doses réglées est impossible par la combustion du soufre.

L'emploi des appareils dits muteuses n'écarte pas ces principaux inconvénients.

La construction et le fonctionnement de la muteuse ne présentent aucune difficulté.

On met dans un fourneau un plat rempli de soufre candi trituré mélangé avec un peu d'alcool que l'on enflamme. La cheminée du fourneau débouche dans un cuvier en bois. Un tonneau défoncé d'un côté et dressé sur l'autre fond constitue au besoin cet appareil connu

dans le Midi sous le nom de muteuse ou mécanique.
Dès que les vapeurs de soufre ont totalement envahi le
cuvier, on y introduit le vin à l'aide d'une pompe dont le
jet se brise sur deux ou trois claires-voies en bois super-
posées et percées de trous de 5 à 6 millimètres de diamètre. Ordinairement on place un crible à la partie supérieure afin d'arrêter les parties solides capables d'obstruer les claires-voies. Le moût s'écoule en pluie fine à
travers une atmosphère de gaz sulfureux dont il s'imprègne, puis il sort de la muteuse par un robinet placé
près du fond.

Il sera préférable, à l'avenir, de substituer le sulfitartre
Gastine et Gladysz à l'action directe du gaz sulfureux (voir
page 78). Avec une dose de 73 centilitres par hectolitre,
soit 3/4 de litre par hectolitre, la fermentation est totalement empêchée sans grands frais de main-d'œuvre.

Le moût reste *muet*, suivant l'expression vulgaire ; les
levures qu'il renfermait ont été tuées et pour provoquer
sa fermentation il faudra désormais l'ensemencer avec
des levures vivantes (1) après l'avoir chauffé à 30° centigrades et aéré afin de favoriser le départ de l'acide sulfureux en excès.

Il est évident que le mutage à l'alcool donne des résultats plus sûrs, car il crée un milieu permanent défavorable aux ferments. Il suffit de 14 à 15 o/o d'alcool incorporé avant toute trace de fermentation pour annihiler
les saccharomycètes.

Le gaz sulfureux fait contracter au liquide un goût et
une odeur désagréables qui disparaissent fort heureusement à la suite de soutirages répétés. Il permet, par une
application ménagée (2), d'obtenir un bon débourbage

---

(1) Levures cultivées ou provenant d'un raisin frais et sain écrasé.
(2) 1 litre de sulfitartre retarde le départ de la fermentation et facilite le débourbage de 10 hectolitres de vin. Il est à remarquer que
la fermentation des moûts mutés est toujours relativement plus calme.

du moût et, à haute dose, de suspendre la fermentation d'un vin ou bien d'empêcher complètement celle d'un moût. Les moûts mutés, enfermés dans un fût plein et hermétiquement clos, se conservent indéfiniment à l'état de véritable jus de raisin sans traces d'alcool ; ils jouent un grand rôle pour la préparation des *mistelas*.

Le *vin tierno* est obtenu avec des raisins Pedro Ximénès dont le passerillage est très prononcé. L'exposition au soleil dure 8 à 12 jours. Quelques industriels opèrent même avec des raisins secs préalablement macérés dans l'eau tiède. Le moût du tierno est très riche en sucre, c'est un moût concentré qui fermente peu et reste très doux.

L'*arrope* s'obtient par la concentration du moût au moyen du chauffage. Ce chauffage se prolonge jusqu'à ce que la densité du liquide atteigne 35 à 38° Baumé. On opère dans une chaudière en fer à feu direct en ayant soin d'écumer. Afin d'éviter les coups de feu et le goût de cuit, on imprime sans cesse au liquide un mouvement giratoire au moyen d'une palette en bois ou en fer.

Pour faire *la color* (la couleur) on chauffe l'arrope dans la même chaudière jusqu'à ce que la teinte désirée soit obtenue. Il est assez difficile de dépeindre cette teinte avec des mots — elle est de couleur noirâtre à reflets fauves, brun-jaunâtre très foncé ; son goût n'est ni doux ni amer, car la caramélisation ne doit pas être sensiblement atteinte. La préparation de la color est confiée à des praticiens exercés. On refroidit doucement la couleur avec du vin dès que la nuance désirée est obtenue, puis on clarifie.

Donc le vin noir de Malaga est un coupage de vins secs et doux, additionnés de vin maestro, de vin azufrado, de vin tierno, d'arrope et de couleur suivant le type que l'on recherche. Le tout alcoolisé jusqu'à 18 degrés environ.

Il est évident que quand on prend pour base un vin de Pedro Ximénès sec, l'adjonction de maestro, azufrado et tierno en vue d'obtenir la douceur sera plus considérable que si l'on opère sur un vin Pedro Ximénès provenant de raisins passerillés et naturellement riches en sucre.

En Italie, la cuisson du moût se fait en soumettant tout le moût à l'action du feu ou bien en condensant seulement une partie de celui-ci jusqu'au point voulu. La première méthode présente de nombreux inconvénients; elle ne permet d'opérer que sur de faibles quantités; en outre, lorsqu'un moût a été porté à l'ébullition, son arome caractéristique est détruit et il a besoin, pour fermenter, d'être ensemencé avec des levures, car celles qu'il renfermait sont tuées. La deuxième méthode produit une sorte d'*arropa*, que les Italiens appellent *sapa* et qu'on mélange au vin fait en proportion convenable ; sous tous les rapports, elle donne de meilleurs résultats.

Si on fait cuire la masse entière du moût, on aura soin de n'employer que du moût frais n'ayant subi aucun commencement de fermentation. Il est essentiel d'éviter les coups de feu sur les substances mucilagineuses qui tendent à se déposer au fond; en les roussissant, on ferait contracter au vin un goût désagréable.

Les Andalous attachent une grande importance à la chaudière en fer, dont ils se servent exclusivement pour la concentration des moûts. A Malaga, les praticiens affirment que la couleur de l'arropa et sa saveur dépendent, dans une certaine mesure, du fer que les acides du moût dissolvent pendant la cuisson.

En Italie, la chaudière en cuivre est généralement adoptée. Cette chaudière est murée dans un fourneau, de façon à ne recevoir le contact de la flamme que sur la face inférieure; sans cette précaution, le moût visqueux qui adhère sur les parois pendant l'évaporation se carboniserait et communiquerait au vin un goût de brûlé détestable.

Le chauffage est d'abord conduit avec modération, de manière à faciliter la formation de la croûte écumeuse.

On enlève soigneusement cette croûte avant que l'ébullition ait commencé. Ensuite, le feu est entretenu de telle sorte qu'on amène le moût au point de concentration désiré à l'aide d'une ébullition régulière et ininterrompue.

Le degré de concentration varie du dixième au sixième de la masse entière suivant la nature du moût et le goût de l'opérateur.

Quand la réduction est jugée suffisante, on verse le moût dans une futaille bien propre et, après refroidissement, on y ajoute le jus de quelques grappes fraîches et saines rapidement exprimé. Le milieu que la chaleur avait stérilisé se trouve ainsi ensemencé et capable de fermenter. Puis on met la fermentation à l'abri du contact de l'air par un simple appareil hydraulique, formé d'un tuyau débouchant sous l'eau. Le premier soutirage a lieu environ deux mois après. On peut consommer le vin dès la deuxième année.

Passons, maintenant, au vin cuit obtenu à l'aide d'une ration de *sapa*.

Le moût, fraîchement exprimé, est muté au soufre et déféqué après repos absolu.

La partie liquide, séparée de son dépôt, est introduite dans une chaudière en cuivre. de forme large et basse ; les plus grosses ne renferment pas plus de 150 litres. Il faut une certaine habitude et beaucoup d'attention pour diriger convenablement le feu. Le moût doit se concentrer sans atteindre l'ébullition. On écume avec soin et, lorsque les impuretés cessent de se former à la surface, on provoque une légère ébullition durant cinq ou six minutes. Le liquide bouillant est versé dans un cuvier où on le refroidit en l'agitant et en le battant au contact de l'air. Pendant cette opération, on sature les acides de la *sapa* par le *carbonate de chaux* pur en poudre ; ce sel est ajouté peu à peu à la dose de 500 grammes par hectolitre de *sapa*. Dans les campagnes, on se sert souvent de coquilles d'œufs ou de marbre blanc pulvérisés.

La décoloration s'obtient par l'emploi du noir animal à la dose de 300 à 400 grammes par hectolitre, suivant la couleur du moût-sapa. On agite vivement pour faire agir le noir, puis on laisse reposer, de façon à séparer par décantation la partie liquide du dépôt que forment le noir animal et le carbonate de chaux.

La sapa doit alors subir de nouveau l'action d'un feu modéré, afin que le liquide bouille lentement. Pendant toute la durée de l'opération, on agite constamment avec une palette en bois, de manière à éviter la formation d'un dépôt que la chaleur directe de la flamme pourrait roussiller.

Le plus grave défaut des vins cuits c'est d'avoir un goût trop prononcé de brûlé ou de roussi. Un chauffage habilement dirigé peut seul écarter ce danger.

Il y aurait intérêt à employer, pour la concentration, des appareils évaporatoires à vapeur. Un réchauffeur multitubulaire dans le genre de ceux qui sont utilisés pour le traitement du lait conviendrait parfaitement, de même que l'évaporateur à circulation.

On prolonge l'ébullition jusqu'à ce que le liquide, réduit au tiers environ de son volume, ait acquis la consistance, la couleur et la saveur d'un sirop de miel.

La sapa est mise à refroidir dans un récipient en bois. On la mélange ensuite avec le moût frais en proportion convenable, suivant la qualité du vin que l'on désire obtenir. Généralement, on ne dépasse pas 15 p. 100.

La sapa est un liquide visqueux, sirupeux, qui se diffuse mal dans le moût, et, de plus, comme sa densité est supérieure à celle du milieu, elle descend au fond du tonneau et risque d'être séparée par le soutirage. Pour éviter cet accident, on a la précaution de mélanger la sapa par petites fractions et après l'avoir chauffée à 35 degrés environ. Agiter vivement.

Un premier soutirage a lieu en mars et un deuxième en septembre. Le vin est fait à partir de la troisième année.

La concentration des moûts proprement dite ne saurait être confondue avec la cuisson des moûts. Sans doute, la cuisson concentre aussi, mais en outre elle imprime au vin un goût, un cachet spécial, qui est précisément recherché.

En concentrant sous une faible pression l'ébullition du moût se produit entre 30 et 45 degrés centigrades et on obtient une masse sirupeuse renfermant jusqu'à 80 o/o de sucre, soit 800 grammes par kilog. Ce produit est infermentescible à moins qu'on ne le délaie dans une quantité d'eau proportionnelle à la richesse alcoolique du vin que l'on désire. Nous savons que la fermentation naturelle ne peut décomposer totalement plus de 260 à 270 gr. de sucre par litre donnant 15 à 16 o/o d'alcool en volume. Les moûts concentrés servent donc à fabriquer de toutes pièces des vins sans goût de cuit ou bien à élever le titre saccharimétrique d'un moût trop faible. Ce dernier cas se présente parfois lorsqu'on veut fabriquer un vin doux ou liquoreux. Par le chauffage à la vapeur ou au bain-marie en chaudière émaillée — à défaut d'appareil à vide — le degré de concentration nécessaire peut être atteint sans communiquer au moût le goût de brûlé ou la saveur spéciale de l'arrope et de la sapa réservés à la préparation des vins cuits.

En dehors de la préparation des vins cuits, la concentration du moût par la chaleur suivant les indications déjà données, ou bien par le passerillage de la vendange, ne doit pas dépasser 1209 à 1210, densité du mustimètre Salleron, soit 25° Baumé, ce qui correspond à une richesse saccharine de 525 grammes environ de sucre par litre.

Ci-derrière un tableau indiquant la quantité de moût concentré à 25° Baumé, ou 1209 mustimètre, qu'exigent les moûts de 12°, 13°, 14°.15° Baumé ou 1091, 1099, 1108, 1116 mustimètre, pour atteindre 16° Baumé — 1125 mustimètre.

La table que nous avons donnée page 85 montrera le

rapport existant entre les degrés Baumé et le mustimètre Salleron (Gay-Lussac).

AUGMENTATION de densité saccharimétrique	MOÛT à 12° Baumé. (1091 musti-mètre) à enrichir	QUANTITÉ de moût concentré à 25° Baumé qu'il faut ajouter	TOTAL du mélange
De 12° à 16°			
De 12° à 13°..........	92 o/o	8 o/o	100 litres
De 12° à 14°..........	84 o/o	16 o/o	—
De 12° à 15°..........	77 o/o	23 o/o	—
De 12° à 16°..........	69 o/o	31 o/o	—
De 13° à 16°			
De 13° à 14°..........	91,5 o/o	8,5 o/o	—
De 13° à 15°..........	83 o/o	17 o/o	—
De 13° à 16°..........	74,5 o/o	25,5 o/o	—
De 14° à 16°			
De 14° à 15°..........	91 o/o	9 o/o	—
De 14° à 16°..........	82 o/o	18 o/o	—
De 15° à 16°			
De 15° à 16°..........	90 o/o	10 o/o	—

VINS NON CUITS. — Ces vins sont les vrais vins *de liqueur;* ils diffèrent des précédents par l'absence de moût cuit. En bien des cas cependant les moûts concentrés sous une faible pression pourraient être à leur égard un adjuvant précieux.

Muscat. — Les vrais Muscats, tels que le Muscat de Frontignan, le Muscat de Maraussan, de Rivesaltes, de Syracuse, etc., proviennent du cépage appelé *Muscat blanc.*

Le Muscat d'Alexandrie possède un arome moins exalté et toutes choses égales une richesse saccharine inférieure de 2 ou 3 degrés Baumé. En dehors des contrées méridionales le goût musqué de ce cépage s'affaiblit beaucoup.

D'une façon générale, l'arome des Muscats est d'autant plus prononcé que le climat est plus chaud et le raisin plus mûr.

Muscat de l'Hérault. — Le Muscat doit être cueilli à un degré de maturité très avancé. Nous savons que la concentration des sucres se fait mieux sur souche à la suite du pincement ou de la torsion du pédoncule des grappes; par conséquent, on devra user de ce moyen toutes les fois que les circonstances locales et atmosphériques le permettront.

L'égrappage et l'élimination des raisins avariés ou incomplètement mûrs sont rigoureusement pratiqués.

Le moût est extrait par foulage et pressurage lorsqu'il marque 17 à 18 degrés Baumé, ce qui correspond à une richesse saccharine de 328 à 351 grammes de sucre par litre.

Dans les bonnes années, les raisins passerillés des vieilles vignes donnent jusqu'à 500 gr. par litre. On débourbe le moût avant de l'introduire dans des fûts dont la contenance ne devrait pas dépasser 3 à 700 litres (1/2 muids). A ce moment on y ajoute 4 à 7 o/o de bon 3/6 de vin. L'alcoolisation doit être calculée en tenant compte de la richesse saccharine du moût et de la quantité de sucre indécomposé qu'on désire conserver au vin.

Par exemple : Si nous ajoutons cinq litres d'eau-de-vie à un moût, nous lui donnerons un titre alcoolique de 2°,5 environ. Par l'addition de cette eau-de-vie, 40 grammes de sucre seront immobilisés, car 2°,5 d'alcool représentent la décomposition d'une pareille quantité de sucre.

La fermentation de 16 gr. 40 de sucre produit 1 degré alcool, alors : 16.40 $\times$ 2.5 = 40.

Notre moût marquait 18° Baumé, soit 351 gr. de sucre par litre. Or 15 degrés alcool exigent 260 gr. de sucre. La fermentation abandonnée à elle-même décomposerait un pareil poids de sucre et laisserait environ 90 grammes de sucre indécomposé. Mais, comme nous venons de l'établir, l'alcoolisation a fait gagner 40 gr. de sucre ; dans ces conditions, le Muscat conservera :

$$90 + 40 = 130$$

130 grammes environ de sucre avec un titre alcoolique

de 14°,8 à 15°,2 suivant les circonstances ambiantes qui auront accompagné la fermentation, etc.

Si nous admettions un moût de 22° Baumé ou 1180, densité prise au mustimètre Salleron, nous aurons 450 gr. de sucre par litre. La fermentation naturelle absorbant 260 gr., il restera 190 gr. de sucre indécomposé

$$450 - 260 = 190$$

l'alcoolisation ne sera pas nécessaire ; au contraire, le Muscat sera même trop liquoreux sans le secours de l'alcool et il faudra réduire *sa douceur* en proportion convenable par un coupage judicieux avec un peu d'excellent Muscat sec — vieux autant que possible — provenant de raisins Muscat non passerillés, c'est-à-dire ayant à peu près 240 à 250 gr. de sucre par litre au moment de la vendange. Au besoin, on pourrait utiliser un bon vin blanc sec ; mais il est évident qu'en surveillant de temps en temps les progrès du passerillage il est facile d'opérer exactement au moment opportun.

Ce moment est atteint lorsque le titre saccharimétrique s'élève à 18 ou 20° Baumé (1143 à 1161 du mustimètre), ce qui représente 350 à 400 gr. environ de sucre par litre de moût. On obtient ainsi 90 à 140 gr. de sucre indécomposé.

Les Muscats les plus liquoreux de Syracuse n'ont pas plus de 140 grammes de sucre indécomposé par litre de vin fait. En général, dans le Midi de la France, on dirige le passerillage, et l'alcoolisation suivant le cas, de façon à laisser 120 à 125 gr. de sucre.

Certains praticiens font ce qu'ils appellent un bouillon en mutant complètement à l'alcool (14 o/o) du moût de raisins Muscat passerillés. Ils ont ainsi une espèce de sirop, très aromatique, car en somme c'est le jus du fruit conservé en nature. Ce sirop leur sert à donner du moelleux et de la liqueur aux vins trop secs ou décrépits ; il permet de corriger les produits défectueux d'une mauvaise année ou de jeunes vignes.

Mais clôturons là cette longue digression et revenons au moût alcoolisé aussitôt après débourbage.

La fermentation principale dure une douzaine de jours en cave tempérée. On soutire alors pour séparer les lies qui se sont déposées au fond du tonneau et on laisse la fermentation secondaire accomplir son œuvre. Un deuxième soutirage a lieu vers fin mars et un troisième en décembre.

La seconde année on pratique un soutirage au mois de mars, puis un autre en décembre. A ce moment il est bon de filtrer à l'abri du contact de l'air, et, après huit jours de repos, le vin limpide est prêt pour la mise en bouteilles. Rechercher un temps vif et frais et éviter autant que possible l'action oxydante de l'oxygène de l'air, afin de prévenir une coloration trop intense, l'affaiblissement de l'arome musqué et le départ de l'alcool.

Avant la filtration, il est bon de s'assurer des pertes en alcool entraînées par le vieillissement, et, le cas échéant, remonter le titre alcoolique jusqu'à 14°,8 ou 15° avec une eau-de-vie de premier choix. Les vins destinés aux colonies ou à l'exportation dans les pays chauds doivent contenir au moins 15 o/o d'alcool, nous l'avons déjà dit plusieurs fois. Cette règle est surtout indispensable lorsqu'il s'agit de vins encore riches en sucre indécomposé, et, partant, susceptibles de fermenter encore si la proportion d'alcool est insuffisante pour paralyser les levures et microbes divers, agents de maladies.

L'arome du vin se développe et atteint son maximum d'ampleur vers la fin de la troisième année, ensuite il gagne en finesse et en délicatesse ce qu'il perd en force. De l'avis unanime de dégustateurs émérites — appréciant des types comparables — le Muscat arrive à son apogée vers la huitième année. Il maintient ses qualités pendant 5 ou 6 ans et même au delà en cave fraîche. Vers l'âge de 18 à 20 ans, les signes de décrépitude commencent à l'affecter sensiblement.

Les Muscats de l'Hérault ont à notre avis plus de moel-

leux, plus de saveur ample et fruitée, un grain plus distingué, que les Muscats espagnols ou italiens. Parmi ces
derniers il existe néanmoins des types fort remarquables
et d'une grande valeur.

Le gouvernement italien fait de grands efforts pour
améliorer les produits de la vigne et en développer la
consommation à l'étranger. Il est admirablement se-
condé dans cette voie par une phalange de savants spécia-
listes tels que : Ottavi, Cavazza, Zecchini, Strucchi, Carpené, Silva, Rovasenda, Marescalchi, etc., et tant d'autres encore dont les travaux mériteraient une mention
honorable. Leurs recherches et leurs écrits ont puissamment contribué au progrès œnologique. Nous sommes
heureux de leur témoigner ici nos sentiments de bonne
confraternité.

Muscat de Syracuse. — La préparation de cet excellent
vin liquoreux est faite avec assez de soin.

On cueille le raisin mûr, c'est-à-dire lorsqu'il a atteint
sur souche le premier degré de flétrissement. La vendange a lieu lorsque le soleil a fait disparaître la rosée
nocturne et que les fruits sont secs. On égrappe et on
enlève les grains gâtés ou incomplètement mûrs. L'é-
grappage éloigne les principes acerbes des rafles qui
nuisent à la finesse du vin.

Beaucoup de vignerons ne se contentent pas de la
maturité atteinte sur le cep ; ils pratiquent le passerillage
par exposition des raisins au soleil. Ces raisins sont
étendus côte à côte sur des claies en roseau ou en osier
et mis à l'abri quand le jour tombe.

Le moût fraîchement exprimé se met dans des futailles
de 2 à 6 hectolitres assez fortement méchées pour ralentir le processus de la fermentation première qui doit
être lente et point tumultueuse.

Dans les bonnes années, le moût marque 18 à 19° Baumé, ce qui correspond à une richesse saccharine de 350
à 375 grammes de sucre par litre.

Certains praticiens introduisent quelques poignées de

pellicules dans le moût; ils renforcent ainsi l'arome du vin, mais colorent davantage. Ce que nous savons sur la localisation des substances odorantes dans la pellicule explique comment il est possible d'obtenir par ce moyen des vins plus fortement imprégnés de l'arôme musqué.

D'autres enfin obtiennent un excellent vin muscat en faisant bouillir pendant cinq à six minutes seulement un peu de moût accompagné de pellicules ou peaux. Durant l'ébullition, ils écument toutes les impuretés qui se forment à la surface.

L'usage modéré d'une faible quantité de ce moût cuit, bien déféqué et filtré, alcoolisé avec de l'eau-de-vie vieille, donne d'excellents résultats sur les Muscats de Syracuse. Il est préférable, dans tous les cas, à l'adjonction d'un moût qu'une ébullition prolongée a concentré au tiers du volume primitif en lui faisant contracter un goût plus ou moins empyreumatique et une coloration brunâtre indécise qui remplace la jolie couleur jaune doré ou blond de miel.

On décuve généralement au bout de 3 à 5 jours, suivant la température et la qualité de la vendange. On écarte ainsi les grosses lies, puis on alcoolise à 4 ou 5 p. 100 et on laisse la fermentation se prolonger lentement jusque vers fin janvier époque du deuxième soutirage. Mais beaucoup de producteurs dont les moûts sont très sucrés n'alcoolisent point, car le vin serait trop liquoreux et presque écœurant par excès de sucre. L'analyse de certains moûts et vins muscats de Syracuse, d'Alcamo et de Casteloetrano nous a démontré que ces renseignements étaient exacts, mais on alcoolise un peu les vins destinés à l'exportation pour les rendre plus robustes et les mettre à l'abri des ferments de maladies.

Le titre alcoolique des Muscats consommés dans le pays oscille entre 14 et 15 degrés. La richesse saccharine ne dépasse pas 140 grammes par litre.

Le Muscat de Rivesaltes provient lui aussi du Muscat blanc commun. Il se prépare suivant la méthode de l'Hérault, avec des raisins passerillés sur souche. L'alcoolisation et la cuisson du moût ne se pratiquent pas pour le Muscat, mais souvent on a recours à ces adjuvants pour le vin de Malvoisie et de Maccabeo.

Malvoisie. — Dans le Roussillon on fabrique un excellent Malvoisie avec le raisin de la Malvoisie blanche qui se plaît en terrain siliceux — différente de la Malvoisie à gros grains.

On laisse bien mûrir le raisin sur souche jusque vers les premiers jours d'octobre. Si l'automne n'est pas trop humide, on provoque le passerillage par écrasement du pédoncule des grappes à l'aide de pinces. Lorsque les conditions atmosphériques ne sont pas propices à cette opération, on obtient le passerillage par exposition du raisin sur des claies ou sur de la paille.

La vendange a lieu 6 ou 8 jours après le pincement du pédoncule et par un temps sec. On égrappe, on foule et on presse. Le jus est alcoolisé avec de la bonne eau-de-vie ou de l'alcool de vin à 86 ou 90 degrés dans la proportion de 7 à 8 o/o. Le mélange intime de l'alcool est favorisé par un brassage énergique.

Quand le liquide est à peu près limpide, au bout de trente ou quarante jours, on le soutire pour le séparer des lies. Un deuxième soutirage a lieu en janvier et un troisième fin mars; à ce moment on colle et on filtre.

Les années suivantes on soutire une fois au commencement d'avril. Le vin de Malvoisie ne revêt ses principaux caractères qu'après trois ou quatre ans de soins en cave et d'alcoolisations successives pour réparer les pertes entraînées par les oxydations et l'évaporation.

La méthode de vinification imprime à tous ces vins, Malvoisies ou Muscats, un cachet spécial. En mettant en œuvre du moût muté à l'alcool, du moût concentré, etc., on obtient des types fort différents. Les chapitres précédents fourniront au lecteur les indications les plus complètes.

Le titre alcoolique des vieux vins de Malvoisie atteint

16 à 17 o/o. Ce degré élevé assure la conservation du liquide.

Les vins dits de *Banyuls* sont préparés avec les raisins du cépage Grenache ou Alicante qui donne des produits particulièrement distingués sur les coteaux schisteux secs et cailouteux des monts Albères.

Les vendanges se font tardivement, environ trois ou quatre semaines après celles des vins ordinaires. Elles ne sont effectuées que lorsque les raisins ont dépassé la maturité et que les grains commencent à se flétrir. Au besoin, on provoque le passerillage par le pincement ou la torsion du pédoncule.

Le raisin sain et frais est rapidement foulé aux pieds dans *la maï*, sorte de pétrin à double fond appelé Trel dans le Languedoc et benaccia en Italie, c'est le λανός des Grecs. Le fond supérieur est constitué par une claie distante de 5 à 6 centimètres du fond inférieur. Ce pétrin, disposé légèrement en pente, laisse écouler le moût dans un cuvier, qu'on transvase dans la cuve en y ajoutant la vendange foulée. L'égrappage n'est pas généralement pratiqué. Le pressurage à l'aide du pressoir se fait sur les marcs après la décuvaison qui dure 30 à 40 jours.

La fermentation est toujours lente à cause de la richesse saccharine du début finalement remplacée par un titre alcoolique élevé incompatible avec la vie des ferments.

On attend, pour opérer le décuvage, que le vin soit froid et limpide. Ce vin garde indécomposé une certaine proportion de sucre, 7 à 8 o/o environ, qui lui donne de la douceur. Le degré alcoolique s'élève jusqu'à 16 à 17 pour 100. La plupart de ces vins sont vinés.

Pour la fabrication des vins de Grenache destinés à la production des grands vins, on égrappe et on ne foule que les grains flétris dans lesquels le moût a une concentration très grande. Au moment de la mise en cuve, on additionne la vendange de 5 à 6 o/o d'alcool. On obtient ainsi un vin liquoreux, tonique, susceptible d'ac-

quérir de fortes qualités en vieillissant. Les pertes dues
à l'évaporation, etc., sont réparées par une légère addition d'alcool à l'occasion des soutirages qui se pratiquent
au commencement du printemps et vers la fin de l'automne.

Ces vins, très recherchés comme vins de dessert,
pour la fabrication de liqueurs spéciales dites apéritives
(Banyuls-Trilles, Byrrh, etc.) pour la préparation des vins
de quinquina, etc., renferment environ 17 o/o d'alcool.

Certains praticiens font fermenter le moût en dehors
du contact des matières solides de la grappe. Pour dissoudre la matière colorante du raisin, ils mettent à
macérer les pellicules fraîches et saines dans du bon
alcool de vin acidulé à 1 gramme d'acide tartrique par
litre. La proportion admise oscille entre 16 à 20 litres par
chaque hectolitre de moût retiré de la vendange. On
exprime les produits de la macération et, ensuite, on les
ajoute au moût en quantité convenable.

Le *Grenache ambré* s'obtient en pressurant rapidement
et en laissant fermenter le moût seul. On soutire après
5 ou 6 jours de fermentation pour séparer le vin des
dépôts. Le deuxième soutirage a lieu un mois après.

La concentration d'une partie du moût par ébullition
est parfois mise en pratique. Lorsque ce sirop est refroidi,
on le mélange avec le moût extrait du pressoir, de façon
à ce que la richesse saccharine de l'ensemble soit ramenée à 19 ou 20 degrés Baumé, ce qui représente 375 à
390 grammes de sucre par litre. La fermentation naturelle laisse au moins 100 grammes de sucre indécomposé.

Les vins sont conservés en fûts aussi longtemps que
possible. Grâce à leur titre alcoolique élevé, ils peuvent
être conservés en vidange, ce qui favorise les phénomènes
d'oxydation d'où dérive le vieillissement.

La conservation dans des futailles de 250 à 500 litres
à la température de 15 à 20 degrés diminue chaque année
le volume du vin du douzième au vingtième. L'ouillage

et le vinage, c'est-à-dire le mélange de l'alcool au vin
jusqu'à 17°, rétablissent l'équilibre. Ce dernier diminue
la quantité d'extrait du vin; non seulement parce qu'il
étend le volume du liquide, mais surtout parce qu'il
diminue la solubilité de certains sels, principalement des
sulfates et de la crème de tartre.

L'analyse d'un vieux vin de Banyuls nous a donné les
résultats suivants :

Alcool.	15.$^9/_{10}$
Extrait sec à 100°	140 gram.
Matières réductrices. . .	126 —
Matières astringentes. . .	1 —
Cendres.	2 gr. 25
Acidité totale en SO^4H^2. .	4 gr. 3
Acidité volatile en CH^3CO^2H	1 gram.
Tartre	3 —
Glycérine.	7 —

Vins d'Oporto ou de Porto.— Porto en Portugal est le
grand entrepôt et le port d'embarquement des célèbres
vins du même nom qui se récoltent dans le Haut-Douro.

Les principaux cépages de cette région sont: le *Bastardo* (maturité: première quinzaine de juillet), aux grains
ovalaires, à pulpe charnue de saveur très douce ; l'Alvarelhao (maturité : fin août), à la grappe rameuse, aux
grains ovoïdes noirâtres, remarquables par leur saveur
fine, sucrée et acidule. Ce plant imprime aux vins dits
de Porto les qualités les plus transcendantes. On cultive,
en outre, le Casculo, le Mourisco noir, le Donzellinho, etc.

Les raisins sont vendangés très noirs et soigneusement purgés des grains verts, moisis ou gâtés. On les
foule aux pieds pendant plusieurs heures. Ce foulage
prolongé laisse les pellicules écrasées et dilacérées au
contact de l'air, ce qui amène un premier degré d'oxydation favorable à la solubilité de la matière colorante.
Durant la cuvaison, on pratique le battement, l'aération
du moût et le foulage énergique du chapeau.

Lorsque la saveur vineuse se manifeste chez le liquide

en fermentation, on ajoute 4 à 8 o/o d'alcool. Peu après, le chapeau s'affaisse. Il se produit une sorte de macération jusqu'au moment du premier soutirage qui a lieu en novembre.

Les viticulteurs vendent alors aux commerçants de Porto qui soignent en cave et font les alcoolisations ainsi que les coupages nécessaires.

Les vins de Porto sont très colorés et doués d'un arome prononcé; leur titre alcoolique atteint 19 à 20 o/o. Les Anglais consomment la majeure partie de ces vins Portugais; nous savons qu'ils se montrent particulièrement friands des vins surchargés d'alcool.

Vins de Tokay. — Le cépage qui produit les fameux vins de Tokay s'appelle Furmint; il fut introduit dans l'Hérault au commencement du siècle, par M. de Villerase et le général de Maurelhan, sous le nom de Tokay. Sa culture y a donné des produits très distingués, notamment chez le D' Baumes, à St-Gilles, dans les environs de Béziers, etc., et, pour ce motif, nous croyons devoir rapporter ici les méthodes de vinification dont il est l'objet dans son pays d'origine, c'est-à-dire sur les rochers volcaniques de Tatra et les collines d'Hegy-Allya, en Hongrie.

Le vignoble Mezes Malé (rayon de miel), dépendant du village de Tarczal, fournit les caves de l'Empereur d'Autriche, des Tokays les plus estimés par leur douceur.

Les vignobles de Mada, de Tallya, de Tomber ont plus de corps mais moins de finesse. Les autres crus appréciés sont ceux de Tolesva, Szhy, Erbo, Szadeny, etc., mais M. C. Tallavignes, qui a visité ces contrées, s'exprime en ces termes dans l'intéressant rapport (1895) qu'il a adressé à M. le Ministre du commerce: «Le vieux vignoble Hongrois est perdu. Les collines et les montagnes, qui formaient, aux vastes plaines de l'Alfold, comme une ceinture de vignobles, se dégarnissent, peu à peu, et l'Hegy-Allya, la patrie des Tokays, présente un triste aspect. Des murs, quelques souches oubliées, témoignent encore de l'existence de vastes vignobles sur ces coteaux renommés. La reconstitution sur vignes américaines n'y est pas avancée...»

Voici comment se fait la vinification : La vendange se pratique généralement vers la fin d'octobre, lorsque le raisin est en partie à l'état de raisin sec. Le Furmint, ainsi que son compagnon de culture le Narankas, donne, en mûrissant, beaucoup de grains secs qui communiquent au vin un parfum spécial.

Les grains desséchés sont enlevés un à un et écrasés avec soin jusqu'à ce qu'ils soient réduits en une sorte de pâte. D'autre part, les grains secs se placent dans un sac en toile à trame lâche et se foulent complètement. Les pellicules sont portées au pressoir. Le moût qui s'écoule est mélangé avec une certaine quantité de pâte de raisins secs. On observe particulièrement d'écarter les pépins dont les principes astringents communiqueraient au vin un excès d'âpreté. Le tout est brassé, délayé et laissé ensuite en repos pendant trente-six heures. A ce moment, on soutire en alcoolisant. Le liquide est reçu dans un fût très propre, au sein duquel on vient de faire brûler une noix muscade bien imprégnée d'alcool à 95°.

On mesure les raisins secs avec des «Butten», espèces de hottes qui en renferment environ 15 kilos. On ajoute de 1 à 6 Butten de raisins par barrique de vin de 160 litres, suivant qu'on veut obtenir plus ou moins de douceur et aussi suivant la richesse saccharine du moût des raisins non secs.

On transvase en janvier, puis en mars et en novembre. Le vin est conservé en vidange, le trou de bonde simplement couvert pour empêcher l'introduction de la poussière et des insectes.

Les soins en cave consistent en deux soutirages annuels. Il est extrêmement rare qu'on ait besoin de filtrer ou de coller pour obtenir la limpidité parfaite.

Par cette méthode, on obtient le véritable Tokay doux. Mais on fait aussi d'autres types Tokay avec les raisins frais ou légèrement passerillés sur souche, sans triage préalable des grains secs ou non secs. Ce dernier porte un nom d'origine polonaise : Szamarodni, qui signifie naturel.

Le vin dénommé Tokayer Ausbruch se compose de 61 parties de moût de raisins secs et 84 parties de moût de raisins frais ou de raisins non secs. Le Maszlas contient 61 parties de moût de raisins secs et 169 parties de vin de presse.

Les vins de Sauternes se rangent dans la classe des vins liquoreux; nous nous sommes déjà occupé d'eux (page 206), nous n'y reviendrons pas.

Fabrication des vins forcés et mutés, rouges ou blancs

La fabrication des *vins forcés* fait la joie et l'orgueil des vignerons. Celui qui peut offrir un verre de vin pétillant à ses amis passe au village pour un œnologue important. Il entoure ses procédés de fabrication d'un léger mystère et laisse entendre aux gens crédules que sa vigne et sa terre jouissent de propriétés transcendantes.

Cependant nous allons voir que les vertus particulières de son cru, ainsi que ses vastes connaissances, appartiennent au domaine de la fantaisie.

Pour obtenir le *vin forcé* il suffit, en effet, de faire fermenter le moût dans une futaille hermétiquement bondée. Les robustes fûts de bière cerclés en fer sont bien appropriés à ce genre de vinification,

Les uns remplissent incomplètement pour faciliter et accélérer la fermentation par la présence d'un peu d'air, les autres remplissent, au contraire, jusqu'à la bonde, afin d'obtenir une fermentation plus lente.

Dans l'un comme dans l'autre cas, le bondage doit être

absolu. On ne met en perce qu'après un an ou deux ans. A ce moment, on met en bouteilles et l'opération est terminée.

Bien entendu, la futaille reste rigoureusement close jusqu'au jour de l'embouteillage.

Quelques-uns opèrent différemment. Ils bondent lorsque la fermentation tumultueuse est achevée. Alors ils ouillent avec un vin semblable et ferment définitivement en attendant l'heure de la mise en bouteilles. Nous préférons la première méthode, c'est-à-dire bondage immédiat.

Il est rare que les vins forcés ne se montrent pas limpides au jour du soutirage. Leur goût est agréable et leur constitution solide, parce qu'ils sont bien déféqués et qu'ils renferment en dissolution une forte proportion d'acide carbonique.

Le gaz carbonique produit par la fermentation en vase clos se dissout forcément dans le vin — d'où le nom de *vin forcé* — c'est ce gaz qui donne la vie et le pétillant recherchés par les consommateurs.

Les vins forcés ne constituent pas un milieu favorable aux ferments de maladies, précisément parce qu'ils tiennent en dissolution du gaz carbonique.

Suivant la loi de Dalton, les quantités d'un gaz dissoutes par l'unité de volume d'un liquide sont proportionnelles à la pression que ce gaz exerce sur la surface du liquide.

Toutes choses égales, le coefficient de solubilité des divers gaz, dans l'eau par exemple, offrent entre eux des différences considérables; ainsi 1 litre d'eau à la température de 15° absorbe sous la pression normale de 76 centimètres 1 litre d'acide carbonique — exactement 1.0020 — 0.02989 d'oxygène et 0.01795 d'air. Dans l'alcool la solubilité augmente; elle est de 3.1993 pour l'acide carbonique, de 0.28397 pour l'oxygène, mais ce n'est point une règle générale, l'hydrogène notamment est moins soluble dans l'alcool que dans l'eau.

La forte pression exercée par le gaz carbonique qui ne trouve pas d'issue maintient les dépôts au fond du récipient; aussi, les vins forcés sont-ils toujours très limpides quand on les met en bouteilles.

On peut fabriquer le vin forcé avec des raisins noirs ou blancs, privés ou non de leurs pellicules, suivant que l'on désire un vin rouge, rosé ou blanc. Mais naturellement, les cépages distingués à parfum aromatique donnent des produits plus délectables.

En résumé, la préparation des vins forcés constitue une des opérations les plus simples et les plus faciles de l'œnologie.

Vins mutés. — Le mutage — du mot latin *mutus* qui signifie muet — a pour but d'arrêter la fermentation, c'est-à-dire d'entraver l'action des ferments, et, au figuré, de rendre le vin muet.

Les vins mutés sont des vins de luxe sucrés mais non sirupeux. Les substances les plus employées au mutage sont l'*acide sulfureux* et l'*alcool* : on pourrait y joindre le chauffage.

L'*acide salicylique* (1) ou acide oxybenzoïque, à la dose de 8 à 10 grammes de salicylate de soude par hectolitre de moût, a la propriété d'arrêter la fermentation presque instantanément. Le salicylate doit subir une décomposition, car son influence faiblit au bout de quelque temps et on est obligé d'en ajouter une nouvelle quantité.

Le Comité consultatif d'hygiène de France s'est d'ailleurs nettement prononcé contre l'emploi de l'acide salicylique dans les boissons et les substances alimentaires. Les circulaires des 7 février 1881 et 30 juin 1884 l'interdisent comme nuisible à la santé.

L'introduction de l'acide borique, des fluoborates et

---

(1) Le salicylate de méthyle est l'essence de *gaulteria procumbens* ou *wintergreen*. — L'aldéhyde salicylique est l'*essence de reine des prés* ou *styrée*.

fluosilicates alcalins, qui agissent par l'acide fluorhydrique, sont interdits ainsi que l'abrastol — éther sulfurique du β naphtol combiné au calcium — fort employé dans ces derniers temps à la dose de 10 à 15 grammes par hectolitre.

Certains praticiens ajoutent trois ou quatre litres de moût muté après coupage de vins fins d'un titre alcoolique moyen de 10 à 12°. Le sucre apporté par le vin muté amène le développement d'une légère fermentation qui incorpore et fond intimément — suivant l'expression consacrée — les divers éléments du coupage.

Vins mutés par l'acide sulfureux. — Ces sortes de vins présentent l'inconvénient de conserver presque toujours une odeur d'acide sulfureux désagréable qui donne la céphalalgie aux consommateurs.

L'acide sulfureux est très soluble dans l'eau et surtout dans l'alcool — à la température de 15 degrés centigrades, 1 volume d'eau en dissout 47,276 volumes et l'alcool 144,55, c'est-à-dire environ trois fois plus.

Il est vrai d'ajouter que l'acide sulfureux ne se fixe pas dans le vin avec une ténacité irréductible. Sous l'influence des soutirages, il s'exhale en partie ou s'oxyde au contact de l'oxygène et se transforme en acide sulfurique

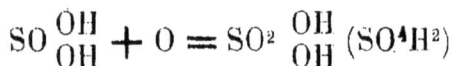

$$SO\begin{matrix}OH\\OH\end{matrix} + O = SO^2\begin{matrix}OH\\OH\end{matrix} (SO^4H^2)$$

qui se combine avec les bases du vin en formant des sulfates et en mettant en liberté des acides organiques. Les combinaisons à base de potasse, notamment les trois phosphates de potassium solubles et parmi eux le phosphate secondaire (neutre) de potassium, si utile aux levures, sont décomposées.

Dans le vin, une partie de l'acide sulfureux attaque l'alcool, auquel il enlève H^2 pour former un acide aldéhyde-sulfureux.

À notre avis, il est préférable de préparer les vins doux suivant la méthode que nous avons exposée pour la fabrication des vins doux aromatiques et non aromatiques, car indépendamment de ses inconvénients hygiéniques, l'acide sulfureux ne peut être considéré comme un principe antifermentescible permanent. Sous ce rapport, l'alcool offre des garanties plus sérieuses.

Ceci dit, voyons comment se fabriquent les vins mutés.

Le moût de raisins frais bien mûrs ou de raisins passerillés étant rapidement exprimé, on filtre à travers une toile ou un tamis de façon à le séparer des pépins, fragments de pellicules, etc.

Ensuite, on prend un fût dans l'intérieur duquel on brûle une mèche soufrée. Les mèches sont des bandes de toile ou de coton que l'on plonge à plusieurs reprises dans le soufre candi fondu. Le soufre candi est le soufre le plus pur.

Les mèches s'accrochent à une tige de fer passée au centre d'un cône de bois qui ferme hermétiquement le trou de bonde. L'inconvénient de ce méchoir primitif est de laisser tomber dans la barrique les cendres de la mèche et du soufre fondu ; ces cendres contiennent des sulfures que les acides du vin dissolvent, formant de l'acide sulfhydrique qui répand une odeur nauséabonde d'œufs pourris. Certains micro-organismes, comme le *Mycoderma vini*, produisent de l'hydrogène sulfuré ; on a proposé la fleur de soufre (soufre sublimé) pour faciliter le dégagement de ce gaz.

Le méchoir, imaginé par l'abbé Rozier, rend impossible la chute des cendres ou du soufre. Il se compose d'un petit récipient en tôle percé de trous et suspendu à une chaînette fixée dans la bonde conique. La mèche enflammée est mise dans le récipient analogue à un gros dé à coudre et le tout est descendu dans le tonneau.

Le méchoir de Maumené est construit sur les mêmes principes ; il se compose d'un dé en porcelaine percé de trous suspendu à la bonde par trois fils de fer.

En Italie, nous avons vu utiliser un petit fourneau spécial muni d'un ventilateur. Les vapeurs du soufre brûlé sont poussées dans le fût par le courant d'air du ventilateur qu'un tuyau raccorde au trou de bonde.

Théoriquement, la combustion de 15 grammes de soufre (1) devrait donner 30 grammes de gaz sulfureux. Or, l'expérience montre que le moût ou le vin muté au tonneau n'en retient guère plus de 10 à 12 grammes. Cela vient de ce qu'il est difficile de manier un réactif gazeux et de l'utiliser entièrement.

Pendant la combustion de la mèche soufrée, l'air du tonneau s'échauffe et la dilatation qui en résulte se traduit par une expulsion de gaz sulfureux. Le sifflement qu'on perçoit autour de la bonde marque son départ. De plus, le moût ou le volume du vin versé dans la futaille chasse un volume correspondant de gaz sulfureux, avant que ce dernier ait pu s'y dissoudre. Enfin, la combustion du soufre fournit une proportion notable d'acide sulfurique, lequel forme des sulfates avec les bases du vin.

Dès que le fût est rempli de vapeurs sulfureuses, on y verse rapidement une quarantaine de litres de moût et, après bondage hermétique, on agite et on le roule vivement dans tous les sens.

Le débondage s'accompagne généralement d'une détonation plus ou moins forte ; cela provient de ce que le moût a absorbé le gaz sulfureux, et qu'il existe dans le tonneau un vide que l'air extérieur s'empresse de combler ausitôt que le bouchon se soulève.

L'opération se poursuit en introduisant par fractions l'acide sulfureux et le vin et en agitant énergiquement chaque fois. Elle est terminée lorsque le fût est plein. Le moût ne fermente plus, il est devenu muet.

Les propriétés antiseptiques de l'acide sulfureux sont médiocres. Il exerce plutôt une action anesthésique

---

(1) Il ne faut jamais mécher un fût qui a contenu de l'alcool ou qui a été lavé avec de l'alcool ou de l'eau-de-vie, car les vapeurs alcooliques forment avec l'air un mélange détonant.

qu'une action réellement destructive sur les levures du vin — les spores surtout lui résistent bien — aussi la fermentation se développe-t-elle spontanément lorsque l'aération, les réactions du milieu, etc., ont provoqué la disparition de ce gaz.

Le moût sulfuré laisse déposer d'abondantes matières, parmi lesquelles les levures et les substances albuminoïdes azotées tiennent une large place. Ce dépôt copieux est séparé du liquide par un soutirage au siphon, de manière à éviter l'aération autant que possible. Le vin liquide est transvasé dans un tonneau fortement méché.

En Espagne, les moûts conservés pour la préparation des *mistellas* sont généralement sulfurés comme il vient d'être dit. Beaucoup de propriétaires, cependant, utilisent l'appareil dénommé muteuse qui est employé dans le Midi de la France au blanchiment des moûts de raisins noirs destinés à la fabrication des vins blancs. Il existe divers modèles de muteuses. Le plus simple consiste en un tonneau défoncé d'un côté et dressé sur l'autre fond. La cheminée d'un fourneau — dans lequel on brûle du soufre candi pulvérisé mélangé avec un peu d'alcool — débouche dans le tiers inférieur du tonneau. Ce tonneau est garni à l'intérieur et à la partie supérieure de deux faux fonds mobiles, en bois, percés de trous de 5 millimètres de diamètre. Une distance d'environ 40 centimètres environ les sépare.

Dès que les vapeurs de soufre ont totalement envahi le tonneau, on y introduit le vin à l'aide d'une pompe. Le jet liquide se brise sur les claires-voies et s'écoule en pluie fine à travers une atmosphère de gaz sulfureux, dont il s'imprègne, puis il sort de la muteuse par un robinet placé près du fond.

On a calculé approximativement qu'il fallait brûler 500 à 600 grammes de soufre dans un tonneau de 100 hectolitres pour suspendre la fermentation pendant une quinzaine d'heures et assurer un bon débourbage.

En passant plusieurs fois le vin à la muteuse, on peut

le rendre complètement muet comme dans l'opération précédente.

Toutes ces opérations fatigantes sont heureusement supprimées aujourd'hui par l'emploi du sulfitartre.

70 centilitres de sulfitartre par hectolitre de moût suffisent à immobiliser les agents de la fermentation. Ce nouveau produit offre tous les avantages des sulfites de potasse et de chaux sans en avoir les inconvénients. On sait, en effet, que ces sels ajoutés aux moûts et aux vins leur enlèvent une portion correspondante d'acide tartrique.

L'alcool est aussi un excellent véhicule du gaz sulfureux, car il possède vis-à-vis de ce dernier un coefficient d'absorption considérable. Un litre d'alcool 95 degrés dissout, à la température de 10 degrés, 180,79 volumes d'acide sulfureux, et, si nous tenons compte du pouvoir absorbant des 5 o/o d'eau, nous aurons un total de 183,62 volumes.

L'alcool saturé d'acide sulfureux est très précieux pour le traitement des vins malades. Nous en reparlerons plus loin.

Le mutage à l'alcool est utilisé en Espagne pour l'élaboration des *Mistellas*. Le moût débourbé est introduit limpide dans les tonneaux où il reçoit une addition de 15 à 17 o/o d'alcool de bonne qualité, de façon à obtenir un liquide titrant 15 à 16 o/o d'alcool. On fouette et on agite vivement pour rendre le mélange parfait.

C'est avec les Mistellas blancs et particulièrement ceux de Moscatel qu'on obtient des vins liquoreux agréables, notamment les vins connus sous le nom de Malaga doux qui renferment jusqu'à 200 grammes de sucre par litre.

En Sicile on mute aussi beaucoup à l'alcool. Ces vins sont appelés vins de Calabre ou vins sourds.

On prépare d'abord l'alcool en le réduisant à 45 ou 50 degrés par addition d'eau bouillie.

L'eau débarrassée du carbonate de chaux par une ébullition modérée donne plus de moelleux, fait moins sec que l'eau distillée.

Le tableau ci-dessous indique la quantité d'eau qu'il faut ajouter à un alcool de titre donné pour le ramener à 50°.

	Alcool 90 o/o	Alcool 85 o/o	Alcool 80 o/o	Alcool 75 o/o	Alcool 70 o/o	Alcool 65 o/o	Alcool 60 o/o	Alcool 55 o/o	Alcool 50 o/o
85	6.56								
80	13.79	6.83							
75	21.89	14.48	7.20						
70	31.10	23.14	15.35	7.64					
65	41.53	33.03	24.66	16.37	8.15				
60	53.65	44.48	35.44	26.47	17.58	8.76			
55	67.87	57.90	48.07	38.32	28.63	19.02	9.47		
50	84.71	73.90	63.04	52.43	41.73	31.25	20.47	10.35	
45	105.34	93.30	81.38	69.54	57.78	46.09	34.46	22.90	11.41
40	130.80	117.34	104.01	90.76	77.58	64.48	51.48	38.46	25.55
35	163.28	148.01	132.88	117.82	102.84	87.93	70.08	58.31	43.59
30	206.22	188.57	171.05	153.53	136.34	118.94	101.71	84.54	67.45
25	266.12	245.15	224.30	203.61	182.83	162.21	141.65	121.16	100.73
20	355.80	329.84	304.01	278.26	252.58	226.98	201.43	175.96	150.55
15	505.27	471.00	436.85	402.81	368.83	334.91	301.07	267.29	233.64
10	804.50	753.65	702.89	652.21	601.60	551.06	500.50	450.19	399.85

Exemple : pour ramener un alcool de 90 p. o/o en volume au titre de 50 p. o/o, on cherche dans la colonne verticale correspondant à 90 p. o/o le nombre qui correspond à la ligne horizontale 50; on trouve *84.71*. Donc à 100 volumes, alcool 90 p. o/o, il faut ajouter 84.71 volumes d'eau pour obtenir de l'alcool à 50 p. o/o.

On ajoute un litre de cette eau-de-vie à trois ou quatre litres de moût frais provenant de raisins choisis. Les uns filtrent à travers un tamis, les autres mettent directement en fût. Ils bondent hermétiquement et transvasent 50 ou 60 jours après. On colle ou on filtre et le vin est introduit dans un fût préalablement sulfuré par la combustion d'une mèche soufrée. Deux mois après on renouvelle cette opération.

On obtient ainsi un vin doux, très sirupeux, un vrai

vin muté d'une consommation pénible pour les estomacs
délicats.

Aux vins muets ou mutés nous devons préférer les
vins doux et liquoreux dont la préparation a été indiquée
dans les chapitres précédents: telle est notre conclusion.

Le tableau ci-dessous donne les densités des mélanges
d'eau et d'alcool. La densité est rapportée à l'eau à 15°
centigrades et ramenée au vide. Le degré alcoométrique
lu au-dessous du ménisque correspond à la proportion
p. o/o en volume d'alcool absolu à 15° centigrades.

ALCOOL o/o	DENSITÉS	ALCOOL o/o	DENSITÉS	ALCOOL o/o	DENSITÉS
45	0.94361	58	0.91784	71	0.88781
46	0.94183	59	0.91569	72	0.88531
47	0.94002	60	0.91351	73	0.88278
48	0.93817	61	0.91130	74	0.88022
49	0.93629	62	0.90907	75	0.87763
50	0.93437	63	0.90682	76	0.87500
51	0.93241	64	0.90454	77	0.87234
52	0.93041	65	0.90224	78	0.86965
53	0.92837	66	0.89991	79	0.86692
54	0.92630	67	0.89755	80	0.86416
55	0.92420	68	0.89516	85	0.84979
56	0.92209	69	0.89274	90	0.83415
57	0.91997	70	0.89029	95	0.81641

Vieillissement des vins. — Action de la chaleur et de la lumière solaires. — Chauffage.

Le vieillissement artificiel des vins par la chaleur donne
de bons résultats sur les vins de table et sur les vins
secs Picquepoul, Madère, Marsala, Vermouths, il est par-

fois dangereux pour les *vins de luxe* à bouquet délicat et les vins sucrés comme les Muscats.

Les tannins colorés produits par la vigne et confondus sous le nom d'œnoline ne se dissolvent pas dans les éthers. Les phénomènes d'oxydation qui accompagnent le vieillissement les précipitent. Pour ces divers motifs, les vins vieux sont décolorés.

On n'obtient les vins dits *rancios* qu'avec des vins fortement colorés. En effet, les matières colorantes rouges sont accompagnées de matières roses, violettes, jaunes, toujours plus abondantes dans les vins très chargés en couleur. Comme ces dernières ont la propriété de résister longtemps à l'oxydation, elles finissent par exister seules et c'est alors que le vin prend la teinte jaune paille ou pelure d'oignon caractéristique des vieux rancios.

Le vieillissement des vins par exposition au soleil est connu depuis fort longtemps. Pline rapporte (collection Nisard, t. I, p. 531 et 540) que les Grecs «laissaient vieillir les vins au soleil». En Campanie, dit-il, on expose les meilleurs vins en plein air, on regarde comme très avantageux que les vaisseaux qui les renferment soient frappés du soleil, de la lune, de la pluie, des vents.»

Dans les pratiques de Mèze, le vin était chauffé au contact de l'air à une température douce de 25 à 30 degrés, puis graduellement élevée pendant dix, quinze ou vingt jours jusqu'à ce que la teinte et le goût fussent modifiés au gré du consommateur. On fait intervenir la chaleur pour aider l'action de l'oxygène de l'air sur les matières colorantes et les alcools du vin.

A Cette, les tonneaux de vin étaient exposés au soleil, à toutes les intempéries, pendant plusieurs mois, toujours dans le même but.

En recherchant la conservation des vins par le chauffage, M. Pasteur a été amené à fouiller expérimentalement les effets de la chaleur et de la lumière sur le vieillissement des vins. Les industriels qui s'occupent de la préparation des vins vieux n'ont eu qu'à s'inspirer des données du maître pour améliorer leurs procédés empiriques.

D'après Herschell, l'action photo-chimique de la lumière se résume de la façon suivante : 1° ce sont surtout les rayons chimiques qui agissent ; 2° à peu d'exceptions près, une couleur végétale est détruite par un rayon lumineux de couleur complémentaire, c'est-à-dire par celui qu'elle absorbe avec le plus d'avidité.

Preisser et Princeps (1) pensent que la lumière n'agirait comme agent décolorant des matières colorantes organiques que d'une façon indirecte, c'est-à-dire en fixant sur la matière colorante un excès d'oxygène. Selon ces auteurs, ces matières colorantes, incolores primitivement, doivent leur éclat particulier à un premier degré d'oxydation. Arrivées à un degré supérieur, elles se fanent, et si l'action n'a pas été poussée trop loin, on peut rétablir la teinte primitive par des corps réducteurs.

Pasteur a démontré que *dans une obscurité complète, les principes du vin se combinent très lentement avec le gaz oxygène ;* en outre, il a prouvé, en exposant au soleil du vin mis en tubes de verre scellés, que *le vin ne vieillit pas sous l'action des rayons solaires lorsqu'il est conservé à l'abri de l'air.*

Nous exposerons maintenant la méthode pratique de vieillissement au moyen de l'échauffement naturel obtenu par exposition au soleil. Plusieurs maisons d'Espagne et d'Italie utilisent cette méthode avec succès.

Tous les vins ne supportent point de la même manière l'action de la lumière et de la chaleur solaires. Ceux qui sont pauvres en alcool et riches en tartre contractent

(1) *Journ. pharm. et chim.*, 3° série, t. V. Dissertation sur la nature des matières colorantes organiques.

généralement une saveur désagréable. Leur acidité totale diminue lorsqu'ils ne deviennent pas la proie du ferment acétique. L'arome fruité des vins sucrés faiblit et l'oxydation réduit la proportion du sucre.

Le chauffage des vins communs ne présente aucun intérêt. Ces vins, de consommation courante, doivent se boire dans l'année, et pourvu qu'ils soient bien fermentés, c'est-à-dire secs, il est inutile de leur appliquer un traitement qui élèverait leur valeur vénale au-dessus de leurs mérites réels.

Les vins bien réussis ne peuvent aspirer aux honneurs de la bouteille qu'après avoir séjourné quelques années en cave dans des fûts appropriés, en recevant les soins convenables, notamment l'ouillage et le soutirage. Mais par l'exposition au soleil pendant les mois de juin, juillet et août, suivant les règles que nous allons décrire, on obtiendra en peu de temps un vieillissement comparable à celui que donnent 10 à 12 ans de séjour en cave.

Tous ceux qui font le commerce des vins vieux sauront apprécier une pareille pratique. Le proverbe anglais *time is money* apparaît ici comme une réalité tangible.

L'*élevage* des vins ajoute à leur valeur, car il exige des frais de main-d'œuvre, des locaux coûteux auxquels il faut joindre les pertes par évaporation. On peut admettre que les frais de garde représentent la première année 6 à 8 o/o du prix du vin et 6 o/o les années suivantes, soit une moyenne de 1/2 o/o par mois, conformément aux usages commerciaux (Bordeaux, Bourgogne). En faisant intervenir les soins et frais d'entretien, l'intérêt du prix d'achat, on arrive à environ 25 o/o pour une garde de deux années, 50 o/o pour une garde de quatre années, etc. Leur prix de revient doublerait en sept années.

L'exposition au soleil vieillit le vin en peu de jours. Ce phénomène dérive des réactions intimes, des oxydations que la lumière et la chaleur favorisent au plus haut degré. Sous ces influences diverses il se forme des

dépôts de matières brunes et violacées — feuillets trans-
lucides, granulations amorphes ou mamelonnées —
représentant les substances colorantes primitivement
dissoutes et devenues à peu près insolubles par oxydation. Le vin se dépouille et sa teinte prend de plus en
plus l'aspect de la couleur pelure d'oignon. En même
temps d'importants changements se manifestent dans la
finesse du liquide, car des éthers spéciaux se forment et
du bitratre de potasse, du tartrate neutre de chaux se
précipitent.

L'action stérilisante de la lumière solaire s'exerce
énergiquement à la surface du liquide et empêche le développement des *mycoderma vini* et *aceti*. — Les vapeurs
qui se dégagent d'un liquide alcoolique insolé, notamment le bioxyde d'hydrogène, peuvent jouer, sous ce
rapport, un certain rôle.

Cependant, il est prudent de n'exposer au soleil que
des vins assez riches en alcool, pour être à l'abri des
attaques microbiennes. En effet, le chauffage au soleil
est très irrégulier. Des circonstances atmosphériques
particulières peuvent le maintenir, durant plusieurs
jours, à la température de 32 à 35 degrés centigrades,
qui est éminemment favorable au développement des
bactéries acétiques, surtout dans un milieu nourricier
convenable comme un vin de 10 à 12° C.

Pasteur, l'illustre savant auquel l'œnologie rationnelle
et scientifique doit ses découvertes fondamentales, s'exprime en ces termes (*Etude sur le vin et ses maladies*,
1866):

« ...... L'exposition du vin au soleil, telle qu'elle est
pratiquée à Cette, serait le moyen le plus efficace à employer pour perdre le vin et le transformer en vinaigre,
si l'on n'y joignait un usage indispensable, à mon sens,
et qui consiste dans le vinage du vin à diverses reprises,
pendant la durée de son exposition au soleil. J'ai la conviction que c'est par l'alcool principalement que le vin
se conserve à Cette, et le fabricant dont le vin ne serait

pas suffisamment alcoolisé s'exposerait à le faire tourner ou à l'aigrir, malgré la chaleur du soleil. Ce n'est pas le tout que de chauffer du vin, il faut le faire à un degré convenable, sinon on le place tout juste dans les meilleures conditions pour le perdre. »

Et, d'autre part, il formule l'opinion suivante :

«... Toute circonstance qui sera propre à priver le vin du contact de l'oxygène, c'est-à-dire de l'air atmosphérique, ou celle qui, au contraire, le mettra en rapport avec ce gaz doit mériter la plus sérieuse attention.

Ceci dit, voyons par quels moyens pratiques nous arriverons à faire agir la chaleur et la lumière solaires, ainsi que l'oxygène de l'air sur les éléments oxydables du vin.

Le vin à traiter est introduit dans des flacons plats et larges, en verre blanc, d'une contenance variable — 4 litres environ. On les remplit à moitié, puis ils sont couchés côte à côte sur un lit de sable et bien exposés aux rayons du soleil (fig. 42). Le bouchon en liège qui

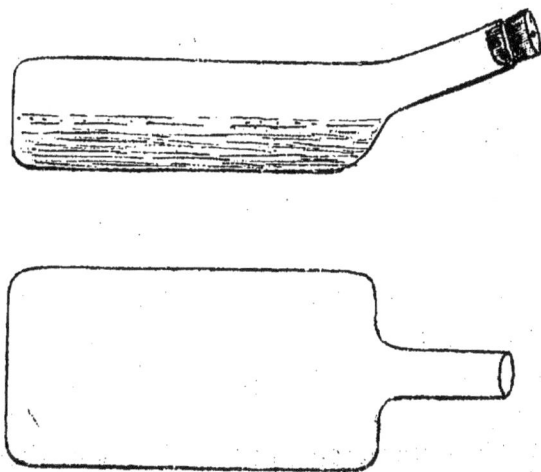

Fig. 42. — Flacons (exposition du vin au soleil)

ferme le col recourbé et déjeté vers la face supérieure a été préalablement percé d'un trou capillaire ménageant l'accès de l'air.

Ces récipients doivent être en verre blanc parce que ce verre laisse passer également tous les rayons solaires en sorte que la lumière transmise présente une composition identique à l'extérieur et à l'intérieur. Il n'en est point de même avec les verres colorés; chez eux les phénomènes d'oxydation sont moins rapides.

L'insolation dure quelques jours suivant l'élévation de la température et l'importance du dépôt qui se forme dans les bouteilles. On filtre et on expose de nouveau au soleil dans les mêmes conditions. L'expérience a démontré que trois insolations abrégées suivies d'un filtrage sont préférables à une insolation prolongée. En effet, le vin a besoin d'être débarrassé des dépôts abondants qui se précipitent surtout pendant les huit premiers jours de l'opération, sous peine de contracter de la dureté et une saveur douteuse préjudiciables à sa valeur marchande.

Dans les régions très chaudes, en Algérie par exemple, l'été est moins favorable que le printemps ou l'automne à la marche régulière des phénomènes d'oxydation. En juillet et août, la température en plein soleil est trop élevée, le vin risquerait de contracter un goût de cuit; aussi la pratique proclame-t-elle que les meilleurs produits s'obtiennent avant ou après les fortes chaleurs.

Pendant l'été, il est indispensable de donner trois insolations coupées par une filtration et un temps de repos à la cave. Au printemps, deux insolations seulement offrent moins d'inconvénients; cependant il est toujours préférable d'opérer, comme nous l'avons dit, en trois insolations.

L'alcool bout à 78°, sa volatilisation augmente rapidement avec l'élévation de la température car sa tension de vapeur à 30° est de 7,85, à 40° de 13,4, à 50° de 22. Durant l'insolation, l'alcool vaporisé se condense en grande partie contre les parois libres du flacon, reprend l'état liquide sous forme de gouttelettes qui s'oxydent et retombent dans le vin. Les pertes en alcool par évaporation ne dépassent guère un degré, mais elles augmentent sensiblement lorsqu'on manipule le vin et qu'on se livre au soutirage aux heures les plus chaudes de la journée. Il faut avoir soin de vider les flacons entre 3 et 6 heures du matin — principalement en été — lorsque le liquide se trouve refroidi par la fraîcheur de la nuit. Avec cette précaution la perte totale est réduite de près de moitié; il est rare qu'elle dépasse 1 degré et demi d'alcool.

En résumé, par cette méthode, on expose le vin en couche mince et en large surface à l'influence oxydante de l'oxygène exaltée par la chaleur et la lumière.

Nous avons dit que les flacons d'un modèle spécial devaient être en verre blanc (incolore). Ceux dont nous nous sommes servis pour nos expériences (fig. 42) ont été fabriqués par MM. Legras et Cie, les habiles verriers de Saint-Denis ; ils mesuraient 35 centimètres de longueur (prix : 3 fr. 20).

Le verre blanc recuit (silicate de potasse, potasse et chaux), appelé demi-cristal dans le commerce, est diathermane, c'est-à-dire transparent pour la chaleur. Sa blancheur parfaite s'obtient par la décoloration à l'aide du bioxyde de manganèse. Ce sel noir a la propriété de donner un silicate coloré en violet qui neutralise la teinte jaune que donne le fer toujours présent en plus ou moins grande quantité dans les matières premières employées.

La forme du flacon que représente notre figure est éminemment favorable au vieillissement des vins par exposition au soleil, mais elle n'est pas cependant rigoureusement nécessaire. Le cas échéant, on peut opérer avec des bouteilles ordinaires ou des dames-jeannes.

Vins mousseux

Les vins mousseux peuvent se diviser en deux grandes catégories :

1° *Les vins mousseux naturels.*

2° *Les vins mousseux artificiels.*

Ces derniers sont rendus mousseux par le gaz carbonique qu'ils reçoivent d'appareils spéciaux. Quoiqu'ils soient de qualité inférieure, nous en parlerons plus loin, car ils constituent une boisson agréable et rafraîchissante.

Les vins mousseux naturels sont caractérisés par l'acide carbonique qu'ils contiennent en dissolution et qui provient de leur fermentation en bouteille. Quand on débouche la bouteille, l'acide carbonique s'exhale et expulse au dehors une partie du vin à l'état de mousse pétillante.

Le vin chargé d'une grande quantité de gaz dissous ne laisse pas dégager immédiatement tout l'excès de gaz au moment du débouchement, c'est-à-dire au moment où ce liquide est mis en contact avec l'air libre; on dit alors qu'il reste sursaturé. Si on l'agite, le dégagement du gaz recommence et la sursaturation tend à se détruire.

Les procédés de fabrication des vins mousseux visent tous au même but, mais ils présentent de nombreuses variantes au point de vue pratique.

En Champagne, l'industrie de ces sortes de vins a atteint le plus haut degré de perfection grâce à l'habileté consommée des fabricants et à la qualité supérieure des matières premières employées.

Les vins mousseux, façon champagne, ne peuvent être produits avantageusement qu'avec une installation spéciale, un outillage parfait et des ouvriers expérimentés.

Mais si tous les pays viticoles ne sont pas en mesure de fabriquer du *Champagne*, ils ont cependant le droit d'affirmer que la fabrication des vins mousseux leur est possible.

D'ailleurs, en dehors de la région privilégiée du département de la Marne, il existe d'autres vins mousseux renommés tels que ceux du Saumurois dans le Maine-et-Loire, de Saint-Peray dans l'Ardèche, de l'Etoile dans le Jura, de Saint-Lager dans le Rhône, de Gaillac dans l'Aveyron, de Limoux dans l'Aude, etc.

Le Champagne, il est vrai, exerce une royauté légitime, mais l'aristocratie qui lui fait escorte n'est pas sans mérites et plusieurs de ses membres sont dignes d'occuper un rang élevé à ses côtés.

Donc, nous laisserons volontiers la prééminence aux Verzenay, Bouzy, Ay, Cramant, Avize, etc., sans méconnaître néanmoins les qualités particulières et l'agrément des autres vins mousseux de France.

Tous ces vins, dont la mousse pétillante semble vaporiser les soucis, sont spécialement recommandés aux gastralgiques.

Riches et pauvres savourent avec un égal plaisir cette ivresse légère que dissipe les rayons de l'aurore et qui ne laisse après elle ni amertume ni regrets. C'est en cela que réside peut-être le meilleur stimulant de la consommation toujours croissante du vin mousseux.

En Champagne, la vendange se fait généralement en octobre, quand le raisin est bien mûr. On observe de l'effectuer par un temps sec ; s'il pleut, la cueillette est interrompue. Les raisins sont vidés avec soin dans des caques, sortes de cuviers d'une capacité d'un hectolitre, ou dans de grands paniers en osier appelés mannequins, contenant environ 60 à 80 kilogr. de vendange et placés au bord de la vigne. Des femmes nettoyent les raisins sur des claies d'osier et enlèvent les grains malades, pourris ou de maturité incomplète.

Aussitôt après, les raisins conduits au pressoir sont pressés de la manière suivante :

Les paniers, tarés sur une bascule, reçoivent un poids fixé de vendange ; on les place ensuite sur une civière et on les porte au pressoir. Dans certaines localités, au Mesnil et à Oger, par exemple, on verse sur *la maie* soixante paniers contenant 80 kilogrammes de raisins, soit 4.800 kilogrammes, tandis qu'à Verzenay, Verzy, Bouzy, Ambonnay, la charge n'est que de 50 paniers renfermant 60 kilogrammes de raisins, soit 3.360 kilogrammes.

Ces raisins sont répandus en couche d'une même épaisseur de 0.60 environ ; on les couvre avec les bois de charge et le mouton sur lequel agit directement l'écrou lorsqu'il s'abaisse. Puis on serre avec précaution et régularité. Quand l'écoulement du moût devient insignifiant, on pratique *la retrousse*. Cette opération consiste à desserrer le pressoir, à enlever les bois de charge et à tailler les bords à l'aide d'un instrument tranchant. La bande de 0.25 c. environ que l'on sépare est rejetée sur le tas comprimé. On replace les madriers et on serre de nouveau jusqu'à ce qu'on ait obtenu une quantité de *vin de cuvée* de 12 pièces au Mesnil et à Oger, soit 1 pièce de vin de cuvée pour 400 kilogr. de raisins ; 8 pièces à Verzenay, Verzy, Bouzy, Ambonnay, soit 1 pièce de vin de cuvée pour 420 kilogr. de raisins. La pièce est de 200 litres.

C'est ce moût provenant de raisins blancs du Pinot Chardonnay ou de raisins noirs du Pinot ou plant doré d'Ay qui donne le vin de Champagne.

Au-dessous du pressoir se trouvent deux barlons ou bélons, d'une capacité de cinq pièces chacun, soit mille litres, gradués à l'aide de clous à tête ronde. Du bélon, le moût de cuvée est transvasé au moyen d'une pompe, dans deux grandes cuves où il séjourne pendant une douzaine d'heures pour subir le débourbage. Ces cuves ont été préalablement sulfurées par la combustion d'une mèche soufrée. Quand le vin se recouvre d'une mousse grisâtre qu'on appelle *cotte*, on le soutire dans des fûts de 200 litres, étiquetés, qui sont placés dans les celliers. Le chapeau restant au fond de la cuve est versé dans les fûts où fermentent les jus des raisins non mûrs et de rebêche pour faire du vin de boisson commune,

Après les premières pressées qui donnent le vin de cuvée on opère une nouvelle retrousse suivie d'une autre serrée et l'on obtient ainsi suivant le cas, une pièce et demie à deux pièces et demie du moût de *première suite* ou de *première taille.*

Une troisième opération identique donne le moût de *deuxième suite* ou de *deuxième taille.*

On pratique enfin la rebêche qui consiste, comme son nom l'indique, en un véritable bêchage et piochage du marc. Le tas reformé en une couche de même épaisseur subit la dernière pressée. Il abandonne encore 1 pièce à 1 pièce et demie de moût qui fera le vin de rebêche à goût de râpe parfois prononcé.

Les divers moûts recueillis séparément sont de qualités très différentes. Le vin de cuve est réservé à la fabrication du Champagne de premier choix. Le vin de première suite sert à la préparation des vins secondaires et à l'ouillage. Le vin de deuxième suite est destiné à faire des vins inférieurs. Le vin de rebêche ne peut donner qu'un vin de boisson commun.

Dans les bonnes années les fabricants de vins de Champagne achètent le raisin à des prix élevés. En 1892 ils ont payé les Bouzy, Verzy et Verzenay à raison de 3 fr. 33 le kilogr., ce qui met la pièce de vin de cuvée (200 litres) à 1.400 fr. en ne tenant pas compte de la valeur des vins de suite et de rebêche.

Le prix du vin de première suite est estimé à la moitié du prix du vin de cuvée, celui du vin de deuxième suite à la moitié du prix du vin de première suite ; le vin de rebêche est d'une valeur inférieure de moitié à celle du précédent.

Année moyenne, le moût pèse à peu près 1075 au mustimètre Salleron ou 10 degrés de l'aréomètre Baumé, ce qui correspond à une richesse saccharine de 170 grammes de sucre par litre de moût. Aujourd'hui cette richesse est devenue insuffisante et pour obéir aux exigences des consommateurs, surtout des consommateurs septentrionaux, les moûts reçoivent une addition de *liqueur* généralement composée de vin vieux dans lequel on a dissous 500 gr. de sucre candi ou de canne par litre. La proportion de liqueur à ajouter dépend de l'état de maturité du raisin et de sa richesse en sucre.

Nous avons vu des vins de tirage qui ont bien pris la mousse quoique titrant plus de 13 o/o d'alcool ; cependant, il ne faut pas oublier que l'alcool est un facteur important de la fermentation secondaire. Lorsque la proportion de cet agent toxique dépasse 14 o/o, nous savons qu'il peut éteindre la vie de la levure et supprimer ainsi la prise de mousse. L'influence nocive du sucre et de l'acide carbonique viennent encore augmenter ce danger. Il serait donc téméraire, à notre avis, d'opérer sur un vin de tirage trop riche en alcool surtout à température relativement basse.

Les divers éléments du moût étant sujets à varier d'une année à l'autre, il est nécessaire d'avoir recours à l'analyse. L'analyse est le guide le plus sûr car elle permet de déterminer le titre alcoolique que le sucre naturel peut développer et par conséquent de fixer les conditions de la correction nécessaire.

La recherche rigoureuse de la *richesse saccharine* est absolument indispensable et exige l'emploi des méthodes chimiques que nous avons décrites (page 92). Le simple essai au mustimètre ou à l'aréomètre Baumé, recommandable pour des observations rapides et sommaires, ne présente pas dans ce cas une précision suffisante.

L'*acidité* du moût joue un rôle considérable dans le processus de la fermentation et mérite toute l'attention de l'œnologue. Sans doute il existe dans la nature des races nombreuses de levures ayant des propriétés biologiques différentes et susceptibles d'adaptations plus ou moins étendues, mais d'une façon générale l'acidité due à l'acide tartrique augmente le pouvoir ferment de la levure (1). L'acide malique se montre aussi très favorable à la plupart des levures alcooliques. Ces deux acides, surtout le premier, existent ordinairement en quantité suffisante dans les moûts des vignobles septentrionaux. Les acides glucique, caprique et pectique, signalés récemment par M. Duclaux, concourent pour une faible part à la formation du titre acide.

L'acidité la plus élevée que nous avons trouvée dans les vins de Champagne livrés à la consommation s'élevait à 4.20 en SO^4H^2 (acide sulfurique), ou 6.42 en $C^4H^6O^6$ (acide tartrique). Le titre le plus faible ne descendait pas au-dessous de 3.62 en SO^4H^2 ou 5.53 en $C^4H^6O^6$.

Le *tannin* ou acide tannique, c'est-à-dire l'ensemble des matières astringentes mal définies renfermées dans le vin et précipitant les substances albuminoïdes présentent un grand intérêt. Dans le vin fait, il ne doit plus exister de matières coagulables par le tannin et seulement des traces de ce dernier corps. Nous avons indiqué (page 151) les meilleures méthodes analytiques applicables au dosage du tannin et au collage des vins. On sait que le tannisage intervient non seulement pour enlever au vin les albumines végétales, mais encore pour provoquer la prise de la colle qui doit éclaircir le vin.

Fermentation en tonneau. -- Le moût débourbé est introduit dans des fûts de 200 litres. On laisse un vide de 8 à 10 litres afin que le liquide ne se répande pas au dehors pendant la vive effervescence qui marque la fer-

(1) V. Sébastian.— *Recherches expérimentales*. Fontana, Alger, 1892.
Kayser.— *Annales de l'Institut Pasteur*, janvier 1896.

mentation tumultueuse. Le trou de bonde est couvert avec un morceau de toile ou simplement avec une feuille de vigne maintenue par une pierre, un morceau de brique, etc.; de cette façon, les poussières atmosphériques ne peuvent souiller le vin et, néanmoins, le dégagement de l'acide carbonique a lieu sans difficulté.

La température des celliers varie entre 13 à 21 degrés centigrades. Beaucoup de levures restent inertes dans les liquides pauvres en azote et en phosphates assimilables lorsque la température descend au-dessous de 14°. La température la plus convenable oscille entre 16 et 18°.

Les circonstances ambiantes influent sur la durée de la fermentation tumultueuse. Dès qu'elle est terminée, on remplit les tonneaux progressivement, de manière à ce que l'ouillage soit parfait quand l'oreille, appliquée au trou de bonde, ne perçoit plus qu'un très léger crépitement.

Le vin est alors laiteux et peut rester ainsi quinze jours ou un mois. On ouille soigneusement lorsque la limpidité est atteinte et alors on bonde sans intercaler ni linge ni papier autour du bouchon, afin que l'acide carbonique dégagé par les fermentations secondaires puisse s'échapper. Certains, après bondage, percent un trou de vrille sur la douelle de bonde, à la partie supérieure du fût, et y introduisent quelques tiges de paille par où l'acide carbonique sort librement.

En décembre ou janvier, par un temps vif et froid, on ouvre le cellier pour provoquer l'abaissement de la température. Quelques jours plus tard, on soutire. Le vin est séparé de ses lies et remis dans le même fût bien nettoyé, rincé et égoutté.

Les différents crus sont dégustés et classés en vue des coupages à effectuer suivant le goût des consommateurs. Une partie de la récolte est mise en réserve pour affiner les cuvées des années suivantes et aussi pour composer les liqueurs de titrage et d'expédition.

Le vin de Champagne que savoure le gourmet est le résultat du mélange de plusieurs crus, mélange variable avec les années.

Comme il est absolument nécessaire que toutes les bouteilles d'un même tirage soient d'une contenance et d'une composition rigoureusement identiques, les tonneaux devant former la cuvée sont tirés du cellier des vendanges et amenés dans le cellier des assemblages. On les range symétriquement, de telle sorte que chaque ligne de tonneaux ou *virée* constitue, par son ensemble, la composition exacte du tirage.

Le coupage se fait dans un grand foudre pouvant contenir jusqu'à 115 pièces, soit 25.000 litres de vin. Ce foudre est surmonté d'un plancher sur lequel les barriques, élevées au moyen d'une grue ou d'un plan incliné, sont débondées et *virées*. Un agitateur, mis en rotation à l'aide d'une transmission manœuvrée à bras, mélange intimement les différentes qualités de vins et effectue le *coupage*. Pour éviter des frais de main-d'œuvre, beaucoup de négociants opèrent le transvasement avec une pompe.

Le vin coupé et *alcoolisé*, conformément à ses besoins, est rapidement remis dans les pièces d'où il a été extrait et dans lesquelles il va être *tannisé*.

L'influence du *tannisage* et du collage est prépondérante sur la réussite du tirage.

Le tannin doit être mis en quantité suffisante pour précipiter les matières albuminoïdes coagulables que renferme le vin ainsi que toute la colle ajoutée dans le but d'obtenir la clarification. Nous avons déjà insisté sur ce point. Le chapitre consacré aux analyses (page 151) fournit toutes les indications utiles à la réussite du tannisage et du collage. Il est bon d'ajouter qu'il existe dans les moûts des substances azotées que le tannin ne précipite pas, notamment les amides et l'azote sous forme ammoniacale. On met ce fait en évidence en traitant les moûts par l'acide phosphotungstique après l'action du tannin. Le précipité qui se forme est com-

posé de sels ammoniacaux et de matières azotées autres
que les amides (1). L'azote des amides est préféré par les
levures à celui des peptones et des albumines.

Au printemps, notre vin coupé, alcoolisé, tannisé et
enfin collé, est devenu d'une limpidité parfaite. Cependant
il faut prendre garde que le vin ne soit soutiré trop clair,
car si la précipitation des cellules du ferment était absolue,
le vin ne fermenterait pas en bouteilles.

On sait qu'après le bouchage, le vin, pour acquérir la
vie et le pétillant recherchés, doit subir une fermentation
en bouteilles et se charger insensiblement d'anhydride
carbonique.

Si les levures existent en faible quantité, elles donnent
une fermentation secondaire normale, tandis qu'en grand
nombre elles risquent de produire une arrière fermentation trop rapide et tumultueuse.

Cette fermentation qui régit la prise de mousse dépend
de la nature des levures présentes, des hydrates de carbone à décomposer, de la composition du milieu, la
température restant toujours un facteur de premier
ordre.

Nous recommandons de vérifier par un examen mi-
croscopique si le vin n'est pas totalement exempt de
ferments. L'adjonction à la cuvée d'une culture pure nous
paraît, en tous cas, d'une haute utilité.

Dosage du sucre. — De la quantité du sucre à ajouter
dépend le sort du tirage. Si le poids du sucre est trop
faible, le vin n'aura pas une mousse suffisante, il devien-
dra simplement *crémant* et devra être vendu à bas prix
ou remis en cercles ce qui représente une perte évaluée
à 50 centimes par bouteille. Si le poids du sucre est trop
fort, la production du gaz carbonique dépassera la limite
de résistance des bouteilles et la casse prendra bientôt
des proportions désastreuses.

---

(1) V. Sébastian.— *Mission en Espagne*, 1894 (Fontana, Alger).

Connaissant la quantité de sucre indécomposé que possède notre vin, nous déterminerons la quantité de sucre que nous devons lui donner pour éviter les inconvénients précités.

Or 4 gr. 84 de sucre développent une atmosphère de pression dans un litre de vin. — On accorde un maximum de six atmosphères à un grand mousseux et 4 environ aux petits mousseux de la consommation courante.

Le problème à résoudre est le suivant : obtenir un vin bien mousseux sans avoir trop de casse. Au-dessus de 7 atmosphères beaucoup de bouteilles ne résistent pas à une pression continue.

Suivant Maumené, la mousse se fait dans d'excellentes conditions si on a le soin de mettre le vin en bouteilles lorsqu'il contient 2 kilogr. de sucre total par hectolitre soit 20 gr. par litre. Cela n'est pas absolument vrai dans tous les cas, chaque cépage ayant des propriétés particulières relativement à la prise de mousse. Certains vins supportent jusqu'à 25 gr. pendant que 20 gr. suffisent à d'autres.

Le glucomètre Guyot ou l'aréomètre Baumé peuvent être employés pour reconnaître le moment favorable à la mise en bouteilles. L'appréciation est très approximative mais pratiquement suffisante.

On pèse exactement 750 grammes de vin et on le verse dans une capsule de porcelaine tarée avec soin. On place cette capsule au bain-marie pendant 3 ou 4 heures, jusqu'à ce que le liquide qu'elle contient soit réduit au sixième ce qui représente 125 grammes. Si l'on a moins de 125 grammes, on ajoute dans la capsule une petite quantité d'eau de pluie pour atteindre ce poids.

Le vin ainsi réduit est versé dans une éprouvette en verre. On le laisse refroidir jusqu'à + 15 degrés centigrades et on prend le degré glucométrique avec l'instrument de Guyot ou de Baumé. S'il marque 12 degrés correspondant à 20 kilogr. de sucre par hectolitre, on pourra mettre en bouteilles. A 11 degrés il y a encore une bonne mousse, mais au-dessous de 10 degrés il faut avoir recours au sucrage. Nous conseillons d'ajouter le sucre dans la proportion suivante :

Si l'aréomètre marque 5° ajouter 2 k. de sucre candi pur et sec par hectol.

—	6°	—	1^k714	—
—	7°	—	1^k425	—
—	8°	—	1^k143	—
—	9°	—	0^k859	—
—	10°	—	0^k572	—
—	11°	—	0^k286	—
—	12°	—	rien	

Le sucre se fait dissoudre à froid dans du vin blanc vieux.

Nous passons rapidement en revue les diverses manipulations du Champagne sur lesquelles MM. Robinet, Maumené et Salleron ont écrit d'excellentes pages ; mais nous profiterons de l'étude des *Muscats mousseux* pour fouiller aussi complètement que possible tous les faits qui se rattachent à la préparation pratique des vins mousseux.

Le vin une fois sucré est mis en bouteilles et placé dans un cellier à température constante. La prise de mousse s'accomplit sans casse lorsque la chaleur ambiante ne s'élève pas brutalement. Une température de 17 à 18 degrés est favorable mais la mousse devient plus crémeuse, plus fine, lorsque la fermentation a lieu lentement entre 12 et 16 degrés. Plusieurs industriels habiles laissent débuter la fermentation dans un local tempéré puis quand elle est bien amorcée et que la pression atteint 4 atmosphères, ils descendent les bouteilles en cave plus fraîche.

La température exerce une grande influence sur le coefficient d'absorption du vin. Ce coefficient qui est de 0.820 à la température de 10 degrés descend à 0,400 quand le thermomètre marque 25 degrés. Par conséquent les

4 lit. 10 de gaz carbonique dégagés par la fermentation
de 16 gr. 40 de sucre qui donnaient une pression de 5 atmosphères avec le coefficient d'absorption de 0.820,
donneront 10 atmosphères avec celui de 0.400
$\left(\frac{0.400}{4.10} = 10.2\right)$. Or 10 atmosphères représentent une très
énergique pression et si les bouteilles ne cassent pas, les
bouchons de tirage qui ne sont point tous de bonne qualité laisseront écouler du vin. Nous avons dit en parlant
des bouteilles (page 184) que les fabriques sérieuses,
comme celle de Vauxrot dans l'Aisne, livraient des bouteilles premier choix capables de supporter cette pression.
Les caves à 25 degrés sont très rares même dans le Midi
de la France. (Un local aussi chaud mériterait plutôt le
nom d'étuve) et cela prouve assez qu'il est possible de
tirer des vins mousseux même dans les celliers les plus
mal disposés.

La bouteille bouchée, on retient le bouchon au moyen

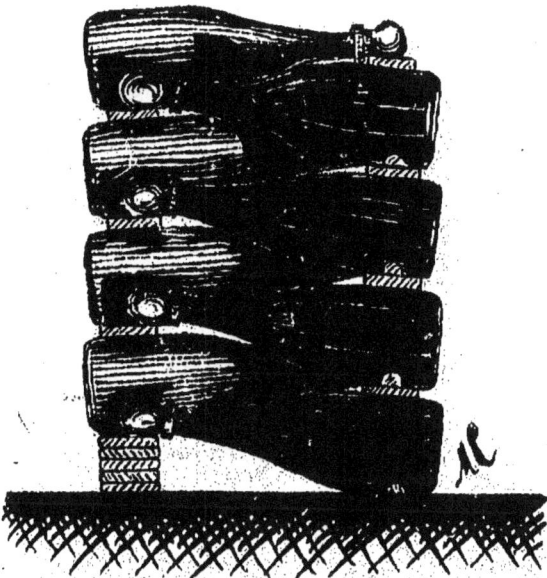

Fig. 43.— Entreillage des vins de tirage

d'une agrafe en fil de fer mi-plat en forme d'U que l'on
place rapidement grâce à une machine spéciale.

Les bouteilles sont ensuite mises en tas. Le col de la

rangée de base repose sur un pied-latte et leur fond sur une simple latte. — Le pied-latte est une sorte de traverse en bois de 4 centimètres carrés. — Elles sont maintenues à une distance de 4 à 5 centimètres les unes des autres, par des petites cales en liège ou simplement par des pierres ou du gravier. Les deuxième, troisième rangée, etc., ne reposent que sur des lattes. Les tas ont souvent la hauteur de 16 à 17 rangs de culs de bouteille. Pour les consolider, on fait dépasser les lattes de 10 à 12 centimètres environ, sur lesquelles on pratique une encoche, et, en intervertissant le sens des entailles, on y enfile une baguette qui relie les rangs des bouteilles entre eux et donne à la masse une extrême solidité.

Parfois, les tas restent ainsi formés pendant 3 ou 4 ans. Généralement, cependant, on doit les *mettre sur pointe* lorsque la fermentation a décomposé la totalité du sucre et que le vin clair et brillant présente un dépôt sec et pulvérulent.

La *mise sur pointe* consiste à renverser la bouteille, en engageant son goulot dans un des trous que porte une table inclinée appelée pupître (fig. 44). Les ouvriers champenois exécutent alors très adroitement le remuage qui a pour but d'amener tout le dépôt sur le bouchon.

On remue en prenant la bouteille par le fond et en lui imprimant un mouvement de rotation sur le goulot, ou bien on agit doucement par une série de secousses, cela dépend de l'adhérence et de la nature du dépôt. Dans tous les cas, on observe rigoureusement de maintenir en dessus la marque blanche du flanc afin que la bulle d'air soit toujours à la même place lorsque la bouteille est en repos (fig. 45).

Il se produit quelquefois des dépôts anormaux, désignés sous le nom de *masques* (fig. 47), qui adhèrent fortement aux parois de la bouteille et nécessitent des secousses violentes pour être détachés — souvent, aussi, on n'y parvient pas et il faut alors se résoudre à remettre

le vin en tonneaux pour lui faire subir de nouvelles manipulations — tannisage ou collage suivant le cas.

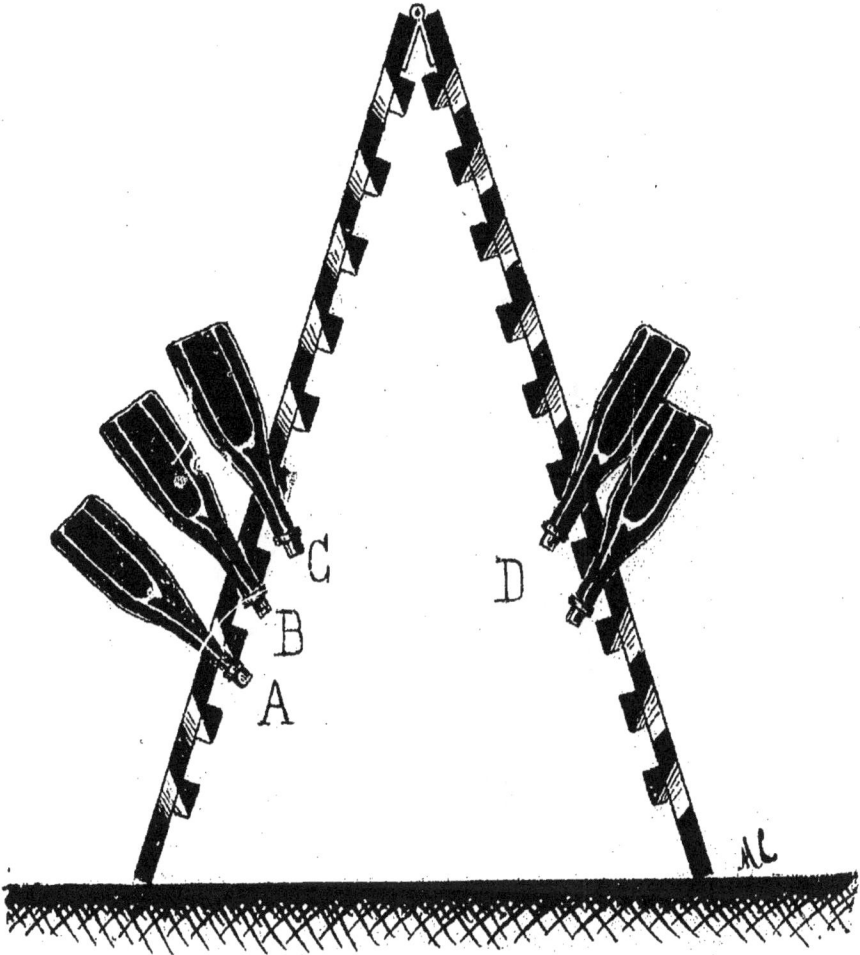

Fig. 44. — Pupitre. — Mise sur pointe

Losque le dépôt est bien rassemblé sur le bouchon, on
pratique le dégorgement. Cette opération consiste à dé-
boucher la bouteille, de façon qu'en faisant sauter le
bouchon, le dépôt qui repose dessus soit expulsé et que
le vin reste limpide.

Un ouvrier spécial prend la bouteille sur pointe en la
tenant couchée sur son avant-bras gauche ; au moyen
d'un crochet, il détache le fil de fer ou l'agrafe en retenant
le bouchon avec l'index (fig. 46). Ensuite, il saisit ce

bouchon avec une pince, dite patte de homard, qu'il tient à la main droite et le fait sauter brusquement en

Fig. 45.—Remuage.

redressant vivement la bouteille pour ne laisser perdre qu'une faible quantité de vin expulsant le dépôt. D'un coup de pouce, il enlève les impuretés qui souillent le goulot.

Le dégorgement exige une certaine habileté pratique. Si la pince vient à casser la tête du bouchon, on a recours à l'emploi d'un tire-bouchon, mais en ayant soin d'envelopper la bouteille d'un morceau de forte toile, car l'effort exercé par la traction du tire-bouchon peut déterminer l'explosion de la bouteille et occasionner des accidents. On évite ce danger en se servant d'un petit instrument appelé *Bossin*, dont le maniement est fort simple (fig. 46).

Fig. 46.—Dégorgement. — Bossin (à droite)

Aussitôt après le dégorgement, la bouteille est passée à l'ouvrier doseur ou égaliseur, qui y introduit une quantité déterminée de sirop.

Selon la quantité de sirop à ajouter, le doseur enlève un volume de vin correspondant, puis il incline sa bouteille et verse doucement la liqueur à l'aide d'un entonnoir à bout recourbé, en imprimant un léger mouvement de rotation, afin d'éviter le dégagement du gaz carbonique et de favoriser la diffusion du sirop.

On construit aujourd'hui des machines qui rendent le

Fig. 47. — Enlèvement du « masque » par chocs produits à l'aide d'une baguette de fer. (Ces chocs occasionnant de nombreuses explosions, les ouvriers se protègent la figure avec des toiles métalliques).

dosage facile en supprimant un tour de main peu commode.

La formule du sirop varie avec les exigences de la clientèle ; chaque maison a la sienne.

A titre d'indication, voici une formule :

Sucre candi blanc . . . . . . 150 kil.
Vin blanc vieux . . . . 125 litres
Cognac vieux (fine champagne)   10 kil.

dont l'ensemble donne environ 285 kil. formant à peu près 200 litres.

Lorsque tout est bien dissous et mélangé, on filtre, car

Fig 48.—Bouchage.—Machine à boucher, dite à mouton

le sirop doit être d'une limpidité absolue pour ne pas troubler la transparence du vin.

La filtration se fait à travers une chausse en flanelle.

On conserve la liqueur filtrée dans des bouteilles ou des bonbonnes préférables aux réservoirs en cuivre étamé. Comme tous les produits à base d'étain, l'étamage contient un peu de plomb sur lequel les acides du vin agissent à la longue.

Le bouchage se fait à la machine en suivant les précautions indiquées à la page 192. Il ne faut pas négliger,

Fig. 49.—Ficelage à la main

après avoir comprimé le bouchon dans l'appareil, d'essuyer avec une éponge l'eau qu'il a rendue. Les sommeliers disposent leur machine à boucher avec un point d'arrêt qui permet d'enfoncer le bouchon de manière à ce qu'il dépasse l'ouverture de la bouteille d'un demi-centimètre environ (fig. 48).

La bouteille passe ensuite aux mains du *ficeleur* et du *poseur de fil de fer*. Il existe des machines qui simplifient ce travail pénible. Nous insisterons à ce sujet en exposant la méthode usitée pour la préparation du vin Muscat mousseux.

Il nous a paru plus convenable, en effet, d'entrer dans des détails en prenant pour base la préparation du *Muscat mousseux*, type Asti, peu connue en France et cependant susceptible d'y trouver une importante application.

En tenant compte des indications générales que nous venons de donner sur le procédé champenois, le praticien connaîtra tous les principes de la fabrication des vins mousseux doux ou secs.

Vins mousseux de Saumur. — La méthode usitée dans le Saumurois est identique à celle de la Champagne. D'ailleurs, plusieurs industriels de Saumur ont des installations dans la Marne.

La seule différence consiste dans l'achat de la matière première. En Champagne, la vendange est achetée sur pied par les grands propriétaires de caves, et l'on ajoute dans les tonneaux (après le soutirage) une liqueur contenant 500 grammes de sucre dissous dans un litre de vin vieux, en quantité variable suivant la richesse saccharine naturelle du moût. La ration est fixée de telle sorte que le vin atteindra 11 à 12 degrés d'alcool.

Dans le Saumurois, les vins, une fois faits chez le récoltant, sont achetés par les champagniseurs. Le coupage a lieu dans des cuves de 60 à 80 hectolitres munies d'un agitateur permettant de brasser la masse liquide et de la rendre homogène.

On met en tonneaux, etc., puis en bouteilles après collage. On mélange alors une quantité suffisante de liqueur sucrée pour obtenir cinq atmosphères de pression.

La plupart des praticiens opèrent très simplement. Ils déterminent d'abord le poids du sucre naturel indécomposé dans le vin. Admettons que ce poids soit 2 gr. 50. Sachant qu'un gramme de sucre donne après fermentation 0 gr. 247 d'acide carbonique et que le coefficient d'absorption de ce gaz est fixé à 0.820 à la température de 10 degrés, nous aurons :

$$5 \times 0.820 = 4 \text{ litres } 10$$

Le volume d'acide carbonique doit être de 4 litres 10 par litre pour atteindre la pression de cinq atmosphères.

Le poids de sucre nécessaire pour produire 4 litres 10 d'acide carbonique sera indiqué par le quotient de $\frac{4.10}{0.247}$, soit : *16.598*.

Au moment de la mise en bouteilles, chaque litre de vin devra posséder 16 gr. 59 de sucre. Or, le vin en question n'en renferme que 2 gr. 50 ; il faudra donc ajouter la différence, c'est-à-dire *14 gr. 9.*

$$2.50 + 14.09 = 16.59$$

Pratiquement, on met toujours en plus 5 à 6 grammes de sucre par litre, car la fabrication des bouteilles a fait beaucoup de progrès et le consommateur ne se contente pas aujourd'hui de la mousse que ses ancêtres trouvaient suffisante. Une bouteille, débouchée avec précaution, doit se vider au moins de 12 o/o à la température de 10 degrés. Ces renseignements résumés nous ont été confirmés par M. le professeur départemental d'agriculture de Maine-et-Loire.

Pour avoir des vins moelleux et un peu doux, on ajoute, au moment du dégorgement, 5 à 10 centilitres de liqueur-sirop, suivant la formule indiquée plus haut.

Les vins demandés *secs* ne reçoivent pas cette ration de sirop.

Lorsqu'ils sont livrés à la consommation, les meilleurs vins mousseux du Saumurois titrent 13 à 14 degrés.

Les cépages généralement employés à la fabrication des vins mousseux sont : le Grollot et le Côt pour les vins ordinaires ; le Pinot de la Loire ou Chenin blanc et le Cabernet franc ou Breton pour les vins supérieurs.

Quelques-uns champagnisent aussi le Cabernet-Sauvignon et obtiennent des produits d'une finesse remarquable.

Nous avons vu, dans le chapitre intitulé : *Considéra-tions sur les vins de luxe français* (page 14), qu'il y a plu-sieurs régions où on prépare des vins mousseux, notam-ment la Bourgogne, le Jura, le Beaujolais, Saint-Peray ; Limoux, dans l'Aude ; Saumur, Vouvray, etc. Mais il serait oiseux de ressasser ici l'empirisme traditionnel des diverses méthodes employées. Toutes ces méthodes, d'ailleurs, se perfectionnent de plus en plus sous l'in-fluence des enseignements puisés à la bonne source, c'est-à-dire en Champagne. Les producteurs Bourgui-gnons, entrés en lice à une époque relativement récente (Rully, Saône-et-Loire, 1822) ont obtenu des résultats parfaits, en adoptant d'emblée les pratiques auxquel-les leurs voisins de la Marne doivent si haute renom-mée. Comme la Champagne, la Bourgogne cultive les Pinots.

L'industriel muni des connaissances indispensables peut appliquer partout le procédé champenois décrit dans les pages précédentes. Dans ces conditions, nous relate-rons au courant de la plume ce qui se passe de-ci de-là ; nous avons hâte d'aborder l'étude des Muscats mous-seux, afin de serrer de près le détail des manipulations pratiques appuyé sur les données théoriques.

Malgré le lyrisme du poète Agenais, dont le nom seul est un poème — *Jasmin*, dit le barde perruquier — les mousseux de Gaillac ne sont pas encore près de supplan-ter les vins de la Marne :

> Pauré Champagno,
> Gaillac t'espargno ;
> Car sé bouillo
> Té tombario.

Cette emphase pindarique, un tantinet mirlitonesque, ne suffit pas pour élever les mérites du Gaillac à la hau-teur du grand Champagne, d'autant plus que chez la plu-part des producteurs Tarnais la préparation des vins mousseux nous reporte au commencement du siècle !

Le règlement de la prise de mousse se fait empiriquement, et bien rares sont ceux qui savent proportionner la dose de sucre avec la résistance des bouteilles et la production d'une mousse abondante et crémeuse.

La Blanquette de Limoux est analogue au vin de Gaillac, car elle provient du même cépage — le Mauzac blanc — ainsi appelé quoique ses raisins soient jaune roux à maturité.

Le comte Odart l'a très sévèrement appréciée lorsqu'il a écrit: «Quant à la jolie Blanquette de Limoux, son seul trait de ressemblance avec le Champagne est la mousse. Je conçois que cette boisson puisse être trouvée agréable par des femmes, mais des hommes ne se contenteraient pas de mousse et d'une saveur sans vinosité.»

On pourrait répondre à l'aimable et distingué ampélographe qu'était l'honorable comte Odart que l'opinion des femmes en pareille matière est d'un certain poids, car il nous semble qu'elle n'a pas été et qu'elle n'est pas encore sans influence sur l'immense notoriété du Champagne. La modeste Blanquette de Limoux serait heureuse de plaire à la plus belle moitié du genre humain, cela suffirait amplement à assurer son succès.

De même que l'excellent vin de Gaillac, la Blanquette de Limoux n'a pas l'outrecuidante prétention d'égaler le Champagne, elle est tout uniment Blanquette, c'est-à-dire bon vin blanc ambré, mousseux, frais et léger, possédant la douceur et le cachet qui dérivent du Mauzac. Sans doute, ses principaux traits sont un peu «fémelins», mais ils n'en ont pas moins leur agrément et leur charme comme l'Hermaphrodite de Polyclès.

Dans les environs de Limoux, à Magrie, à Cournanel, etc., on vendange lorsque le raisin est bien mûr. On évite de froisser et d'écraser les grappes, qui sont triées avec soin et pressées immédiatement.

Le moût, que l'on a filtré à travers un crible, fermente librement pendant 3 ou 4 jours, suivant la marche de la fermentation tumultueuse. Ensuite on le filtre à l'aide d'une manche. Les dépôts énormes que le liquide tient alors en suspension tapissent les parois de la manche et forment une sorte de masse filtrante qui opère une épuration énergique. Le moût coule limpide, libéré des impuretés et de la plus grande partie des cellules de levures qu'il renfermait. Il est recueilli dans des fûts neufs ou n'ayant contenu que du vin Blanquette. Ce moût clair, dont la fermentation est presque nulle, est tenu autant que possible à l'abri du contact de l'air, en cave fraîche.

On soutire en décembre et on colle pour mettre en bouteilles courant mars.

La vendange du Mauzac-Blanquette se fait tardivement, après celle de la Carignane, et généralement, à cette époque, la température ambiante tend à s'abaisser brusquement dans la région montueuse de Limoux. Cette circonstance naturelle, jointe à la suppression de la majeure partie des levures par filtration, favorise le développement d'une fermentation complémentaire lente et insensible. On peut dire que la filtration et les conditions atmosphériques dominent la fabrication empirique de la Blanquette mousseuse.

Si l'automne est chaud, si le moût est fortement aéré par la filtration et la mise en tonneau, les quelques cellules de levures qui ont réussi à traverser le tissu prolifèrent abondamment et ne tardent pas à provoquer une arrière-fermentation vigoureuse aux dépens de la matière sucrée. Le vin devient alors trop sec et, après la mise en bouteilles, il est incapable de produire, par une fermentation ultime, la quantité de gaz carbonique nécessaire à la production de la mousse pétillante, soit environ *3 litres 95* par bouteille de 78 à 84 centilitres.

Beaucoup de propriétaires récoltants ne se servent même pas de l'aréomètre ; ils dégustent la Blanquette et, lorsqu'elle leur paraît trop pauvre en «liqueur», ils ajoutent approximativement à chaque bouteille *une pincée* de sucre candi pulvérisé. La bouteille ficelée n'est point dégorgée ; elle garde donc son dépôt et se trouble si on l'agite.

Voilà le procédé général de fabrication usité dans la région de Limoux; mais là comme à Gaillac, à Saint-Peray, etc., il existe des industriels qui se sont inspirés de la méthode champenoise pour perfectionner leur fabrication. On y prépare des vins dégorgés que la clientèle extérieure préfère. Beaucoup de consommateurs locaux se méfient au contraire d'une limpidité parfaite et semblent croire que la présence du dépôt est un cachet d'origine, une preuve que la boisson n'est point frelatée. *Errare humanum est !*

Nous résumerons ci-dessous la règle suivie chez M. Émile Hébrard, le savant agronome, pour la préparation rationnelle du vin mousseux type Gaillac.

On vendange à complète maturité. Les grains verts, secs ou tarés sont mis de côté. L'égrappage est appliqué parce que, ordinairement, les grains non mûrs restent attachés à la rafle. Si on a soin de ne pas forcer l'égrappage, les grains irréprochables seront seuls détachés.

La vendange est ensuite mise sur le pressoir. On serre lentement. Le moût de la première pressée est incolore, celui de la seconde pressée est plus doux, plus riche en sucre mais aussi un peu jaune.

Le moût des deux pressées est mélangé et passé au tamis, car il doit être séparé des pellicules, des pépins et des petits grains secs que le pressoir laisse échapper.

Inutile d'ajouter que les barriques dans lesquelles s'opère la fermentation ne doivent pas avoir contenu du vin rouge et être très saines. Les futailles neuves seront échaudées à la vapeur et lavées avec une infusion de feuilles de pêcher.

Ceux qui ne disposent pas d'un générateur de vapeur laveront à l'eau bouillante saturée de sel marin ou bien avec une solution de 250 grammes d'alun et 100 grammes de carbonate de soude dans 8 à 10 litres d'eau chaude. Rincer à l'eau pure à plusieurs reprises.

Cette opération est indispensable pour débarrasser les

fûts neufs des matières colorantes et astringentes qui communiquent au vin un goût désagréable.

Si les pressoirs et les comportes ont servi à la vinification des vins rouges, il sera bon de les laver avec 3 kilos de cristaux de soude fondus dans vingt litres d'eau bouillante avant de les utiliser pour la vendange blanche.

Le moût doit être débourbé avant d'entrer en fermentation. Ensuite il est mis dans un fût bien propre et méché. On évite de pratiquer d'autres méchages ou sulfurages, car les vins mousseux contractent aisément l'odeur nauséabonde que donne une formation d'acide sulfhydrique.

Après ce premier soutirage, le vin est abandonné à lui-même.

Vers novembre, on fait un second soutirage et on remplit les fûts sans les bonder hermétiquement, car la fermentation secondaire qui se poursuit lentement dégage de l'acide carbonique.

Lorsque les froids de l'hiver ont pris fin et que les effluves printanières vont se faire sentir, c'est-à-dire en février, on se livre à un troisième soutirage.

Le vin est alors soumis au tannisage et au collage.

On prépare la liqueur de tannin en délayant 12 grammes de tannin pur, sans éther, dans un 1/2 litre d'alcool à 90°, ou bien dans un litre d'eau-de-vie. Cette liqueur est versée dans un fût de 220 à 225 litres. Quarante-huit heures après on peut opérer le collage.

On emploie de 5 à 8 blancs d'œufs frais par bordelaise quand le vin est jaune, et 12 à 15 grammes d'ichtyocolle lorsque sa teinte étant jaune pâle n'a pas besoin d'être affaiblie.

Dix à quinze jours après on soutire et le vin est laissé en repos pendant deux ou trois semaines.

C'est le moment d'analyser les principaux éléments desquels dépend la prise de mousse.

Si le producteur veut atteindre la perfection des vins

de Champagne, il doit vérifier la teneur de son vin en acide, en alcool, en tannin et en sucre.

S'il se contente d'une perfection relative, et c'est le cas de la plupart des vignerons qui préparent quelques bouteilles de vins mousseux pour leur table, il laissera de côté les trois premières analyses et se contentera de rechercher exactement la teneur en sucre de son vin. On trouvera, page 92, les descriptions des méthodes opératoires qu'il faut suivre pour obtenir ce résultat. Au besoin, un pharmacien ou le premier laboratoire venu est à même de renseigner promptement.

Il arrive parfois que le vin contient une trop forte quantité de sucre indécomposé. L'opérateur corrigera ce défaut soit en retardant la mise en bouteilles jusqu'à ce que l'élévation de la température ait favorisé la décomposition du sucre en excès, soit en mélangeant le vin nouveau avec du vin vieux sec. L'adjonction d'un cinquième ou d'un quart de bon vin de l'année précédente améliore toujours la qualité.

Pour avoir une mousse convenable, il est nécessaire que le vin renferme 20 à 24 grammes de sucre par litre au moment de la mise en bouteilles. ·

Si le vin ne donne à l'analyse qu'une teneur en sucre insuffisante, c'est-à-dire inférieure aux chiffres précités, on versera dans le fût, avant la mise en bouteilles, autant de grammes de sucre candi qu'il en manque au vin.

D'après les observations des praticiens, l'addition du sucre rend la mousse plus crémeuse et lui donne plus de durée. Les vins qui fermentent en bouteille avec leur propre sucre ont une mousse de faible tenue.

L'emploi d'une liqueur sucrée est préférable à celui du sucre candi en poudre.

La liqueur sucrée préparée suivant la méthode champenoise renferme 500 grammes de sucre par litre de vin vieux pris comme dissolvant.

Supposons que l'on ait à mettre en bouteilles une barrique de 225 litres dont le vin possède une richesse saccharine de 15 grammes par litre. Pour arriver aux 22 grammes réglementaires, on ajoutera 7 *grammes de sucre par litre*, soit 14 centimètres cubes de solution sucrée (deux centimètres cubes correspondent à 1 gramme de sucre) et *trois litres quinze centilitres* pour les 225 litres de la barrique.

$$225 \times 14 = 3150$$

Bien peu de récoltants sont capables de pratiquer le dégorgement, car il exige des praticiens expérimentés. Le dépôt formé dans la bouteille est une cause réelle d'infériorité ; non seulement il trouble la limpidité lorsque le départ du bouchon libère l'acide carbonique en excès, mais encore il altère sensiblement la finesse du vin.

Une progression constante dans la fabrication des vins mousseux et l'introduction de l'esprit d'association dans nos mœurs agricoles permettent d'espérer que les producteurs de vins champagnisés pourraient s'entendre entre eux de façon à payer les services d'un bon ouvrier dégorgeur qui visiterait successivement les caves d'une région aux époques favorables — de mars à juillet par exemple — et initierait à ses pratiques quelques vignerons intelligents.

St-Peray. — L'origine de la fabrication des vins mousseux de St-Peray remonte à 1798. Leur type primitif a varié. Ces vins, produits autrefois par la Roussette blanche ou Roussanne, sont aujourd'hui mélangés de raisins rouges, Syrah et surtout Gamay. Ce mélange les allège, les rend moins capiteux et moins énervants.

L'époque de la vendange varie avec les années. On cueille les raisins lorsqu'ils sont parfaitement mûrs, ce qui a lieu généralement du 20 au 30 septembre pour les plants rouges et du 1er au 10 octobre pour les plants blancs.

La vendange fraîche et soigneusement triée est portée rapidement au pressoir. Le pressurage se fait à fond avec recoupage pour les cépages blancs, et environ aux 2/3, sans recoupage, pour les cépages rouges. Si l'on veut faire du vin blanc avec des raisins colorés, il faut arrêter à temps l'expression des jus et se garder de pousser très loin la serrée. On peut utiliser les sucs retenus dans les marcs gras en les faisant fermenter rapidement à l'air et les pressant ensuite ; ils donnent alors des vins rouges. On peut aussi en faire des piquettes en vue de la production de l'alcool ou d'une boisson saine et rafraîchissante pour le personnel de l'exploitation.

La richesse des moûts est variable suivant le degré de maturité acquise. C'est par des coupages judicieux que l'on obtient des cuvées d'un type à peu près identique chaque année, soit de 12 à 13°,8 Baumé. On réduit la richesse saccharine par une addition de vin vieux sec. Si la cuvée est trop faible en sucre, on la remonte avec un peu de sirop de sucre, comme cela se pratique en Champagne.

On soutire très souvent, d'autant plus que la fermentation est active.

Le moût est introduit dans des futailles de 200 litres, sulfurées par la combustion d'une mèche soufrée de 4 centimètres carrés environ. On arrive ainsi à avoir un liquide clair dont la fermentation est presque nulle, car les rares cellules de levures qui échappent aux soutirages répétés sont anesthésiées par l'acide sulfureux. Le vin doit renfermer encore un peu de sucre indécomposé lorsque les froids de l'hiver suspendent la vie des ferments.

Le tannisage est fait à raison de 5 gr. de tannin par hectolitre, préalablement dissous dans du bon cognac et aussi près que possible de la saturation. On colle quelques jours après en employant au maximum une tablette de gélatine Lainé par pièce de 200 litres.

Quand le premier collage, en décembre, ne donne pas des résultats parfaits, on renouvelle l'opération en janvier.

La mise en bouteilles se pratique d'avril à mai, suivant l'état du vin. Si le vin est trop sucré, on retarde pour que la fermentation qui se réveille à l'approche du printemps

décompose un peu de sucre. Si, au contraire, le vin est
trop sec, on tire plus tôt. Au besoin, on ajoute une quantité déterminée de sirop de sucre candi, afin que le vin
contienne 20 à 22 gr. de sucre par litre.

Le titre alcoolique moyen du vin fait est de 12°,5 à 13°.

Le St-Peray mousseux est sec, mais, après dégor-
geage, il est additionné, suivant l'usage champenois, d'un
sirop composé de sucre candi très pur, dissous dans du
très bon vin. Les qualités du vin et le goût des consommateurs fixent le *dosage* qui est ordinairement de 1 o/o
pour l'Angleterre et 10 o/o pour la Russie.

Les vins bouchés et agrafés restent en cave sur lattes
pendant une durée de 2 à 5 ans.

On les met sur pointe lorsqu'on juge que la cuvée est
assez vieille pour être expédiée. Les bouteilles, piquées
sur des pupitres ou tréteaux, subissent le remuage durant
3 à 6 semaines. Soir et matin on leur imprime, par un
coup de poignet, un mouvement horizontal et vertical;
horizontal pour détacher le dépôt, vertical pour le faire
tomber vers le goulot. Lorsqu'il est réuni sur le bouchon,
on débouche la bouteille, l'ouverture tournée en bas, et
on laisse chasser le dépôt par la mousse, etc.

En résumé, comme on le voit par ce rapide exposé, les
méthodes de St-Peray sont très près des méthodes de
Champagne. Dans cette dernière région, on s'applique
surtout, depuis quelques années, à éviter l'intervention
de l'acide sulfureux qui exerce parfois une influence fâ-
cheuse sur la finesse et la saveur du vin. On tend aussi
à régler judicieusement l'emploi du tannin, de façon à
ce que toutes les matières albuminoïdes coagulables et
toute la colle ajoutée au vin soient précipitées par lui
sans qu'il en reste à l'état libre. Le moindre excès en
tannin est à éviter, car il agit défavorablement sur la fermentation en bouteilles, sur la limpidité et la formation
du dépôt.

Les caves de Saint-Peray sont souterraines. Leur température à peu près constante est de 11°,5 à 12°,5 centigrades.

Muscat mousseux. — La méthode de vinification du Muscat mousseux diffère de celles que nous venons de passer en revue.

Dans la préparation des vins blancs mousseux type Champagne, on laisse la fermentation épuiser tout ou presque tout le sucre naturel, et au moment de la mise en bouteilles, on ajoute une certaine dose de sucre qui, décomposée par le ferment, produit la quantité d'acide carbonique nécessaire à la prise de mousse.

Au contraire, dans la préparation du Muscat mousseux, il est indispensable d'arrêter la fermentation à peine commencée, de manière à conserver au vin une très forte proportion de son sucre indécomposé. Dans ces conditions, la quantité de sucre que renferme le vin au moment de la mise en bouteilles est largement suffisante pour produire la mousse, et *a priori* il semble même qu'elle devrait entraîner fatalement la casse : il n'en est rien cependant. Nous nous expliquerons plus tard à ce sujet.

Donc, il est parfaitement inutile d'ajouter du sucre ; mais dans quelques cas particuliers il est nécessaire d'ajouter de l'alcool pour ralentir la fermentation et obtenir une proportion normale de sucre, d'alcool et d'acide carbonique répondant au type *Muscat mousseux*.

La vendange doit se faire lorsque le raisin est bien mûr : généralement, elle a lieu du 20 septembre au 10 octobre. Sa richesse saccharine sera alors suivant l'exposition, l'âge de la vigne, etc., de 225 à 300 grammes de sucre par litre — 250 grammes constituent une très bonne moyenne — avec 5 *gr.* à 5 *gr.* 5 d'acidité totale par litre exprimée en acide tartrique.

Nous avons indiqué les méthodes de dosage de l'acidité (page 127); elles sont d'une pratique facile, d'autant plus que l'on peut avoir une burette divisée en décigrammes d'acide tartrique par litre de façon à connaître la

quantité de ce corps par une simple lecture et déterminer ainsi la correction nécessaire au moût.

Notre burette automatique (fig. 17) ou bien toute autre
(fig. 50) étant remplie jusqu'au 0 avec la solution alcaline

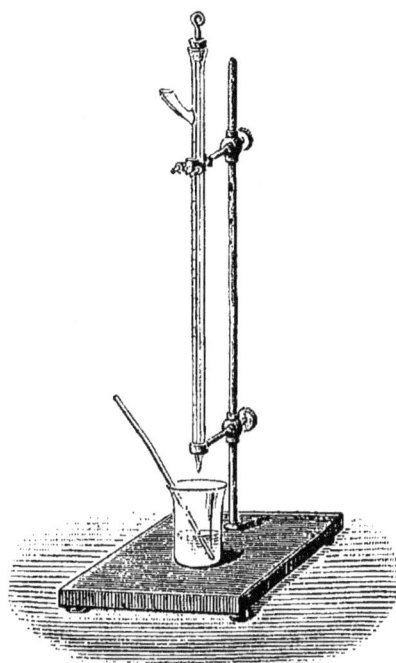

titrée, on verse celle-ci
goutte à goutte dans le récipient qui contient le moût
préalablement filtré à travers un linge à tissu serré.
Pour rendre l'opération
plus sûre nous recomman-
dons de procéder d'abord
à un essai rapide afin d'avoir
des données approximatives
sur le litre acide du moût
en expérience.

On suit les prescriptions
indiquées (pages 128, 130,
141) en versant la solution
alcaline par fractions de 1
centimètre cube. Admettons
qu'à 6 centimètres cubes
par exemple, la phtaléine
n'ait pas encore viré au

Fig. 50.— Burette à soupape.—
Dosage de l'acidité.

rouge, mais que ce changement de couleur, indice de la
fin de la réaction, se produise lorsqu'on verse le 7me centimètre cube. Dans ces conditions, on sait que les limites
des recherches se trouvent circonscrites entre le 6me et le
7me centimètre cube.

On recommence alors l'opération sur du moût frais et
on verse d'un seul coup 6 centimètres cubes de la solution alcaline, puis on continue goutte à goutte jusqu'à ce
que la coloration, après avoir pris une teinte brunâtre,
passe au rouge.

Les moûts des vins de table de consommation courante doivent posséder une acidité évaluée à 8 ou 9 gr.
d'acide tartrique par litre. Cette acidité serait trop forte

pour les vins mousseux. L'influence de l'acidité du milieu sur le fonctionnement biologique des levures et la marche de la fermentation est un facteur important qui exige l'attention des champagniseurs.

Revenons maintenant à la vendange.

Le raisin non mouillé et frais est immédiatement foulé aux pieds ou au fouloir mécanique. Il s'agit d'exprimer le jus des grains aussi bien que possible, sans écraser les pépins et sans extraire les principes acerbes des rafles. Il existe de nombreux modèles de fouloirs qui font un travail convenable. Ces appareils, actionnés à bras d'homme ou à la vapeur, se composent d'une trémie qui reçoit la vendange et de deux rouleaux en bois ou en fonte munis de cannelures hélicoïdales, marchant en sens inverse à des vitesses différentes. Ils produisent un effet de pression et un déchirement des pellicules et des rafles d'autant plus grand que la différence de vitesse entre les deux rouleaux est plus accentuée. Le foulage à vitesse égale doit donner par conséquent un vin moins astringent, moins coloré et plus fin.

La vendange foulée est mise sur le pressoir et pressée lentement. On mêle le moût de la première pressée avec celui du foulage.

Le jus de la deuxième, troisième et quatrième serrée se recueille à part. Uni aux résidus et aux moûts des vendanges de qualité inférieure, il sert à la préparation des Vermouts.

L'esprit ingénieux des constructeurs a enfanté un grand nombre d'appareils de compression agissant plus rapidement pour obtenir des moûts blancs avec des raisins noirs et aussi très énergiquement pour extraire les sucs au delà des limites connues.

Sans parler des dépenses d'achat et d'installation, je ne crois pas que ces nouveaux instruments aient atteint des résultats vraiment supérieurs, car il faut cependant faire entrer en ligne de compte la qualité du produit, surtout lorsqu'il s'agit de *vins de luxe*. Ici, comme en toutes choses, le mieux semble vouloir être l'ennemi du bien.

En Champagne, 1000 kilogr. de raisins noirs donnent environ 670 litres de vin blanc. Les marcs frais, après avoir subi les retrousses ou tailles, retiennent encore 18 à 19 o/o de liquide.

Dans le Midi, les marcs de vins communs, plus énergiquement traités, gardent néanmoins 10 o/o de liquide en moyenne. Sans doute, la qualité du cépage et sa maturité influent sur le rendement ; l'Aramon, très juteux et décoloré, donne en blanc 80 o/o du produit total, 8 à 10 de vin rosé et 10 à 12 de vin rouge. Mille kilogr. de vendange Aramon produisent à peu près 600 à 610 litres de *vin blanc*.

On estime que les Aramons de plaine faits en rouge abandonnent environ 800 litres de vin par 1000 kilogr. de vendange, tandis qu'il faut 1080 à 1100 kilogr. de Picquepoul ou de Clairette pour avoir un pareil rendement.

Les pressoirs hydrauliques, les pressoirs continus laminant la vendange entre deux cylindres ou la comprimant à l'aide d'une vis d'Archimède, etc., ne sauraient d'ailleurs trouver place que dans les grands domaines disposant d'un personnel exercé et d'une force motrice suffisante.

Le système Mabille et les mécanismes dérivant de ce système sont très recommandables et très économiques. Ils permettent de liquider la vendange ou le marc avec un personnel réduit et donnent des résultats très satisfaisants au point de vue œnologique.

Le pressoir Mabille est à levier articulé avec mouvement de va-et-vient à double effet, c'est-à-dire à action continue. Il se compose généralement d'un plateau très solide en bois étanche ou en tôle d'acier emboutie, appelé maie. Le tannin du vin pouvant se décomposer au contact du fer, ce dernier genre de maie doit être surtout employé pour les marcs frais, mais il serait préférable de l'avoir émaillée ; on obtiendrait ainsi une propreté et une étanchéité complètes.

Avec la puissance des pressoirs actuels, un bon pressurage ne demande pas un serrage rapide, car l'instrument serait vite à bout et l'écoulement du liquide s'ar-

Fig. 51. — Pressoir Mabille à charge pliante.

rêterait par l'excès même de la pression. Le temps est le facteur le plus important de l'écoulement des jus; il domine même la valeur de la pression par unité [de surface.

Il faut serrer progressivement et laisser entre chaque serrage un certain temps pour que le liquide puisse sortir de la masse ou gâteau. Quand l'égouttement cesse, il est préférable de desserrer l'écrou, de relever la charge et de travailler le marc pour l'émietter et le rendre plus facile à presser. C'est ainsi qu'on obtient d'un pressoir le plus grand rendement net en liquide.

On peut également perfectionner le travail d'un pressoir en mettant sur la maie une claie de fond, à claire-voie, qui draine la partie inférieure du gâteau et favorise l'écoulement du liquide.

La figure 51 montre la partie supérieure d'un pressoir Mabille à charge pliante. Cette disposition, tout en conservant l'élasticité qui caractérise les charges mobiles en bois, rend les manœuvres plus faciles et moins pénibles. Pour travailler le marc, il n'est pas nécessaire de relever très haut la charge repliée et crochetée, car l'espace laissé libre par les deux côtés relevés permet à un homme de se mouvoir aisément.

Fermentation. — A Asti, le moût qui sort du fouloir et de la première pressée est transvasé, à l'aide d'une pompe, dans des futailles de 250 à 500 litres environ, placées les unes au-dessus des autres (gerbage ou encarrassage) de manière à pouvoir faire passer le liquide du premier rang au second et du second au troisième, etc. Ce soutirage est désigné par les cavistes sous le nom de «saut du Muscat»; on le pratique lorsque la surface du moût en fermentation se couvre de matières écumeuses et on a soin de le renouveler chaque fois que le chapeau se forme.

En général, les premières impuretés apparaissent dès le départ de la fermentation, quelques heures après la mise en tonneaux. Le deuxième jour, à la suite de trois soutirages, le moût est prêt pour la filtration qu'il faut activer le plus possible.

Les dépôts que laissent les soutirages sont filtrés à

part dans une chausse et joints au moût des dernières pressées.

Première filtration. — La filtration est précédée d'un collage à la gélatine ou à l'ichtyocolle. On tannise d'abord à 10 grammes de tannin pur par hectolitre (tannin dissous dans du Muscat vieux alcoolisé), on fouette énergiquement et ensuite on colle avec 10 grammes de gélatine ou 10 à 12 grammes d'ichtyocolle par hectolitre. Ces opérations se font immédiatement après l'introduction du moût dans le tonneau. Certains les renouvellent pour aider la formation du troisième chapeau.

Sous l'influence du tannin, la colle se coagule en une infinité de particules, lesquelles soulevées par le gaz carbonique de la fermentation refoulent vers la surface les levures et débris divers que le liquide tient en suspension. C'est un collage par le haut.

La filtration doit être faite à l'abri du contact de l'air parce que l'aération du moût met de l'oxygène à la disposition des levures échappées aux soutirages et active leur prolifération, en outre elle affaiblit l'arome et fonce la couleur; son but est d'éliminer la majeure partie des microorganismes qui décomposent le sucre et d'arrêter ainsi la fermentation.

Le moût du muscat, riche en substances sucrées, sirupeux et dense, exige des filtres en tissus, à marche rapide, travaillant sous une faible pression. Les modèles fabriqués par Caizergues, Simoneton, Philippe, etc., auxquels nous avons consacré (page 163) une notice spéciale, répondent parfaitement à ces desiderata.

Après filtration, le vin est directement introduit dans des fûts de 250 à 700 litres, préalablement sulfurés à l'aide d'un petit fourneau sulfureur muni d'un ventilateur ou bien simplement par la combustion d'un bout de mèche soufrée.

Les fûts de faible contenance sont préférables aux grands récipients parce que, dans ces derniers, la fermentation est toujours plus énergique, plus tumultueuse et irrégulière. Or, pour obtenir un Muscat fin et parfumé, il faut lui conserver une forte quantité de sucre indécomposé.

Le contact des lies et dépôts riches en cellules de levures étant dangereux pour le vin, on effectue un deuxième et un troisième soutirage pendant l'hiver. Ces soutirages se pratiquent toujours à l'abri du contact de l'air, au moyen d'une pompe dont le tuyau d'écoulement plonge dans le fût à remplir, légèrement sulfuré.

Vers fin février, on soutire de nouveau et on met les fûts pleins en cave fraîche.

Les futailles en bois de chêne doivent être tenues dans le plus grand état de propreté à l'intérieur et à l'extérieur. On évite les échanges gazeux à travers les pores du bois et on réduit les phénomènes d'oxydation en frottant de temps en temps l'extérieur du fût avec un morceau de drap imbibé d'huile de lin.

Seconde filtration. — Avant d'être livré à la consommation, le Muscat est filtré une seconde fois avec grand soin.

Les propriétaires emploient des chausses en molleton qu'ils placent sur deux ou trois rangs, de façon à ce que le vin passe du premier filtre au deuxième et du deuxième au troisième. La limpidité devient parfaite.

Mais, par cette méthode primitive, le moût subit le contact prolongé de l'oxygène de l'air, ce qu'il faudrait éviter.

Les filtres à cellulose ou à pâte de papier tels que ceux de H. Brulé, Guéret frères, à Paris, dont nous avons déjà parlé, donnent des résultats parfaits. Ils filtrent sous une faible pression de 1/2 à 3/4 d'atmosphère pour le soutirage en fût et de 1 atmosphère 1/2 à 2 atmosphères pour le soutirage en bouteilles sans aucune perte d'acide carbonique, c'est-à-dire à l'abri de l'air.

Préparation pour l'expédition en barils. — Dès le mois de novembre, les expéditions du Muscat d'Asti en barils commencent. Beaucoup de consommateurs boivent ce vin pendant l'hiver sans rechercher la prise de mousse ; d'autres le mettent en bouteilles et attendent du retour du printemps le réveil de la fermentation qui le rendra mousseux.

Aujourd'hui encore, le gros des expéditions a lieu de novembre à avril ; mais, grâce aux précautions dont les vins sont entourés, les ventes au dehors peuvent se poursuivre en toute saison.

Les vins, logés dans des fûts de 4 à 6 hectolitres fortement méchés, sont conservés en cave très fraîche et à température à peu près constante jusqu'au moment du départ. Lorsqu'on expédie pendant les mois chauds, on soumet le vin à une filtration rigoureuse et on élève son titre alcoolique de manière à ce qu'il renferme 7 à 8 o/o d'alcool en volume. Pour les expéditions en Amérique ou aux colonies, on va jusqu'à 9 à 10 o/o d'alcool.

Barils de transport. — Le chêne est le meilleur bois pour la construction des fûts, il possède une odeur franche et caractéristique qui ne communique au vin aucun mauvais goût.

Les douves ou douelles faites à la scie ne valent pas celles que l'on obtient avec le coutre ou la cognée en suivant le fil du bois, car elles sont moins souples, plus difficiles à travailler, et rendent les tonneaux sujets aux suintements et aux coulages tant qu'elles ne sont pas *étanchées*.

Pour que le bois soit de bonne qualité, il doit réunir les conditions suivantes :

Être sans aubier, très sec, ni vermoulu, ni rouge, ni échauffé. Le bois échauffé casse facilement, on le reconnaît aux taches blanchâtres et à son aspect picoté.

Les meilleurs bois viennent du nord de l'Europe. On les appelle merrains du Nord ou merrains de Dantzig, de Stettin, de Riga, de Memel, de Lubeck, selon qu'ils sont expédiés de l'un ou l'autre de ces ports.

Les merrains de Bosnie proviennent de la partie méridionale de l'Autriche-Hongrie et de quelques provinces de la Turquie septentrionale. Ils sont exportés par Trieste. Leur résistance à l'humidité des caves est moins grande que celle des précédents.

Les merrains d'Odessa, plus durs que ceux de Bosnie, mais de moins bonne qualité, viennent du Caucase.

Les merrains de l'Amérique du nord, surtout ceux du Canada et de la Nouvelle-Orléans, sont de bonne qualité. Leur prix est moins élevé que celui des bois du nord de l'Europe.

Les merrains de provenance française sont d'excellente qualité, mais durs, à nœuds rapprochés, irréguliers, souvent gercés. Les plus réputés se tirent de l'Angoumois. On les recherche pour loger les eaux-de-vie de Cognac.

Pour l'expédition du Muscat, le petit baril type Cognac, cerclé de fer, d'une contenance de 50 à 200 litres est généralement usité. La forme type Cognac est solide et en même temps très élégante.

Avant de recevoir le vin, les fûts doivent être soigneusement étuvés par la vapeur. L'emploi de l'eau chaude est moins sûr d'autant plus qu'elle est employée fréquemment à une température trop basse. La vapeur projetée dans les fûts sous une pression de 6 atmosphères est à une température de plus de 150° centigrades, c'est-à-dire capable de détruire d'une manière absolue les spores les plus résistantes et d'assurer une stérilisation parfaite. La vapeur pénètre les pores du bois, les gonfle et a pour effet d'assurer l'étanchéité et de dissoudre les substances astringentes et colorantes qui souilleraient le vin ; elle permet de se rendre compte des piqûres ou des défauts du bois pouvant laisser transsuder les liquides.

On maintient l'arrivée de la vapeur jusqu'à ce que l'eau condensée s'écoule claire, et non brunâtre ou jaunâtre, par le trou de bonde.

Pour procéder à l'étuvage, on installe le fût — trou de bonde en dessous — sur un chantier fait de deux bouts de bois, et on introduit la vapeur par le trou du robinet qui se trouve alors à la partie supérieure sur l'un des fonds.

Egrot et *Deroy*, de Paris, construisent des générateurs à vapeur très estimés. Le modèle représenté par la figure ci-contre est le type Egrot, spécial pour chais. On peut l'utiliser non seulement à l'étuvage des futailles, mais

Fig. 52.— Générateur de vapeur Egrot.

encore au chauffage de l'appareil Houdart, en vue de la pasteurisation des vins et aussi, s'il est besoin, pour chauffer de l'eau ou des alambics.

Lorsque l'étuvage a pris fin, on pratique un ou deux lavages avec une solution bouillante de carbonate de soude ; ensuite, on rince à l'eau froide et pure. L'eau bouillie convient particulièrement.

L'avinage du fût par le séjour des vins tirés du pressurage, des soutirages et filtrations, constitue une excellente coutume ; à défaut, le rinçage avec un litre de bon Muscat est une précaution d'hygiène très recommandable.

On prépare économiquement les barils de grande taille (200 litres et au-dessus) en y faisant fermenter des marcs frais de Muscat dans l'eau acidulée. Il se forme ainsi une piquette qui améliore le bois et lui enlève tout goût douteux.

Le Muscat étant un vin délicat, dont la saveur distinguée est facilement altérée, il faudra proscrire rigoureusement pour son usage les fûts ayant contenu du vin rouge, des vins à parfum caractérisé comme le Malaga, le Marsala, le Vermouth et surtout les liqueurs, Absinthes, Bitters, Picons, etc.

Soins à donner au Muscat expédié en baril. Le destinataire doit s'empresser de transvaser le baril aussitôt reçu dans des bonbonnes de verre qu'il garde en cave fraîche, de façon à éviter la fermentation qui se développerait infailliblement si la chaleur venait stimuler les quelques levures vivantes que renferme encore ce vin riche en sucre.

Si ce transvasement ne peut avoir lieu, il faut toujours placer le baril dans un local à température assez fraîche, la bonde en dessous ou de côté, car le creux produit par l'évaporation fournit un appel d'air dont l'arrivée serait facilitée par la dessiccation et la perméabilité du tissu qui entoure la bonde. En s'opposant autant que possible au contact de l'oxygène, on écarte un facteur puissant de la fermentation redoutée.

L'embouteillage est aussi praticable de suite. Les bouteilles et les bouchons employés seront l'objet de soins minutieux. On couchera les bouteilles en cave modérément fraîche (13 à 15°). Quelques mois plus tard, lorsque

le vin aura pris la mousse, les bouteilles pourront être
servies sur table après avoir été décantées. Cette opération se fait en tenant la bouteille droite pendant un certain temps et en siphonant le liquide au moyen d'un tube
en verre ou en caoutchouc quand le dépôt est descendu ;
nous reviendrons là-dessus.

Muscat mousseux en bouteilles. — *Gazéification artificielle.* — La fermentation secondaire, qui se développe
lentement en bouteilles, sature le vin d'anhydride carbonique. Donc, pour avoir un Muscat mousseux, il est nécessaire de le mettre en bouteilles.

On fabrique des appareils qui permettent d'introduire
artificiellement de l'acide carbonique sous pression dans
les vins pour les rendre mousseux. Mais l'incorporation
du gaz par ce procédé n'est point aussi parfaite que
celle qu'entraîne une fermentation secondaire lente et
bien menée.

Le phénomène de dissolution des gaz ne présente
aucun des caractères des actions chimiques. Les molécules d'un gaz semblent pénétrer entre celles de l'eau,
mais leur force élastique persiste et se manifeste, puisqu'elles abandonnent le milieu liquide ou y pénètrent de
nouveau, suivant que la pression atmosphérique augmente ou diminue.

L'acide carbonique, qui se dégage pendant l'acte physiologique qu'accomplissent les ferments, est en quelque
sorte à l'état naissant et il paraît présenter alors une
affinité plus grande pour les molécules de l'eau ; cette
affinité relative se traduit, toutes choses égales, par une
mousse crémeuse et persistante, par une sursaturation
plus adhérente, plus tenace, bien différente de celles que
l'on remarque chez les vins artificiellement traités.

Il existe différents modèles de machines pour la fabrication artificielle des vins mousseux, un des mieux compris est celui que construisent MM. Guéret frères. La
figure que nous en donnons (fig. 53) permettra de suivre
les renseignements concernant la charge et le fonctionnement de l'appareil.

Les pierres calcaires telles que la craie, le marbre, l'albâtre sont formées d'acide carbonique combiné à la

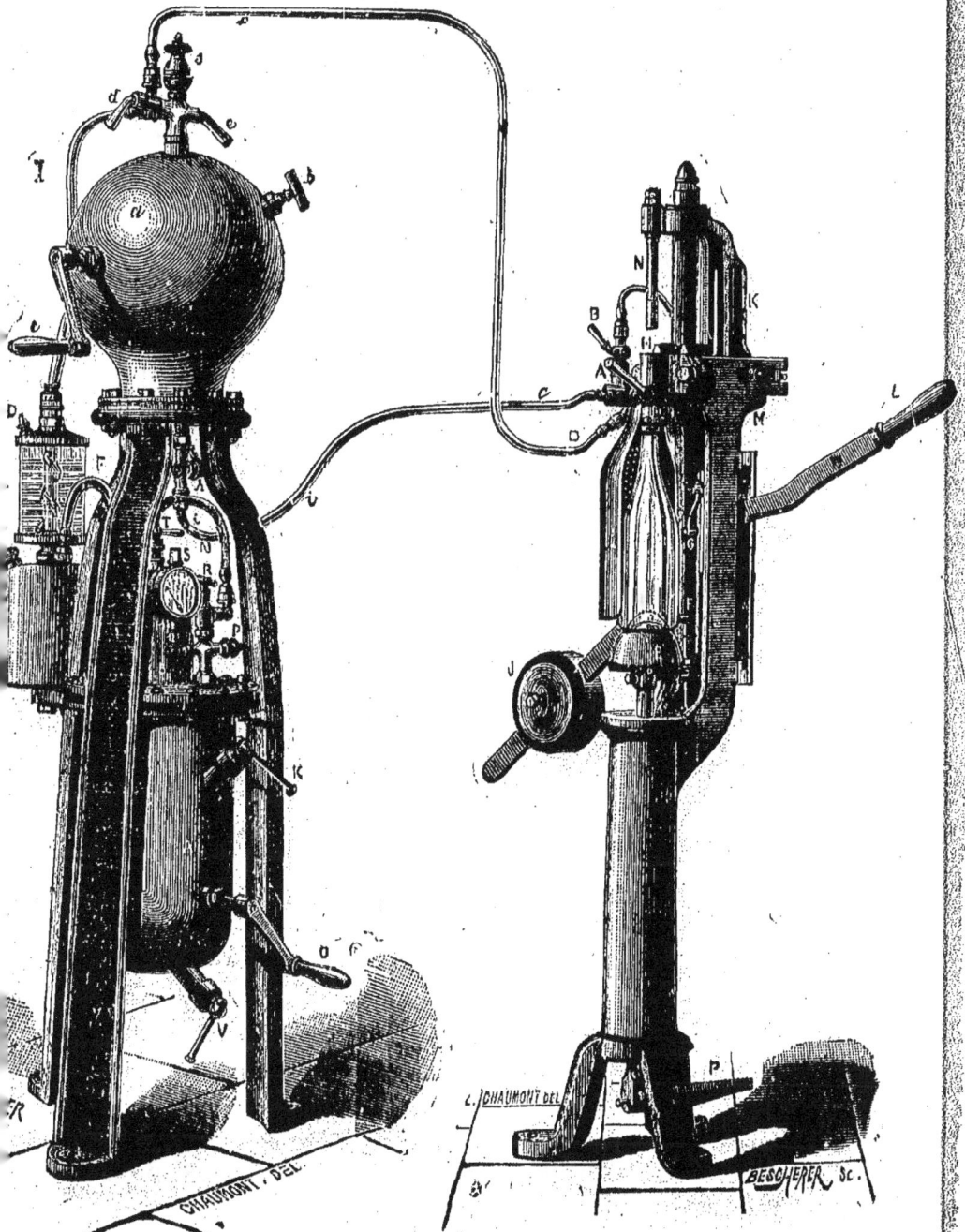

Fig. 53.— Appareil Guéret pour la fabrication des vins mousseux.

chaux ; elles peuvent servir, ainsi que tous les carbonates, à la préparation de l'acide carbonique. Il suffit de les mettre en contact avec un acide plus énergique que l'acide carbonique, comme l'acide azotique, l'acide chlorhydrique, l'acide sulfurique.

On emploie généralement ce dernier acide (SO^4H^2) et le bicarbonate de soude (CO^3NaH) ; il y a production de sulfate de soude par déplacement de l'acide carbonique qui se dégage.

Avant de charger l'appareil, il faut s'assurer que le tampon de vidange V est hermétiquement fermé. Par le tampon K, on verse dans le récipient A deux litres de bicarbonate de soude mélangés dans cinq litres d'eau. Par le tampon S, on introduit un litre d'acide sulfurique (la première fois que l'on garnit l'appareil, il faut deux litres d'acide sulfurique). Par le tampon D, on remplit d'eau les 4/5 du laveur L.

Remplir de vin limpide la sphère *a* par le tampon *b*.

Fonctionnement de l'appareil Guéret. — Fermer hermétiquement les ouvertures K, S, D, *b* et les robinets *d* et *e* qui se trouvent au-dessus de la sphère et le robinet A de sortie du vin sur le tirage. Ouvrir la tige *T'* de la boîte à acide, appuyer sur le levier *R* et tourner la manivelle *o* du récipient appelé producteur, dans lequel on a introduit le bicarbonate dissous dans 5 litres d'eau.

L'acide sulfurique, tombant sur la solution du bicarbonate, met l'acide carbonique en liberté. Au fur et à mesure du dégagement de ce gaz, la pression s'élève et le manomètre que l'on voit au-dessus du producteur marque bientôt 3 à 4 atmosphères. A ce moment cesser d'appuyer sur le levier *R* en laissant la tige *T'* ouverte. La production du gaz s'arrête.

Ouvrir le robinet *d*, qui permet l'arrivée du gaz dans la sphère *a* dite saturateur, pour faciliter et accélérer l'incorporation du gaz au vin. Dès que le laveur L n'est plus traversé par des globules de gaz, on est averti que la saturation est atteinte ; le vin est prêt à être mis en bouteilles.

Mise en bouteilles. — Ouvrir les robinets *e* de sortie du gaz de la sphère par le tuyau *f* et *h*, de sortie du vin par le tuyau *i*. Placer une bouteille sur le bloquet *E* du tirage et la presser sur la bague du cône au moyen de la pédale *P* ; introduire un bouchon dans le cône *H* d'embouteillage et l'enfoncer un peu à l'aide du levier *L* qui actionne la tige *N*.

Ouvrir le robinet *A* d'arrivée du liquide et du gaz au tirage, en laissant un instant sa poignée dans la position horizontale ; le gaz carbonique se précipitera dans la bouteille. Continuer d'ouvrir le robinet *A* en amenant sa poignée dans la position verticale ; le vin commencera alors à arriver dans la bouteille. S'il tombe trop vite et mousse, diminuer l'échappement en fermant un peu le robinet *B* ; s'il tombe trop doucement, augmenter l'échappement. Dès que la bouteille est pleine, fermer le robinet *A* et ne plus toucher au petit robinet *B* qui est réglé. Boucher la bouteille comme à l'ordinaire et la ficeler.

Le tirage du vin étant terminé, fermer les robinets *d* et *e* du dessus de la sphère *a* et le robinet *h* de sortie du vin ; évacuer le gaz contenu dans la sphère en tournant légèrement le tampon *b*.

Remplir à nouveau la sphère de vin, fermer le tampon *b* et ouvrir le robinet *d* d'arrivée du gaz à la sphère saturateur. Opérer et tirer comme il vient d'être dit. La charge du «producteur» sert à la gazéification de deux sphères de vin, après quoi il faut le vider en ayant soin de laisser d'abord échapper complètement le gaz par le tampon *b* de la sphère jusqu'à ce que le manomètre marque 0. Ensuite on recharge.

On comprendra, à la suite de ces indications, que la gazéification des vins n'offre aucune difficulté lorsqu'ils sont complètement fermentés ; tel n'est pas le cas du muscat. Ce procédé rapide et pratique serait généralement adopté pour les vins secs si les produits qu'il donne égalaient ceux qu'une fermentation lente en bouteilles a mis en possession de leur mousse. Le vin mousseux artificiel expulse le bouchon avec bruit, mais laisse échapper rapidement le gaz et ne présente pas ce phénomène persistant de sursaturation mis en évidence par le pétillement qui accompagne toute secousse imprimée à la bouteille. Le vin artificiel se comporte un peu comme l'eau de Seltz.

Les consommateurs attachent une grande valeur à la persistance du pétillement et de la mousse abondante et crémeuse.

Ceci dit, nous allons exposer la méthode de préparation des Muscats mousseux par fermentation en bouteilles. Suivant le degré de perfection que l'on désire obtenir, on procède au dégorgement ou bien on laisse le dépôt, ce qui constitue un travail fort simple dont les résultats sont inférieurs. Ce dépôt peut être séparé à l'aide d'un transvasement au siphon.

Nous distinguerons par conséquent deux modes de fabrication :

1° La fabrication simple avec dépôt ou séparation du dépôt par siphonnage.

2° La fabrication avec dégorgement suivant la méthode champenoise.

Fabrication simple du Muscat mousseux. — La mise en bouteilles ou tirage a lieu vers le mois de mars, après filtration. On règle la boucheuse de façon à ce que la moitié du bouchon seulement pénètre dans le goulot de la bouteille afin qu'il soit facile de l'extraire sans l'abîmer quand l'instant favorable sera venu.

La bouteille une fois bouchée, on pose l'agrafe qui maintient le bouchon et l'empêche de sauter au moment de l'élévation de la pression intérieure développée par la fermentation créatrice de la mousse.

La machine à poser les agrafes est remarquable par sa solidité et son extrême simplicité, une femme peut la manœuvrer. En deux mouvements elle imprime fortement l'agrafe dans le bouchon et lui fait crocheter la bague de la bouteille. Ces agrafes en fil de fer méplat et en forme d'U résistent longtemps à l'oxydation ; un petit appareil fort ingénieux le dépouille de la rouille dont elles sont couvertes, leur rend la forme primitive et permet ainsi de les utiliser plusieurs fois.

A défaut de machine agrafeuse, on peut fixer le bouchon à l'aide d'une ficelle végétale ou d'un fil métallique. Après avoir formé un anneau autour du goulot de la bouteille et en dessous de la bague, on s'en sert pour y fixer d'autres ficelles passant par dessus le bouchon et devant le maintenir.

Certains fabricants vendent des colliers en fil de fer tout prêts. Ils s'adaptent sur le bouchon comme une sorte de chapeau et se fixent en exerçant une tension sur les extrémités dont ils sont formés et en tordant ensuite ces extrémités ensemble.

Les bouteilles une fois tirées, bouchées et agrafées sont disposées en tas, pour la prise de mousse, dans un local (cellier ou cave) tempéré. Nous avons indiqué la formation des tas sur lattes en exposant les règles principales de la méthode champenoise (page 296). On observe d'incliner un peu les bouteilles en avant de façon à ce que le *miroir* du bouchon soit entièrement baigné par le vin.

Il sera prudent de transporter les bouteilles dans un endroit frais avant l'arrivée des grosses chaleurs estivales. Si la casse indique un développement trop rapide de la fermentation, il convient de dresser les bouteilles jusqu'à la fin de l'été ou bien de les descendre en cave plus fraîche.

En hiver, on maintiendra la bouteille droite pendant quelque temps en la secouant un peu au besoin, de manière à faire tomber le dépôt au fond. Quand le vin sera devenu limpide, on pourra le transvaser rapidement dans une autre bouteille très propre en suivant les prescriptions suivantes :

Le transvasement doit se pratiquer dans un endroit aussi frais que possible, car à température basse l'acide carbonique s'échappe avec moins de facilité. Ce gaz précieux qui donne au vin sa belle apparence mousseuse, en même temps qu'une saveur et une digestibilité particulières reste en dissolution dans le vin d'autant plus que celui-ci est plus froid.

On transvase avec un siphon en caoutchouc ou en verre, en ayant soin de le disposer de façon à ce qu'il s'amorce au-dessus du dépôt et qu'il atteigne, par son autre branche, le fond même de la bouteille à remplir. Ces précautions éviteront, autant que faire se peut, la perte de l'acide carbonique. Sans doute, une certaine quantité de ce gaz s'échappera toujours, mais comme le vin en possède beaucoup, il en restera assez pour donner de la mousse.

Le Muscat transvasé ne restera pas d'une limpidité absolue, car le vin riche en sucre fermente généralement encore un peu après avoir perdu une partie de son acide carbonique, mais le dépôt qui se forme alors n'est point comparable aux impuretés séparées par le soutirage; on peut à la rigueur le négliger.

Le Muscat mousseux en bouteilles doit être débarrassé de ses lies si on veut offrir aux convives un liquide agréable à l'œil et en pleine possession de ses qualités organoleptiques. D'ailleurs, le contact de ces dépôts composés de microorganismes divers, de levures, de crème de tartre et de gommes qui sont précipitées au fur et à mesure de la production de l'alcool, risquent d'altérer le vin. Les cellules de levures renferment des principes azotés albuminoïdes très sujets aux phénomènes d'altération et souvent cause première du développement des mauvaises bactéries d'où dérivent les maladies du vin.

Le siphonnage à l'aide d'un siphon en verre est bien approprié à la décantation dont nous avons besoin. Pour cette opération, on se sert d'un petit siphon sur la longue branche duquel se trouve soudé un tube parallèle à celle-ci et portant une boule vers la partie supérieure. De cette façon l'opérateur peut amorcer sans être exposé à recevoir du vin dans la bouche.

Le mouvement du liquide qui se rend à la courte branche du siphon pouvant soulever le dépôt, on évite ce danger en recourbant sur elle-même l'extrémité de cette branche, de manière à donner au courant du liquide aspiré une direction descendante, ou bien encore, en fermant le siphon à son extrémité et en pratiquant un peu au-dessus une ouverture latérale.

Muscat mousseux façon Champagne. — Aucun soin n'est regretté pour la préparation du Champagne et cependant on ne fait aucun soutirage ou filtration durant la fermentation première.

Sous ce rapport, le travail des Muscats mousseux se rapproche davantage des pratiques empiriques de Limoux, et surtout de Saint-Peray. Par des soutirages suivis de filtration on a pour but d'éliminer les lies, les impuretés qui se déposent au fond du tonneau, ainsi que les nombreuses espèces de mycodermes, de Torulas, etc., qui nagent à la surface.

Ces opérations, suivies d'une sulfuration modérée, et pratiquées à l'abri du contact de l'air, diminuent le nombre des levures actives et réduisent les phénomènes de la fermentation dans les limites voulues. Le Muscat mousseux perdrait tout son caractère en perdant le sucre qui lui donne la saveur et le parfum dits muscatés.

La première partie de la préparation du Muscat mousseux jusqu'au moment du tirage diffère par conséquent sensiblement de la méthode champenoise qui cherche à obtenir des vins secs ou presque secs. Dans cette dernière, l'égalisage et le dosage au moyen de la liqueur sucrée (sucre de canne, vin vieux, cognac) donnent ensuite, au moment de l'expédition, le moelleux demandé.

Un vin Muscat mousseux complètement élaboré renferme environ 5 à 8 o/o d'alcool et 200 à 245 grammes de sucre, tandis que le Champagne beaucoup plus riche en alcool est infiniment plus pauvre en sucre.

Le Muscat destiné au dégorgement reçoit une addition de 1 à 2 o/o d'alcool de vin et un énergique collage à l'ichtyocolle avant la mise en bouteilles. Ce collage est naturellement suivi d'un tannisage que l'analyse détermine (page 151).

Mise en bouteilles. — Mars et avril sont les mois les plus favorables à la mise en bouteilles. Si la température ambiante est fraîche, on peut la retarder jusqu'en mai. Il faut veiller à ce que la fermentation ne se réveille pas dans le baril car elle décomposerait du sucre et affaiblirait le parfum du Muscat.

Le vin, bouché et agrafé comme il a été déjà dit, est mis en tas dans un cellier à température modérée. Lorsque la fermentation s'est développée (ce dont il est facile de s'assurer en secouant quelques bouteilles qui dégagent alors de nombreuses bulles, ou bien en suivant les progrès de la pression à l'aide de l'aphromètre Salleron) (1) et que la pression intérieure atteint quatre atmosphères, on descend les bouteilles en cave fraîche. La fermentation se poursuit insensiblement et la prise de mousse se fait mieux.

Après un ou deux ans, le dépôt est formé, le vin est clair et la pression est assez élevée ; la fermentation s'arrête. Le moment est venu de procéder au dégorgement. On place les bouteilles, la tête en bas, sur les pupitres, en les agitant vivement pour détacher le dépôt.

Le vin une fois clair on commence à le remuer en prenant la bouteille par le fond et en lui imprimant un mouvement de rotation sur le goulot, puis on donne de petites secousses par coups de poignet, qui, sans soulever le dépôt, sans le mélanger avec le liquide, tendent à le rassembler sur le flanc inférieur de la bouteille. Cette opération se répète chaque jour pendant 4 à 6 semaines. Au fur et à mesure que le dépôt s'accumule, on redresse doucement la bouteille de façon à ce qu'elle arrive à être à peu près droite lorsque toute la lie est rendue sur le bouchon.

(1) Voir page 343.

La formation du dépôt ne se produit pas conformément à des règles fixes. Suivant les années et la nature du moût et des ferments qui ont présidé à l'élaboration du vin, elle présente des particularités fort diverses. Un bon dépôt est abondant, dense ; il n'adhère pas au verre, n'a point une apparence filamenteuse ou grasse, et cependant ses particules ne voltigent point au sein du liquide lorsqu'on déplace la bouteille. A la suite d'une brusque agitation il doit se précipiter rapidement en laissant au vin toute sa limpidité.

La *barre* et le *masque* sont des dépôts gras de mauvaise nature qui dérivent tantôt d'un excès de colle, tantôt d'un excès de tannin dans lesquels les ferments et la lie viennent s'engluer. Ces accidents peuvent aussi provenir des levures qui ont mené la décomposition du sucre en bouteille. On sait que la texture du dépôt varie avec la race de levure.

Il faut avoir recours aux chocs violents et prolongés des machines dites à électriser pour détacher cette couche poisseuse.

Les bouteilles sales ou mal recuites présentent des surfaces goudronneuses, grasses ou granulées qui facilitent les adhérences.

Le Muscat, en sa qualité de vin peu fermenté et faible en alcool, est riche en bitartrate de potasse ou crème de tartre. Ce sel peut entraîner certains inconvénients, d'autant plus que sa présence dépasse les limites normales.

Sous l'influence du froid, le coefficient de solubilité du bitartrate de potasse, tartrate et phosphate de chaux diminue notablement.

A 5 degrés, un litre d'eau retient en dissolution 3 gr.60 de bitartrate de potasse pur ; à 10 degrés, il retient 4 gr.; à 15 degrés, 4 gr. 85 ; à 20 degrés, 5 gr. 70. Le tartre possède en outre plus de tendance à se déposer par le froid qu'à se redissoudre par la chaleur. Un vin dont la température a baissé de 10 degrés ne récupérera pas tout le tartre précipité en recouvrant la température primitive.

Il ne faut pas oublier que, pendant la fermentation, le vin atteint généralement sa température la plus élevée, et qu'il se charge alors des produits solubles — notamment du bitartrate — en quantité telle qu'il est obligé d'en abandonner en se refroidissant.

De plus, le coefficient de solubilité du bitartrate de potasse dans un vin est en raison inverse de son titre alcoolique ; or la fermentation lente qui se développe en bouteilles forme de l'alcool et provoque ainsi la précipitation du bitartrate.

Ce sel se dépose dans les bouteilles en cristaux sablonneux qui agissent comme amorce de cristallisation et dessaturent lentement le liquide.

Le moût du Muscat renferme en moyenne 5 à 8 gr. de bitartrate potassique par litre, l'acidité totale exprimée en acide tartrique étant de 4 gr. 5 à 6 gr. 6 par litre.

Mais revenons à la bouteille dont le remuage a fini par accumuler le dépôt sur le bouchon. Le dégorgeur s'en empare et, la maintenant inclinée sur l'avant-bras gauche, sans la secouer, il enlève l'agrafe qui fixe le bouchon à l'aide d'un fer recourbé spécial. Il facilite ensuite l'expulsion régulière du bouchon en le tirant doucement au dehors avec la pince dite patte de homard. Au moment de l'explosion, il dirige le goulot vers une sorte de guérite formée d'un tonneau largement ouvert sur le flanc, dans laquelle le bouchon va se loger. Le bas vin du dégorgement, recueilli à part, est soutiré lorsqu'il s'est éclairci, ou bien, ce qui est préférable, immédiatement filtré.

En exposant la méthode champenoise pure (page 285), nous avons déjà parlé de l'application du *bossin* à l'extraction des bouchons que les efforts de la pince ont rompus. Nous n'y reviendrons pas.

La bouteille est placée sur le tourniquet. Un bloquet à ressort comprime son ouverture sur un cône en caoutchouc qui la ferme hermétiquement et s'oppose à la sortie du gaz carbonique.

Un autre ouvrier prend la bouteille du tourniquet et la met en position sur la machine à égaliser où la quantité de vin perdue par le dégorgement lui est automatiquement restituée à l'état limpide.

On peut éviter le passage du tourniquet et mettre directement la bouteille à l'égalisage, ce qui évite toujours une légère perte de gaz.

Par contre, le tourniquet est fort utile quand on opère l'égalisage à la main, car il supprime le bouchage de la bouteille pour le temps qui s'écoule entre le dégorgement et l'égalisage.

Après l'égalisage, on se livre sans retard au bouchage, au ficelage et à la pose du fil de fer. Des machines perfectionnées simplifient ces opérations, autrefois très pénibles.

Lorsqu'on ficelle à la main on fait une ligature spéciale. On passe un nœud coulant sous la bague de la bouteille et on serre fortement; puis, avec les bouts, on fait un nœud sur le milieu de la tête du bouchon en tirant, de la main droite, de haut en bas. Ce premier nœud solidement serré, on en fait un semblable en sens inverse et le bouchon se trouve alors bien assujetti. En résumé, après avoir formé un anneau autour du goulot de la bouteille en dessous de la bague, on s'en sert pour y fixer d'autres ficelles passant en croix sur le bouchon et devant le maintenir. Pour faciliter le serrage et mettre la ficelle à l'abri de la pourriture, on la trempe préalablement dans l'huile de lin.

La pose du fil de fer n'est pas toujours pratiquée chez les propriétaires récoltants. Elle est cependant rendue très aisée par l'emploi de colliers avec chapeau en fil de fer zingué, que l'on trouve tout prêts dans le commerce. Le collier se place sous la bague et se ferme par la torsion des extrémités réunies. C'est simple et commode à la fois.

Ensuite le bouchon et une partie du goulot sont revêtus d'une feuille d'étain ou, mieux encore, d'une capsule
métallique. Les machines capsulatrices décrites (page
196) rendent cette opération rapide et parfaite.

*Conservation du Muscat en bouteilles. — Manière de le
servir sur table.* — Le Muscat mousseux en bouteilles doit
être tenu couché, en cave fraîche, pendant la saison
chaude, afin de parer au danger de la casse. Pour éviter
la formation des cristaux de crème de tartre, il faudra
veiller à ce que la température de la cave ne se refroidisse pas trop en hiver. Les caves de la Champagne, à
température constante, sont un modèle à envier.

Les amateurs de vin de Bordeaux et de la plupart des
grands vins rouges réchauffent un peu les bouteilles
avant de les servir. Cette coutume a pour but de développer, d'exalter les parfums éthérés du vin.

Il est, au contraire, préférable de boire frais les vins
mousseux et, par conséquent, le Muscat qui nous occupe.
S'il s'agit de Muscat transvasé sortant d'une cave fraîche, il conviendra de placer la bouteille debout pendant
quelques heures dans un local tempéré; cela rendra la
mousse plus vigoureuse et précipitera au fond le petit
dépôt formé. Trois quarts d'heure avant de servir sur
table, on mettra la bouteille dans un seau d'eau glacée
en ayant soin de ne pas la secouer.

Le Muscat préparé suivant la méthode champenoise
possède une mousse plus abondante et plus forte que le
Muscat transvasé qui a perdu une partie de son acide
carbonique, il peut être «frappé» dès sa sortie de la
cave.

Au moment de servir, on enlève la capsule métallique
de la bouteille, puis on coupe le fil de fer et la ficelle qui
emprisonnent le bouchon. Cela fait, et tenant la bouteille
légèrement inclinée dans la main gauche, on presse —
par poussées répétées — tout autour du bouchon à l'aide
du pouce de la main droite. Une joyeuse explosion ne
tarde pas à jeter au loin le liège comprimé, et des flots

d'une mousse crémeuse et pétillante s'échappent pré-
cipitamment. Convives, tendez vos coupes!

Analyses. — MM. Gancia, de Canelli, ont bien voulu
mettre à notre disposition quelques échantillons de leur
excellent Muscat mousseux, type Asti-Canelli. Voici les
résultats fournis par l'analyse :

Année	Extrait en grammes par litre	Cendres en grammes par litre	Alcool	Sucres du vin élaboré	Sucres du moût	Rapport des sucres vin - moût	Acidité totale en acide tartrique
1894	180.2	2.50	6°10	143.7	240.5	0.59	4.45
	135.9	2.40	7°5	94.5	205.7	0.45	5 00
	175	2.60	5°	151.9	238.3	0.63	4.65
1892	170	2.10	5°	129.2	218.2	0.59	4.80
	122	2.00	7°	97.6	210.4	0.46	5.50

L'alcoolicité du Muscat mousseux, type Asti, est faible,
tandis que sa richesse saccharine est notable. Comme
nous l'avons vu, c'est surtout par le collage et la filtration
que l'on parvient à réduire le nombre des levures du
moût et à arrêter la fermentation. L'action de l'acide sulfureux obtenu par la combustion du soufre exerce encore une influence déprimante sur les cellules échappées
à ces diverses opérations.

Nous savons qu'en Champagne, la théorie, d'accord
avec la pratique, enseigne que le vin, au moment du tirage, ne doit pas renfermer plus de 20 à 25 grammes environ de sucre par litre.

Or, il n'est point rare que le Muscat possède encore
plus de 150 grammes de sucre par litre au moment de
l'embouteillage ou même du dégorgement.

Si la fermentation lente décomposait tout ce sucre, il
y aurait une production d'acide carbonique énorme devant laquelle aucune bouteille ne résisterait. En outre,

le Muscat, en perdant son sucre naturel, verrait disparaître son arome et son moelleux caractéristiques.

A quelle intervention devons-nous attribuer cette anomalie nécessaire ?

L'explication que nous allons formuler est sans doute hypothétique, mais, en l'état de nos connaissances, tous les faits tendent à prouver qu'elle renferme la vérité.

Pendant la fermentation en bouteilles, la levure ne tarde pas à se trouver dans un milieu débarrassé d'oxygène. En l'absence de l'oxygène libre ou même en présence de substances qui le retiennent faiblement combiné, une levure affaiblie, comme celle qui est présente au tirage, ne tarde pas à languir et à s'épuiser.

Dans le Muscat, plusieurs facteurs se superposent pour créer un milieu défavorable : au premier rang, l'acide carbonique en excès et sous pression ; ensuite, la disparition de l'oxygène libre dans un milieu faiblement alcoolique, il est vrai, mais riche en sucre. L'action déprimante de ces divers agents est d'autant plus marquée que la température des caves où se fait la prise de mousse s'approche des limites inférieures compatibles avec la vie du ferment. On sait que la fermentation de la levure à basse température, c'est-à-dire vers 10 à 11 degrés, n'a souvent pas lieu, surtout lorsque le milieu est pauvre en matières azotées et en phosphates assimilables.

Après dégorgement, l'expulsion du dépôt qui comprend les cellules des levures rend toute fermentation désormais impossible.

Théorie des vins mousseux

Calculs à faire avant le tirage. — Maintenant que nous connaissons les différentes opérations pratiques par lesquelles doit passer le Muscat pour arriver à la prise de mousse, nous croyons indispensable de montrer sur quelles bases scientifiques repose cette pratique.

Un vin devient mousseux parce qu'il possède encore une certaine quantité de sucre au moment de sa mise en bouteilles. La fermentation lente qui s'établit après bouchage décompose ce sucre en alcool et en acide carbonique. Bien entendu, il faut que le milieu ne renferme pas un volume d'alcool suffisant pour entraver l'activité biologique des levures emprisonnées dans la bouteille, c'est-à-dire moins de 13 à 14 o/o, suivant les conditions ambiantes.

Le gaz carbonique est soluble dans l'eau et plus encore dans l'alcool. Sous l'influence de la pression qui grandit dans la bouteille close, au fur et à mesure de son dégagement, le vin se charge de gaz. Lorsqu'on débouche, l'acide carbonique comprimé se sépare vivement du liquide en provoquant l'explosion et la mousse.

La cause du phénomène étant connue, il devient facile de déterminer le pouvoir d'absorption du vin vis-à-vis du gaz, etc., en un mot, les meilleures conditions pour obtenir une bonne prise de mousse.

La pression intérieure doit être assez forte pour expulser bruyamment le bouchon débarrassé de ses liens et produire un pétillement mousseux prolongé, sans néanmoins atteindre une puissance incompatible avec la résistance des bouteilles.

La pratique a reconnu qu'une pression inférieure à trois atmosphères est insuffisante — à quatre atmosphères le résultat est satisfaisant comme expulsion du bouchon et mousse — à cinq atmosphères ou un peu au-dessus, on obtient les «grands mousseux».

C'est la limite extrême, car une pression supérieure projette le bouchon et soulève le vin avec trop de violence. Elle risque d'entraîner une casse désastreuse si les bouteilles ne sont pas d'excellente fabrication.

Cependant, nous ne devons pas oublier que le dégorgement et le remplissage ou égalisage font perdre bien près d'une atmosphère, c'est-à-dire une pression égale à 1 kilogramme environ par centimètre carré. Puisqu'il est nécessaire que la pression atteigne 4 à 5 atmosphères, il faut que cette pression développe environ 5 1/2 à 6 atmosphères 1/2 avant le dégorgement.

La mesure de la pression des vins mousseux s'obtient à l'aide d'un instrument appelé aphromètre (fig. 55). Cet

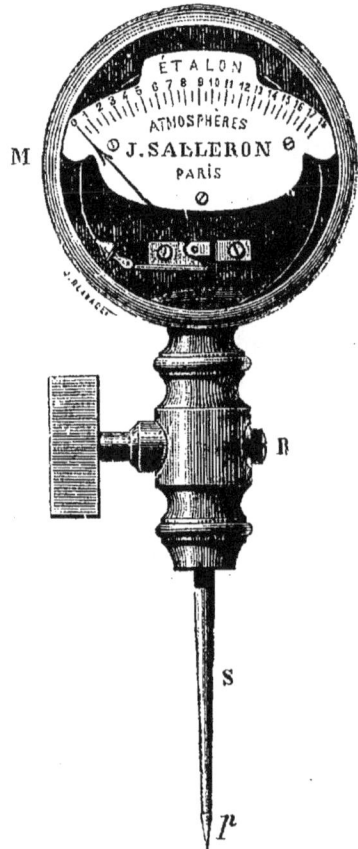

Fig. 54.— Tige de l'aphromètre.   Fig. 55.— Aphromètre.

instrument se compose d'un manomètre métallique en communication avec le vin par une tige creuse en acier qui traverse le bouchon de la bouteille. Une petite pointe en acier p, introduite dans le trou de la sonde S, empêche l'obturation de cette dernière et facilite la pénétration. On enfonce la tige jusqu'à ce que la pointe mobile ait pénétré tout entière dans la chambre vide, sous le bouchon — une légère secousse amène sa chute.

— Le robinet *R* étant alors ouvert, l'aiguille du manomètre indique aussitôt la pression intérieure exprimée en atmosphères et dixièmes d'atmosphères. On peut, de la sorte, suivre les progrès de la fermentation et connaître à chaque instant la puissance avec laquelle le gaz carbonique presse sur les parois du récipient qui le contient.

Le manomètre-aphromètre Salleron est gradué de façon à indiquer la pression en atmosphères et non en kilogrammes. La première division porte le chiffre 1, puisque le vin, quand il est saturé d'acide carbonique sous la pression de 1 atmosphère, contient déjà son volume de gaz.

La pression que l'atmosphère exerce sur une surface quelconque est égale au poids de la colonne de mercure qui a pour base cette surface et pour hauteur celle du mercure soulevé dans le tube de Torricelli (1).

La hauteur est ordinairement au niveau de la mer: $0^m,76$ c.c. ; pour une surface de 1 centimètre carré, le volume du mercure est 76 centimètres cubes. La densité du mercure est : 13.5 à 0° ; son poids $76 \times 13.6 = 1033$ grammes.

Cette quantité est prise pour unité de pression, on l'appelle *une atmosphère*. Une pression de 5 atmosphères représente un poids de $5^k 165$.

Il serait plus rationnel d'évaluer les pressions comme toutes les forces, en kilogrammes, sachant que l'atmosphère presse sur un centimètre carré avec une énergie très voisine d'un kilogramme.

Détermination de la pression. — Deux facteurs principaux déterminent la pression :

1° La quantité de sucre qui fermentera en bouteilles.

_____

(1) Célèbre physicien italien qui a découvert le baromètre en 1643.

2° La propriété dissolvante du vin pour l'acide carbonique.

En calculant d'après les chiffres de Pasteur, on trouve que 1 gramme de sucre donne, après fermentation, 0 lit. 259 de gaz acide carbonique et 0 lit. 643 d'alcool. Ces chiffres sont évidemment exacts pour l'expérience à laquelle ils se rapportent, mais l'observation a démontré qu'ils peuvent subir de légères différences, car le travail biologique des ferments est sous la dépendance du milieu physique et chimique. A priori, et sans entrer ici dans d'autres considérations, les conditions de la fermentation en bouteilles à basse température ne sont pas les mêmes que celles de la fermentation au contact de l'air et à température relativement haute.

Quelques observations faites en nous plaçant dans les conditions qu'exige la fabrication des vins mousseux nous ont permis de constater que la fermentation d'un gramme de sucre donne *en moyenne* 0 lit. 247 d'acide carbonique et 0 lit. 643 d'alcool. Nous avons adopté ces chiffres pour le calcul des valeurs alcool et acide carbonique.

Il ne faut pas oublier que la température est un élément important lorsqu'on parle de pression. Tous nos calculs se rapporteront à la température de 15 degrés qui représente la température moyenne à laquelle se pratiquent la plupart des manipulations et la fermentation du vin mousseux.

On appelle coefficient d'absorption ou coefficient de solubilité le nombre qui exprime le volume de gaz qu'une quantité déterminée de vin peut dissoudre à une température donnée, la pression restant constante.

Nous avons dit que pour atteindre la pression d'une atmosphère, il doit y avoir dans la bouteille un volume de gaz égal à celui du vin. Donc :

1° La bouteille supportera une pression interne égale au volume du gaz dissous, divisé par le coefficient d'absorption.

2° Réciproquement, le volume de gaz dissous dans le vin sous une pression donnée sera égal à la pression supportée par la bouteille multipliée par le coefficient d'absorption.

Désignant par C le coefficient d'absorption à la température présente, par P la pression dans la bouteille, par V le volume de gaz dissous dans le vin, nous obtiendrons les deux formules suivantes correspondant aux deux propositions précitées :

$$P = \frac{V}{C}$$
$$V = CP$$

Puisque c'est la fermentation du sucre qui produit le volume du gaz V, ce volume sera indiqué par la richesse saccharine du vin. Par conséquent, pour établir la force de la pression, il faut d'abord connaître la quantité de sucre et d'alcool présente au tirage. On trouvera au chapitre des méthodes analytiques toutes les indications utiles touchant la recherche de ces corps.

Connaissant la quantité de sucre, nous pouvons déterminer la quantité d'alcool et d'acide carbonique que donnera la fermentation. Ensuite, pour fixer le coefficient d'absorption du vin, nous tiendrons compte de la richesse alcoolique totale, puisque l'alcool augmente le pouvoir dissolvant du vin vis-à-vis de l'acide carbonique.

On calcule rapidement le *coefficient d'absorption* à l'aide des tables dressées par Bunsen et Carius qui expriment le pouvoir dissolvant de l'eau et de l'alcool absolu pour l'acide carbonique aux températures de 0° à 30°.

La température étant de 15 degrés centigrades, supposons que le titre alcoolique du vin soit 8° 6/10. Un litre renfermera 86 centimètres cubes d'alcool et 914 centimètres cubes d'eau.

Le pouvoir dissolvant de l'eau et de l'alcool pour l'acide carbonique étant à 15 degrés

Eau.................... 1,0020
Alcool 3,1993

Coefficients d'absorption de l'eau et de l'alcool calculés pour les températures de 0° à 30° centigrades

Température	Eau	Alcool	Température	Eau	Alcool
0°	1.7967	4.3295	16°	0.9753	3.1438
1°	1.7207	4.2368	17°	0.9519	3.0908
2°	1.6481	4.1466	18°	0.9318	3.0402
3°	1.5787	4.0589	19°	0.9150	2.9921
4°	1.5126	3.9736	20°	0.9014	2.9465
5°	1.4497	3.8908	21°	0.8900	2.9034
6°	1.3901	3.8105	22°	0.8800	2.8628
7°	1.3339	3.7327	23°	0.8710	2.8247
8°	1.2809	3.6573	24°	0.8630	2.7890
9°	1.2311	3.5844	25°	0.8560	2.7558
10°	1.1847	3.5140	26°	0.8505	2.7251
11°	1.1416	3.4461	27°	0.8460	2.6969
12°	1.1018	3.3807	28°	0.8420	2.6711
13°	1.0653	3.3177	29°	0.8330	2.6478
14°	1.0321	3.2573	30°	0.8270	2.6270
15°	1.0020	3.1993			

nous avons :

$$\text{Eau..} \quad 914 + 1,0020 = 915,828$$
$$\text{Alcool} \quad 86 + 3,1993 = 275,139$$
$$\overline{ 1190,967}$$

Ce qui signifie que le vin, à la température de 15°, dissoudra 1190 centimètres cubes de gaz acide carbonique mesuré à la pression normale. En divisant ce coefficient par 1000, c'est-à-dire en le rapportant au litre, nous aurons : $\frac{1190}{1000} = 1,190$, c'est-à-dire que le pouvoir dissolvant du vin sera égal à *1,190*.

Mais le vin n'est pas un simple mélange d'eau et d'alcool, il renferme d'autres éléments et particulièrement le sucre qui exerce une influence manifeste. Or ce corps est fort abondant dans le Muscat.

Si nous voulons déterminer le pouvoir d'absorption avec une précision plus rigoureuse, il faut donc s'adresser à l'expérimentation directe.

Le meilleur appareil construit à cet effet est *l'absorptiomètre Salleron*, que la figure ci-dessous représente.

Il se compose de deux sphères creuses en cuivre argenté A A', réunies ensemble par un tube de cristal d'un diamètre suffisamment étroit. Ces deux récipients sphé-

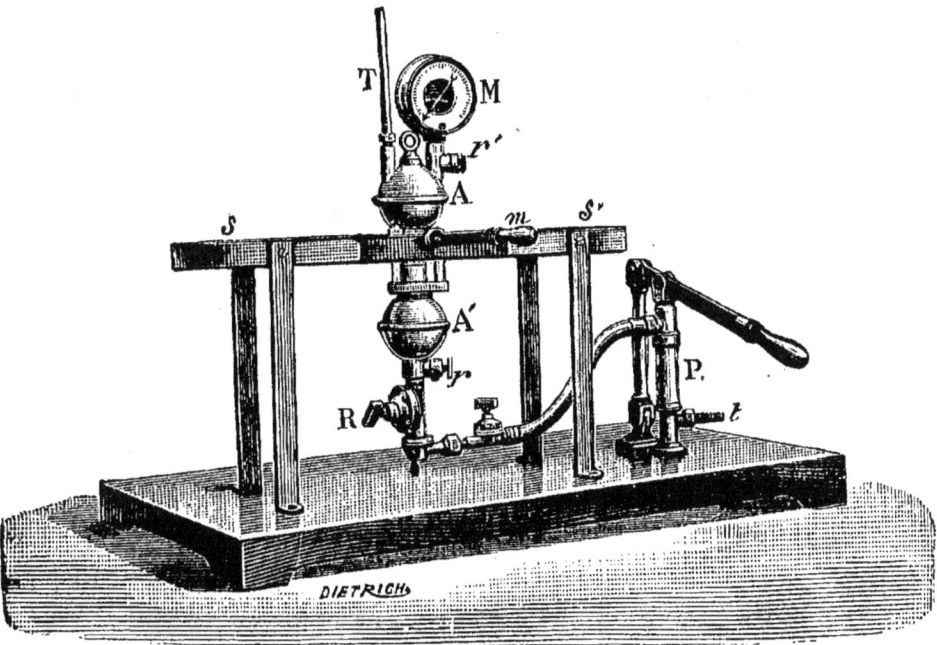

Fig. 56. — Absorptiomètre.

riques sont de capacités semblables et un trait de jauge tracé sur le tube de verre indique le point moyen où la capacité totale formée par les sphères est partagée en deux parties égales.

L'appareil avec les deux sphères et leurs accessoires tels que robinets, manomètre, thermomètre, etc., repose sur un support *s s'* sur lequel il peut tourner autour d'un axe passant par le centre de figure de tout le système. Une manivelle *m* donne à cet ensemble un mouvement de rotation plus ou moins rapide.

Maintenant que nous connaissons les organes de l'absorptiomètre, nous allons décrire le mode d'emploi. Le robinet R met tout l'appareil en communication avec la pompe P. Le récipient composé des deux sphères et de leur tube de jonction est d'abord rempli d'eau pour que le gaz que nous allons comprimer ne soit pas mélangé avec l'air qu'il contient déjà ; puis nous mettons une bouteille de vin brut, dont le bouchon est traversé par une tige creuse, en communication avec la tubulure aspirante t de la pompe ; nous ouvrons les deux robinets R et r et nous actionnons cette dernière.

Le gaz de la bouteille, aspiré par la pompe, est chassé dans le tube flexible et pénètre par le robinet R dans les réservoirs A' A en expulsant l'eau par le robinet r'. Après quelques coups de pompe, l'eau est chassée et les réservoirs sont remplis de gaz carbonique. On ferme alors le robinet r et on continue la manœuvre de la pompe jusqu'à ce que le manomètre M accuse exactement la pression de 5 atmosphères, la température indiquée par le thermomètre étant 10 degrés.

Connaissant la pression du gaz comprimé dans les réservoirs, nous pouvons en déduire le volume de ce gaz, puisque les pressions sont en raison inverse des volumes, et si nous admettons que la capacité du réservoir soit un litre, nous dirons qu'il contient 5 litres de gaz mesurés à la température de 10 degrés.

Nous remplaçons alors la bouteille du vin brut par une autre bouteille contenant le vin de tirage sur lequel nous devons expérimenter. Après les précautions nécessaires pour expulser de la pompe et des tubes de raccord le gaz qu'ils renferment et le remplacer par du vin, nous ouvrons le robinet R et nous comprimons du vin dans la sphère A' jusqu'à ce que son niveau atteigne exactement le trait tracé sur le tube de verre. On a, de la sorte, mélangé avec l'acide carbonique, un volume de vin très bien mesuré, égal à la moitié de l'espace occupé préalablement par le gaz.

Les petits robinets r et r' permettent, d'ailleurs, d'obtenir exactement la pression du gaz et le volume du vin sur lequel on veut opérer, puisqu'ils laissent évacuer, à volonté, le gaz ou le vin qui auraient été introduits en excès.

Après avoir fait accomplir à l'appareil un nombre de révolutions suffisant pour que les indications du manomètre et du thermomètre restent constantes, on est assuré que toutes les conditions du problème sont remplies, c'est-à-dire que les volumes de gaz et de vin sur lesquels on opère sont exactement connus et que leur saturation réciproque est complète.

Les éléments nécessaires pour déduire la quantité de gaz dissoute dans un litre de vin et le coefficient d'absorption de ce vin peuvent maintenant être déterminés.

Si le vin absorbait un volume de gaz égal au sien, la pression resterait constante, puisque à un volume de gaz se serait substitué un égal volume de vin chargé de gaz. La pression diminuera au contraire si le pouvoir absorbant est supérieur à 1 volume ; elle croîtra s'il est plus faible.

En d'autres termes, la nouvelle pression sera égale à l'ancienne, diminuée de la quantité de gaz en dissolution dans le vin à la pression finale, divisé par le volume occupé alors par le gaz. Mais comme la quantité de gaz incorporé au vin sera précisément égale au pouvoir absorbant multiplié par la pression et enfin par le volume du vin, nous formulerons ainsi que suit l'opération faite:

P représente la pression à laquelle le gaz a été comprimé dans les sphères.

P' la pression marquée par le manomètre après absorption du gaz par le vin.

V le volume du vin comprimé avec le gaz.

V' le volume occupé par le gaz après la compression du vin.

A le volume du gaz dissous par un litre de vin à la pression P'.

B représentant le coefficient d'absorption du vin, nous aurons :

$$P' = \frac{P - AV}{V'}, \text{ d'où on déduit } A = \frac{P - V'P'}{V}$$

nous savons que $B = \dfrac{A}{P'}$

Nous allons prendre un exemple, de manière à mettre cette formule aux prises avec la réalité arithmétique.

Le gaz carbonique a été comprimé à la pression P de cinq atmosphères ; il y a eu 350 centimètres cubes de gaz absorbés, soit 0.35 par rapport au volume des sphères égal à 1 litre.

La pression finale observée étant de 5.10, nous dirons que A, c'est-à-dire la quantité de gaz dissous dans un litre de vin à la pression de 5.10 atmosphères, sera donnée par :

$$\frac{5 - 0.65 \times 5.10}{0.35} = 4.8$$

$5 = P.$
$0.65 = V'.$
$6.20 = P'.$
$0.35 = V.$

Le pouvoir absorbant du vin B, en d'autres termes le volume de gaz carbonique que pourra dissoudre un litre de vin à la température de l'expérience, sera donné par

$$\frac{4 \text{ lit. } 8}{5 \text{ atm. } 10} = 0.941.$$

Pour obtenir une pression de cinq atmosphères, il faudra qu'un litre de vin incorpore 4 lit. 705 de gaz carbonique, soit :

$$0.941 \times 5 = 4.705$$

On peut encore poser le problème de la manière suivante :

Le gaz acide carbonique a été comprimé dans les sphères à la pression P de cinq atmosphères ; on a introduit dans le même récipient, au sein du gaz, un volume V de vin égal à 0 lit. 3. Après agitation et absorption du gaz par le vin, la pression P' indiquée par le manomètre est 5 atm. 25 et le gaz occupe un volume V' de 0 lit. 7.

La quantité A de gaz dissoute par un litre de vin est :

$$\frac{1}{0.3} \times (5 - 0.7 \times 5.25) = 4 \text{ lit. } 41$$

et le coefficient B d'absorption du vin est :

$$\frac{4 \text{ lit. } 41}{5 \text{ atm. } 25} = 0.840$$

Pour obtenir la pression de cinq atmosphères, chaque litre de vin devra dissoudre 0 lit. 840 de gaz $\times$ 5 = 4 lit. 20 d'acide carbonique.

Comme *1* gramme de sucre décomposé par le ferment alcoolique donne *0 lit. 247* d'acide carbonique, la quantité de sucre nécessaire pour produire *4 lit. 20* d'acide carbonique sera de :

$$\frac{1 \times 4.2}{0.247} = 17 \text{ grammes par litre}$$

Voyons maintenant comment nous pouvons utiliser nos connaissances pour déterminer la composition que le vin doit avoir au moment du tirage en vue d'une bonne prise de mousse.

Le praticien peut se trouver en présence de deux cas :

1° Le vin renferme du sucre indécomposé. Il faut calculer la pression que sa fermentation dégagera sous forme d'acide carbonique.

2° Le vin est complètement fermenté ; il ne renferme plus de sucre ou trop peu pour atteindre un bon résultat. Alors, il faut déterminer la quantité de sucre à ajouter pour obtenir une pression suffisante.

A. — Admettons que notre vin se présente au tirage avec 8.5 o/o d'alcool en volume et 29 grammes de sucre indécomposé par litre.

Nous calculerons le coefficient d'absorption à la température donnée, en nous servant de la table de Bunsen et Carius (page 347).

Sachant que 4 gr. 123 de glucose complètement fermentés donnent naissance à 1 litre de gaz acide carbonique, nous diviserons les 29 grammes de sucre présents par 4.123.

$$\frac{29}{4.123} = 7.33$$

Donc, il se développera 7 lit. 33 d'acide carbonique dans un litre de vin.

Sachant, en outre, que 100 grammes de sucre fermenté produisent *60 centimètres cubes 98* d'alcool, en d'autres termes 6.098 o/o, nous dirons que 1 degré d'alcool est fourni par 16 gr. 40 de sucre.

$$\frac{1}{0.06098} = 16.40$$

et rapportant ces données à notre exemple, nous trouverons que les 29 grammes de sucre développeront 1°,77 d'alcool, soit :

$$\frac{29}{16.40} = 1.77$$

Maintenant, si nous ajoutons à ce volume d'alcool celui qui est déjà présent dans le vin au moment du tirage, volume que nous avons fixé à 8°,5, nous reconnaîtrons que le vin complètement fermenté aura un titre alcoolique de 8°,5 + 1.77 = *10.27*.

Il renfermera alors : 102.7 centimètres cubes d'alcool et 897.5 centimètres cubes de gaz acide carbonique.

Nous calculerons le coefficient d'absorption sur ces bases à l'aide de la table de Carius et Bunsen, la température ambiante étant de 15 degrés centigrades.

$$\text{Alcool}^{cm3} \ 102.7 \times 3.1993 = 328.568$$
$$\text{Eau}^{cm3} \ 897.3 \times 1.0020 = 899.094$$
$$\overline{1.227.662}$$

D'où il résulte que 1.000 centimètres cubes de vin dissoudront 1.227 centimètres cubes d'acide carbonique. Donc, le coefficient d'absorption de ce vin sera 1.227.

Ceci établi, et nous reportant à ce qui a été dit plus haut, savoir : Que les 29 grammes de sucre contenus dans le vin développeront 7 litres 33 d'acide carbonique, nous établirons la pression finale à 15° en divisant le volume du gaz par le coefficient d'absorption.

$$\frac{7.33}{1.227} = 5.9$$

Cette pression atteindra 5.$^9/_{10}$ atmosphères.

Pour calculer avec toute rigueur, il faut encore tenir compte de la diminution de pression produite par la disparition des 20 centimètres cubes d'air que le bouchage emprisonne dans l'espace resté libre entre le dessous du bouchon et le liquide.

Nous rectifierons l'opération ainsi que suit :

$$\frac{7.33}{1.227 + 20} = \frac{7.33}{1.247} = 5.8$$

La pression atteindra 5.$^8/_{10}$ atmosphères.

Conséquemment, étant donné que le coefficient d'absorption de notre vin en bouteilles est fixé à 1.227 et tenant compte de la perte de pression précitée, nous aurons au moment du dégorgement, à la température de 15 degrés centigrades, une pression de *5 atmosphères 8/10*.

B. — Admettons maintenant que nous nous trouvons en présence d'un vin de tirage renfermant *9°,5* d'alcool et seulement *3^{gr}5* de sucre indécomposé par litre. La quantité de sucre est absolument insuffisante et ce vin, livré à lui-même, ne parviendra jamais à une bonne mousse.

Dans ces conditions, nous devons rechercher quelle est la dose de sucre supplémentaire qui nous permettra d'atteindre une pression de *6 atmosphères 5*, la température étant toujours à *15°* centigrades.

Calculons d'abord le coefficient d'absorption d'après le titre alcoolique actuel.

Faisant appel à la formule générale adoptée (page 351), nous désignerons par A le coefficient d'absorption, par P la pression cherchée ; par S le poids de sucre nécessaire pour un litre de vin, et par V le volume du gaz carbonique.

V étant égal à S, divisé par 4.123, c'est-à-dire par le poids de glucose qui donne 1 litre d'acide carbonique, nous pouvons résoudre par S et dire :

$$S = A \times P \times 4123$$

Notre vin titrant 9°,5 d'alcool, la valeur de A, coefficient d'absorption, est représentée par :

$$\text{Alcool } ^{cc} 95 \times 3.1993 = 303.9335$$
$$\text{Eau } ^{cc} 905 \times 1.0020 = 906.8100$$
$$\overline{1210.7435}$$

le coefficient d'absorption sera 1.210 par litre.

En introduisant ce facteur dans la formule précédente, nous aurons :

$$S = 1.210 \times 6.5 \times 4.123 = 32.42$$

ce qui indique qu'il faudra ajouter 32^{gr},42 de sucre par litre.

Or, nous avons vu dans l'exemple précédent que la fermentation de *16^{gr},40* de sucre donnait un degré d'alcool : par conséquent, 32^{gr},42 de sucre donneront

$$\frac{32.42}{16.40} = 1.9$$

soit 1°,9/10 d'alcool.

Pour connaître la richesse alcoolique définitive du vin, il faut additionner l'alcool produit par le sucre avec celui existant dans le vin de tirage, c'est-à-dire

$$9°,5 + 1°,9 = 11°,4$$

Si nous calculons le futur coefficient d'absorption sur ces bases nouvelles, la température restant à 15°, nous aurons :

$$\text{Alcool } ^{cc} 114 \times 3.1993 = 364.720$$
$$\text{Eau } ^{cc} 886 \times 1.0020 = 887.772$$
$$\overline{1252.492}$$

soit un coefficient d'absorption de *1.252*, qui nous servira à déterminer la quantité de sucre nécessaire pour atteindre la pression de 6 atmosphères 5 à + 15 degrés centigrades.

$$S = 1.252 \times 6.5 \times 4.123 = 33.552$$

33^{gr},55 représentent approximativement la quantité de

sucre indispensable pour élever la pression à 6 atmosphères, car il reste encore un point à fixer. Nous avons
calculé comme si notre vin ne renfermait pas de sucre:
or, l'analyse nous a appris qu'il possédait une richesse
saccharine personnelle égale à $3^{gr},5$ de sucre.

La quantité de sucre à ajouter sera en définitive:

$$33,55 - 3.50 = 30^{gr},05$$

soit *trente grammes par litre*.

Puisque $16^{gr},40$ de sucre sont capables de donner 1
d'alcool par fermentation, nous saurons que 30 grammes de sucre vont donner:

$$\frac{30}{16.40} = 1°,8$$

1 degré 8/10 d'alcool.

En ajoutant cet alcool à celui que contient déjà le vin,
nous aurons:

$$9°,5 + 1°,8 = 11°,3$$

et nous calculerons alors le futur coefficient d'absorption d'après ce titre alcoolique:

$$
\begin{aligned}
\text{Alcool}^{\,cc}\ 113 \times 3.1993 &= 361.520 \\
\text{Eau}^{\,cc}\ 887 \times 1.0020 &= 888.774 \\
\hline
&\ 1250.294
\end{aligned}
$$

Le coefficient d'absorption sera *1,250*.

Si nous prenons ce chiffre comme base de nos calculs
pour établir la dose de sucre nécessaire au développement d'une pression de 6 atmosphères 5 à $+$ 15 degrés
centigrades, nous aurons:

$$S = 1.250 \times 6.5 \times 4.123 = 33.49$$

mais la richesse saccharine initiale de notre vin de tirage
était $3^{gr},5$. Nous ajouterons donc:

$$33.49 - 3.5 = 29.99$$

soit *30 grammes* pour arrondir le nombre.

Nous avons calculé jusqu'ici comme si le sucre ajouté
devait être du glucose ou sucre de raisin, tandis que nous
emploierons du saccharose ou sucre de canne.

Ceci appelle un supplément d'observations. Les saccharomyces ou levures font fermenter directement le

glucose et le lévulose, sucres isomères, qui se rencontrent naturellement dans le moût; mais ils n'attaquent le saccharose qu'après son *inversion*.

Les acides étendus décomposent le saccharose en ses éléments. L'équation suivante explique la réaction :

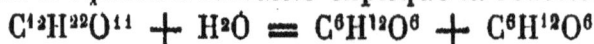

$$C^{12}H^{22}O^{11} + H^2O = C^6H^{12}O^6 + C^6H^{12}O^6$$
$$\text{Saccharose} + \text{Eau} = \text{Glucose} + \text{Lévulose}$$

Ce mélange, à parties égales de glucose et de lévulose, s'appelle *sucre interverti* parce que son pouvoir rotatoire est passé de droite à gauche, et, qu'en outre, il a acquis la propriété de réduire la liqueur de Fehling.

Le vin, toujours un peu acide, est, sans doute, un milieu favorable à l'inversion, mais c'est surtout la sucrase qui provoque ce phénomène.

La sucrase ou invertine, si bien étudiée par M. A. Fernbach, est une diastase où ferment soluble produit de la vie des cellules.

La quantité de sucre interverti varie avec la température. La puissance de la sucrase est à son apogée un peu au-dessus de 56°, mais son influence quoique plus lente est encore sensible à 10 et 11°.

0.95 de glucose donnent *1* de glucose et de lévulose.

Conséquemment nous aurons :

$$30 + 0.95 = 27.5$$

ce qui indique qu'il faudra ajouter *27ᵍ,,5* de *saccharose* à chaque litre de vin pour obtenir à la température de 15 degrés centigrades la pression de 6 atmosphères 5.

La marche que nous venons de suivre méthodiquement est sûre : elle donne des indications identiques à celles que peut montrer la recherche expérimentale au moyen de l'absortiomètre.

Il nous reste à examiner brièvement deux anomalies qui, «à priori», semblent infirmer les règles posées. L'une a trait à *la casse*, l'autre à la richesse saccharine du Muscat au moment du tirage.

En principe, un examen sévère est indispensable lorsqu'il s'agit du choix des bouteilles destinées aux vins mousseux. Nous avons exposé, dans un chapitre spécial, toutes les précautions à prendre à ce sujet, nous y renvoyons le lecteur (page 184).

Les échantillons de bouteilles façon Champagne, qui nous ont été adressés de divers côtés, notamment ceux de Vauxrot (Aisne), ont résisté à une pression de *trente* atmosphères. Mais toutes les bouteilles ne sont pas de premier choix. Sans parler des défauts de fabrication, il y en a beaucoup de qualité secondaire qu'une pression continue fatigue et qui, à ce point, succombent sous les brusques efforts du gaz intérieur, provoqué par un changement de température et de pression.

La température est encore ici un facteur important; elle commande en souveraine maîtresse le coefficient d'absorption et la pression.

Pour le démontrer, prenons comme exemple un vin de 10 degrés d'alcool et calculons le pouvoir d'absorption et la pression que donnent 6 litres de gaz acide carbonique par litre de vin à diverses températures *10, 12, 15, 20, 25, 30* degrés.

Température	Coefficient d'absorption par litre	Pression développée en atmosphères
10°	1.417	4.23
12°	1.329	4.51
15°	1.221	4.9
20°	1.105	5.4
25°	1.040	5.7
30°	1.007	5.9

Entre 10 et 30 degrés, le coefficient d'absorption diminue d'un tiers environ pendant que la pression augmente de près de deux atmosphères.

Donc, l'élevation de la température correspond à une augmentation de pression qui n'est point négligeable.

M. Salleron, auquel on doit des observations très intéressantes sur la préparation des vins mousseux, a déterminé le coefficient d'absorption de 31 types de Champagne. Il a obtenu des chiffres qui s'échelonnent entre 746 et 1.049, la température étant de + 10 degrés centigrades. Cette série d'expériences prouve que le coefficient d'absorption peut varier dans des limites assez étendues pour des vins de même origine et de composition similaire.

1er exemple : Coefficient d'absorption, 746 ; volume de gaz, 6 litres par litre de vin. La pression sera 8 at.,4.

2e exemple : Coefficient, 1.049 ; volume de gaz 6 litres. La pression sera 5 at.,7.

Ce qui représente une différence de *2 at.,7* entre les deux coefficients extrêmes relevés dans l'expérience précitée.

Il est démontré aujourd'hui que la quantité de gaz nécessaire pour saturer un liquide n'est pas exactement proportionnelle à la pression qui s'élève. Si 1 litre de gaz sature 1 litre de vin sous la pression de 1 atmosphère, il ne faudra pas tout à fait 2 litres de gaz pour saturer le même vin sous la pression de deux atmosphères (1).

Une expérience pratique sur un vin d'Ay, raisins noirs et blancs, récolte 1884, mérite d'être relatée, car elle témoigne de l'importance des variations du coefficient d'absorption dérivées de la température. Ce vin renfermait 4 litres de gaz acide carbonique par litre (tableau).

Si à l'influence de l'élévation de la température sur le coefficient de solubilité vient se superposer le dévelop-

---

(1) Khanikof et Longuinine. *Ann. de Chi. et Phys.*, t. II, p, 412.

	Vin d'Ay renfermant 4 litres CO_2 par litre	
Température	Coefficient d'absorption par litre	Pression développée en atmosphères
0°	1.275	3 at 13
5°	1.015	3.94
10°	0.820	4.88
15°	0.645	6.20
20°	0.505	7.92
25°	0.400	10.00
30°	0.320	12.50

pement rapide du gaz acide carbonique par suite d'une fermentation plus active, la pression ne peut que s'accentuer brutalement et provoquer la casse. Les accidents qui se produisent dans les tirages rigoureusement dosés n'ont pas ordinairement d'autre origine.

La proportion d'acide carbonique contenue dans le vin au moment de l'embouteillage exerce aussi une influence qui, parfois, n'est point négligeable.

M. Pasteur a particulièrement étudié la nature du gaz contenu dans le vin. L'illustre Maître expose que le vin riche en principes oxydables est, par cela même, très avide d'oxygène, et qu'il ne tient ce gaz en dissolution que quand il vient d'être agité au contact de l'air libre. Dans ces conditions, une analyse immédiate peut déceler dans un vin jusqu'à 10 o/o de son volume de gaz oxygène.

Ses conclusions sont que :

1° Ni le vin nouveau, ni le vin vieux, ne renferment trace d'oxygène libre en dissolution.

2° Le vin nouveau ne contient que du gaz carbonique pur.

.3° Le vin vieux contient bien moins de gaz acide carbonique que le vin nouveau et du gaz azote en proportion sensible.

Des vins nouveaux pris à la température de 7° lui ont donné jusqu'à 1 lit. 481 de gaz acide carbonique pur par litre.

Un vin âgé de deux ans ayant subi deux soutirages renfermait encore 200 centimètres cubes de gaz par litre.

Il est certain que le volume d'acide carbonique dissous dans un vin complètement fermenté tend à diminuer au fur et à mesure des soutirages, filtrations, etc., et qu'il en reste très peu avant le tirage. Bien entendu, il n'est pas question ici de vins atteints de la pousse, car le ferment aux branchages rameux qui occasionne cette maladie donne notamment de l'acide carbonique.

Evidemment, le volume du gaz présent dans le vin au moment du tirage devrait entrer en ligne de compte pour le calcul rigoureux de la pression finale (en somme, 247 centimètres cubes de gaz correspondent à *1 gramme* de sucre décomposé) (1); on le néglige cependant parce que la pratique ne croit guère à son importance. En réalité, dans un vin normal bien fermenté, soutiré, etc., la proportion d'acide carbonique reste inférieure à 100 centimètres cubes, ce qui représente en poids *1/5 de gramme* environ d'acide carbonique à la température de 0°, la pression étant de 760^{mm}. C'est peu de chose.

Si toutefois on voulait doser ce gaz, on pourrait opérer de la façon suivante :

Dans un ballon de 300 c.c. on introduit 200 c.c. de vin et on chauffe au bain-marie en recueillant les gaz dans

(1) 2.09455 de sucre candi donnent 1 gramme d'acide carbonique.

une dissolution de chlorure de baryum ammoniacal (exempt de carbonate de baryte) maintenue à l'abri de l'air dont l'acide carbonique fausserait le résultat.

Le précipité de carbonate de baryte est rassemblé en chauffant légèrement et recueilli sur un filtre ; on le lave rapidement à l'eau ammoniacale. Le filtre et le précipité sont ensuite desséchés et calcinés au rouge faible.

1 de carbonate de baryte égale 0.223 d'acide carbonique.

On peut aussi reprendre le carbonate de baryte par un peu d'acide sulfurique très dilué, évaporer doucement et calciner à nouveau.

Le poids du sulfate de baryte multiplié par 0.188 donne la quantité d'acide carbonique. En multipliant le résultat par cinq, on obtient la quantité d'acide carbonique contenue dans un litre de vin.

Revenons maintenant à notre discussion.

Plusieurs faits prouvent clairement qu'une fermentation trop rapide et l'affaiblissement du pouvoir d'absorption — toutes choses entraînant une brutale élévation de pression — sont les principaux agents de la rupture des bouteilles. Je citerai à l'appui deux observations de la pratique :

1° On diminue la casse en agitant vigoureusement le vin.

2° La casse est beaucoup moins fréquente dans les bouteilles sur pupitres que dans les bouteilles en tas, parce que dans l'un et l'autre cas l'agitation ou le remuage favorisent l'absorption du gaz acide carbonique et diminuent ainsi l'énergie de la pression.

De tout ceci, il résulte qu'il est essentiel non seulement de régler soigneusement le dosage du vin, mais encore d'écarter toutes les causes qui élèvent la température, activent trop la fermentation et, en définitive, augmentent brusquement la pression du gaz à l'intérieur.

Nous avons déjà dit plus haut que le Muscat mousseux semblait faire exception à la théorie des vins champagnisés, tout en essayant cependant d'expliquer cette ano-malie.

Il n'est pas rare de trouver à Asti et à Canelli des vins mousseux complètement élaborés dont le titre alcoolique est de 3 à 4 o/o avec 180 gram. à 200 gram. de sucre par litre.

Si tout ce sucre subissait la fermentation, on aurait :

$$\frac{200}{16.40} = 12.1$$

et comme la richesse alcoolique est déjà de 4 degrés, on arriverait au total de $3 + 12.1 = 15.1$.

La décomposition de 200 grammes de sucre dégage

$$\frac{200}{4.123} = 48.5$$

soit 48.5 litres d'acide carbonique.

En calculant le pouvoir d'absorption de notre vin qui renferme 151 c. c. d'alcool et 849 c. c. d'eau, nous ver-rons qu'à 10 degrés le coefficient d'absorption est de 1.536.

$$\frac{48.5}{1.536} = 31.5$$

soit 31.5 atmosphères de pression.

A 15 degrés, le coefficient d'absorption est de 1.333 et la pression s'élèverait à 33.6 atmosphères, c'est-à-dire à un point bien supérieur à la force de résistance des bou-teilles.

Fort heureusement que, par une coïncidence merveil-leuse, le milieu devient défavorable à la vie du ferment lorsque la pression intérieure atteint la limite voulue pour une bonne prise de mousse. Nous attribuons ce phénomène à l'anesthésie des quelques levures affaiblies emprisonnées dans la bouteille, anesthésie entraînée par l'excès d'acide carbonique sous pression et l'absence d'oxygène. Hâtons-nous d'ajouter que la température relativement basse à laquelle se fait la fermentation du vin de tirage contribue à réduire au minimum l'énergie biologique des saccharomyces.

Il est rare que la casse ne se manifeste avec intensité lorsque le Muscat a été mis en bouteilles sans être suffisamment déféqué et filtré. La présence d'une trop grande quantité de ferments est la principale cause de ces accidents irréparables. Il faut nécessairement que le vin renferme en principe très peu de levures, pour qu'une fermentation lente élève progressivement la pression.

On comprendra sans peine que si la température vient à favoriser la marche rapide de la fermentation, le danger de la rupture des bouteilles sera plus imminent pour un milieu riche en ferments que pour un milieu pauvre. En effet, une plus grande quantité de levures travaillant ensemble à la décomposition du sucre, doivent produire — toutes choses égales — une plus forte proportion d'acide carbonique, ce qui ne favorise pas l'absorption déjà affaiblie par l'élévation de la température.

En résumé, la fabrication des mousseux très doux suivant les méthodes de la Champagne ne présente point de difficultés exceptionnelles, malgré l'excès de sucre fermentescible, à la condition de tirer un vin convenablement déféqué et de le mettre en tas dans un cellier assez frais à l'abri des brusques variations de température.

Après le dégorgement, il est permis de jouir d'une sécurité presque absolue, car, indépendamment de la réduction de pression que cette opération produit toujours, le dépôt de levures, etc., dont l'action est à craindre, se trouve éliminé.

Vermout

Certains œnologues prétendent que le *Vermout* est d'origine allemande.

Il est vrai que chez les Tudesques, on appelle « *Vermouthwin* » le vin aromatisé avec l'absinthe, cette plante

tubuliflore étant elle-même désignée sous le nom de
« *Vermouth* ».

Mais, en réalité, le vin d'absinthe est connu depuis
fort longtemps en dehors de l'Allemagne. Chez les Anciens, les vins aromatisés jouissaient d'une haute faveur
et entraient pour une large part dans leur pharmacopée.

L'*Hypocras*, le *vinum hypocraticum* des Latins et des
médecins de Molière, ce remède souverain qui a suggéré
la santé à tant de nos ancêtres, représentait simplement
un vin additionné d'une infusion de cannelle, d'amandes
douces, d'ambre gris et édulcoré avec du miel.

D'ailleurs, les vieux auteurs Grecs parlent déjà du vin
d'absinthe (ἀψινθίτης, ὁ, sous-entendu οἶνος) et dans la
Rome des Césars, les cabaretiers vendaient couramment l'*absinthites* qui n'était autre chose qu'un vin auquel l'absinthe avait communiqué sa saveur spéciale.

Cicéron cite le vin d'absinthe : *absinthiatus vinum*.

Les *infusions*, *les sauces*, sont d'un usage fréquent
chez les imitateurs des vins de luxe et des eaux-de-vie
de Cognac. Suivant le génie inventif du fabricant, il
entre dans ces mixtures les produits les plus étranges,
les plus inattendus.

Feuilles de thé, fleurs de tilleul, capillaire du Canada
(*Adiantum pedatum*), rhizome d'iris (*Iris florentina*), pru-
neaux secs d'Agen, vanille, figues sèches, brou de noix,
cachou, coques d'amandes vertes torréfiées, etc., que
sais-je encore !

Au fond, tout cela est bien anodin, mais malheureusement beaucoup d'industriels s'adressent aujourd'hui
aux essences pour aromatiser promptement et à peu de
frais leurs vins ou leurs liqueurs. Il y a là un danger.

L'éther œnanthique devient de l'essence de Cognac,
l'aldéhyde benzoïque donne l'essence d'amandes amères.
Généralement ces parfums sont des solutions alcooliques
d'éthers gras provenant soit de la distillation des lies ou
des pépins, soit d'une fabrication chimique industrielle
qui a pris une importance considérable en Allemagne.

Dans ce dernier cas, les essences s'obtiennent par l'éthérification d'acides gras divers. Les acides gras, qui dérivent de l'oxydation des huiles de ricin et de palme (1) par l'acide citrique, sont surtout employés. Ces éthers sont formés de caprate, caproate, caprylate d'éthyle ou d'amyle.

Dans la préparation du vermout, le choix du vin a naturellement une grande importance. Les vermouts renommés de Chappaz de Béziers, les vermouts de Turin, etc., doivent leur réputation incontestée, non seulement à la recette spéciale de l'infusion qui les aromatise, mais surtout à la qualité du vin pris comme base du type.

En somme, un bon vermout ne peut se fabriquer qu'avec un bon vin blanc additionné, en proportion convenable, d'une infusion de plantes aromatiques.

Il n'est pas nécessaire d'atteindre un degré alcoolique élevé, car il s'agit d'un vin et non d'une liqueur. Les limites convenables se trouvent comprises entre 12 et 14 ou 15 degrés. Il existe cependant plusieurs marques qui arrivent à 16 et même 17 degrés.

Les principaux caractères d'un bon vermout sont par conséquent :

1º Un degré alcoolique assez élevé, mais sans excès ;

2º Un parfum caractéristique, mais assez modéré pour ne pas donner au vin un goût médicamenteux.

3º Un moelleux plus ou moins prononcé suivant le désir du consommateur. — Dans tous les cas on ne dépasse pas généralement une richesse saccharine de 5 à 7 degrés Baumé, correspondant à 66 — 100 grammes environ de sucre par litre.

---

(1) On retire du sarcocarpe de l'Avoira (*Elaeis guineensis*) une huile jaune odorante, solide sous nos climats, appelée *huile de palme*, qui sert à la fabrication des savons.

Le vermout de Turin, qui est un des types les plus, doux se tient dans ces proportions.

Nous choisirons comme exemple la fabrication de ce dernier vermout qui, sous le nom générique de vermout de Turin, est l'objet d'une industrie remarquable dans les provinces d'Alexandrie, de Cuneo et de Turin.

La maison Gancia et Cie de Canelli a porté cette fabrication à son apogée ; c'est chez elle que nous avons puisé la majeure partie des renseignements qui vont suivre.

M. A. Marescalchi de Casalmonferrato a mis à notre service son savoir et son expérience avec tant de cordialité que nous sommes heureux de lui en témoigner ici la plus vive reconnaissance.

On prépare le vermout de Turin de plusieurs manières:

En mélangeant au vin naturel les substances végétales choisies ou bien en ajoutant simplement au vin l'extrait végétal.

A côté du vermout fait avec le vin naturel se placent :

1° Le vermout de vin alcoolisé ;

2° Le vermout préparé avec le moût ;

3° Le vermout mousseux.

Ce dernier se prépare aisément en introduisant de l'acide carbonique dans le vermout complètement élaboré. L'appareil Guéret, dont nous avons décrit le fonctionnement à la page 328 est tout indiqué pour ce genre de travail.

A moins d'opérer sur le moût, comme nous l'expliquerons plus tard, on devra toujours choisir un vin bien mûr pour la fabrication du Muscat. Si le vin n'est pas d'un certain âge et de solide constitution, s'il n'est pas dépouillé, surtout s'il est trop jeune, le vermout se fait mal et sa limpidité laisse à désirer, ce qui est un obstacle à sa bonne conservation.

A. — Nous allons examiner d'abord la fabrication du

vermout provenant d'un vin naturel aromatisé à l'aide de diverses substances végétales.

Le vin blanc ayant été judicieusement choisi, on en prend une quantité mesurée, cent ou deux cents litres par exemple, que l'on verse dans un fût à vin blanc très propre. Après avoir écrasé les substances aromatiques, on les met dans un sachet de toile que l'on suspend à la bonde, de façon à ce qu'il se trouve à peu près au centre du liquide.

Ensuite, tous les cinq ou six jours et pendant un mois, on retire le sachet pour exprimer le vin absorbé par les substances végétales et aussitôt il est remis à macérer.

Lorsqu'on l'enlève définitivement, on l'introduit dans le seau d'une petite presse à vis et, au moyen d'un serrage lent, on extrait tout le liquide qui imbibe les drogues. Ce liquide est mélangé au vin comme ceux précédemment exprimés.

C'est alors le moment de déguster le vermout pour apprécier son degré d'aromatisation. Si l'arome est trop prononcé, on le diminue par addition de vin pur; s'il est trop faible, on prépare un nouveau sachet que l'on suspend à la place de celui qui vient d'être épuisé. Dans les deux cas, l'opération terminée, on filtre.

La filtration s'accomplit très bien à travers les appareils que nous avons décrits. Quand il s'agit de petites quantités, on utilise la simple chausse ou manche en flanelle, en coton croisé, en étamine, etc.

Les tissus neufs ont une odeur désagréable qui risquerait de compromettre la délicatesse du vin si on n'avait soin de les tremper dans l'eau chaude acidulée par l'acide tartrique et de les rincer ensuite à l'eau froide jusqu'à ce que celle-ci n'ait plus aucun mauvais goût.

Pour bien opérer avec la manche, on lave d'abord soigneusement à l'eau tiède une certaine quantité de papier à filtrer que l'on laisse égoutter. Puis on le pétrit dans un mortier en délayant peu à peu avec du vermout de manière à obtenir une pâte très fine.

Cela fait, on prend quelques litres de vermout, suivant la capacité de la manche, et on les mélange par fouettage avec la pâte de papier. Le tout est ensuite jeté dans la manche que l'on observe de maintenir toujours pleine. Le liquide filtré coule dans un récipient placé au-dessous. Si la limpidité du premier jet laisse à désirer, on le repasse dans la manche.

Le vermout, parfaitement clair et brillant, est mis en bouteilles ou en fûts pleins hermétiquement bondés.

B. — Passons maintenant au vermout de vin naturel préparé avec l'extrait.

La méthode que nous venons de relater n'est pas la plus usitée. Généralement, on aromatise le vin blanc pour le convertir en vermout avec une infusion alcoolique de drogues choisies. Chaque fabricant a sa recette particulière qu'il cache avec un soin jaloux, car elle caractérise ses produits.

Voici la formule d'une bonne maison piémontaise :

Marjolaine	kg.	1.500
Coriandre	»	1.000
Noix muscade	»	0.150
Acorus calamus	»	0.200
Caryophyllus aromaticus	»	0.200
Absinthe officinale	»	0.500
— romaine	»	0.450
Serpolet	»	0.550
Fève de Tonka	»	0.450
Sauge	»	0.300
Cannelle	»	0.200

D'autres maisons introduisent dans leur formule : *Centaurea benedicta* (centaurée); *Amomum cardamome*; *Achillea millefolium* (millefeuille); *Hyssopus officinalis* (hysope); *Melissa officinalis* (mélisse), etc.

Si nous passons en revue les diverses substances de la formule, nous reconnaîtrons que la *marjolaine* a des propriétés toniques et excitantes; le *coriandre* est aromatique, ainsi que la *noix muscade*, l'*Acorus calamus* et

Caryophyllus. L'*absinthe* a une odeur aromatique pénétrante et une saveur très amère : elle est tonique et apé-
ritive ; la *fève Tonka* possède une odeur de vanille ; le
serpolet est stimulant et condimentaire ; la *sauge* est
stomachique ; la *cannelle* est excitante et aromatique.

L'arome des substances végétales précitées est extrait
par digestion dans l'alcool.

La digestion est une macération faite à chaud, mais
naturellement à une température qui ne provoque pas
l'ébullition et la prompte évaporation du dissolvant.

On pratique la digestion en plaçant le vase qui renferme
l'alcool et les substances concassées ou coupées en menus fragments dans une étuve ou bien dans un bain-
marie maintenu à la température de 50 à 55 degrés centigrades, jusqu'à ce que la dissolution des principes actifs
soit terminée.

Voici comment on opère dans le cas qui nous occupe:
On met la noix muscade, l'acorus calamus, la fève Tonka,
la cannelle pulvérisées, à macérer dans 10 litres de bon
alcool de vin à 85 ou 90 degrés pendant une huitaine de
jours. On ajoute alors les herbes fragmentées — marjolaine, coriandre, caryophyllus aromaticus, absinthe, serpolet, sauge — en portant le liquide à 35 litres par adjonction de 18 litres d'alcool à 90 degrés et 7 litres
d'excellent vin blanc vieux. On chauffe modérément au
bain-marie sans dépasser 50 à 55° centigrades. Après une
demi-heure environ, on laisse refroidir et la macération
se poursuit durant une huitaine de jours. Souvent, à
l'aide d'une spatule, on agite, de manière à soulever le
dépôt et à faciliter son contact avec le dissolvant. Ensuite
on laisse reposer, et, lorsque le liquide est clair, on décante. Les substances en digestion sont recueillies et
pressées. Le jus qu'elles abandonnent est joint au liquide
transvasé qui après filtration prend le nom d'*extrait*.

On emploie cet extrait à la dose de 1 litre 1/2 à 2 litres
par hectolitre de vin blanc, plus ou moins suivant le goût
du consommateur.

Le vermout de Turin est à base de Muscat. Lorsque sa richesse alcoolique est trop faible, on recourt à l'alcoolisation.

Nous savons que le titre alcoolique moyen est de 14 à 15 degrés, mais qu'il existe des types où ce titre descend à 12 degrés et d'autres destinés aux pays septentrionaux, où il s'élève à 17 degrés. Évidemment un pareil degré ne s'obtient pas sans addition directe d'alcool. Cette addition se pratique à l'avance sur le vin aromatisé afin que l'alcool ait bien le temps de se fondre, de s'incorporer au vin. En outre, l'augmentation du titre alcoolique entraîne une précipitation de la crème de tartre susceptible de troubler le milieu. Il est bon d'attendre que ce phénomène soit terminé pour soutirer le liquide parfaitement limpide avant d'introduire la ration d'extrait aromatique.

La quantité d'alcool nécessaire à l'enrichissement du vin se fixe avec facilité. On dose d'abord l'alcool contenu dans le vin au moyen de l'alambic Salleron et on voit ce qui lui manque pour atteindre 15, 16 ou 17 degrés par exemple. En ayant recours de la table inscrite à la page 72 l'opérateur saura vite combien de litres d'alcool il doit ajouter dans le cas présent.

Lorsque le vin a été élevé au titre voulu, on l'aromatise comme nous l'avons exposé plus haut.

La plus grande difficulté, pour les industriels, réside surtout dans la réussite d'un type toujours identique, car une fabrication irrégulière porte préjudice à la bonne renommée de la maison et indispose singulièrement le consommateur dont le goût a contracté une habitude.

C'est par des coupages habiles et en s'aidant au besoin d'acide tartrique, de sucre, d'alcool, qu'on parvient à satisfaire la routine organoleptique de la clientèle. Bien entendu, l'extrait doit être préparé en suivant toujours rigoureusement la même méthode. — Durée de la macération et de la digestion ; nature et quantité des substances aromatiques ; leur fragmentation ou pulvérisation ; le titre et la qualité de l'alcool dissolvant; tout, en un mot, sera fait avec une exactitude mathématique.

Sous tous les rapports, la méthode de fabrication du vermout par adjonction d'une quantité déterminée d'extrait à un vin blanc vieux est la meilleure et la plus simple. Le splendide établissement œnologique des frères Gancia à Canelli, près Asti, vend deux solutions différentes pour aromatiser les vins : 1° l'extrait d'herbes à 1 fr. 60 le litre ; 2° l'extrait de vermout à 4 fr., emballage compris. Ces extraits, d'une préparation irréprochable, sont d'un usage fréquent en Italie chez les particuliers qui, pour leur consommation personnelle, désirent convertir un peu de leur vin blanc en vermout.

C. — La fabrication du vermout par le traitement du moût est loin d'offrir les avantages de la méthode précédente. Nous devons cependant la décrire, puisqu'elle est mise en pratique. Beaucoup de récoltants n'en emploient pas d'autre.

Le raisin est trié et foulé avec soin. Après débourbage, on transvase le moût dans les petits fûts où il subira la fermentation. Lorsque cette dernière s'est déclarée, on y introduit les substances aromatiques réduites en menus fragments et on fouette énergiquement dans tous les sens pour assurer leur diffusion.

Le fouettage, renouvelé de temps en temps, contribue à l'aération du liquide et à l'activité de la fermentation. Quand celle-ci a accompli son œuvre et que le vin est devenu froid, on le soutire, on le filtre et on le recueille parfaitement clair dans des dames-jeannes en verre ou dans des tonneaux de faible contenance. Par la dégustation, on s'assure alors du degré d'aromatisation ; s'il est trop fort, on le diminue à l'aide d'un coupage fait avec une certaine quantité du même vin qui a fermenté en nature.

De même si la douceur et le moelleux sont insuffisants au gré du consommateur, on y remédie par une addition raisonnable de moût concentré provenant de raisins passerillés, ou bien d'un sirop de sucre candi.

Vins toniques

La catégorie des vins toniques ne manque pas de représentants. Le nombre considérable des spécialités aux flacons suggestifs qui se pressent dans les vitrines des pharmaciens indique assez qu'ils ont une sérieuse clientèle !

Ces récipients étriqués, aux formes plus ou moins harmonieuses, renferment des *vins fébrifuges* dont le quinquina est la base ; des *vins amers*, dans la composition desquels peuvent entrer : la racine des Gentianes, le bois ou l'écorce des Simarubées telles que : Bittera febrifuga, Picræna excelsa, Simaruba Guyanensis, Quassia amara, etc. Des *vins reconstituants* à la noix de kola, aux préparations ferrugineuses, etc., que sais-je encore !

Loin de nous la pensée de passer successivement en revue toutes ces sortes de produits du domaine pharmaceutique, il y faudrait d'ailleurs plusieurs gros volumes ; notre but est simplement de fournir quelques indications précises pour la préparation de quatre ou cinq types de vins toniques à l'usage de la consommation *des familles*.

On doit opérer sur un bon vin blanc, un Muscat, un Grenache, un Malvoisie, etc.

1° Voici d'abord la formule d'un vin fébrifuge.

Quinquina Ledjériana finement concassé . 100 gr.
Ecorce d'Angusture vraie . . . . 10 —
Alcool de vin vieux à 60 degrés . . . . . 200 —
Vin . . . . 1000 —

Nous recommandons de choisir de préférence le Ledjériana. Ce quinquina cultivé renferme jusqu'à 35 o/oo de substances actives. Il est très droit de goût et ne communique jamais à la boisson ces saveurs et odeurs douteuses — goût ligneux, goût de moisi — que donnent les Kalissaya, les Loxa, Uhanuço, Pitayo, etc., et autres quinquinas (généralement roulés en tuyaux) à cause des lichens foliacés, des moisissures microscopiques qui les envahissent.

Le quinquina Ledjériana est de couleur jaune ; il se présente sous forme de petites plaques. Ne pas le confondre avec le Kalissaya qui se trouve souvent en plaques de couleur jaune d'or. Les quinquinas appartiennent à la sous-famille des Cinchonées du groupe des Rubiacées.

L'Angusture vraie est l'écorce du *Galipæa officinalis* de l'Orénoque, famille des Rutacées. Elle jouit de propriétés toniques et fébrifuges.

Manière d'opérer. — Le quinquina est mis dans une bouteille avec 200 grammes d'alcool. On laisse macérer pendant 48 heures en agitant de temps en temps, puis on ajoute les 1000 grammes de vin, et huit jours après, on filtre au papier Joseph préalablement lavé à l'eau chaude.

Fig. 57 — Petit filtre à pâte d'amiante.

Pour ce genre de filtration, le petit filtre conique «Asbestos» de MM. Brulé et Cie (fig. 57) est très pratique. Il filtre bien sans donner mauvais goût.

La filtration se fait à travers des fibrilles d'amiante purifiée qu'on livre avec l'appareil. On mélange quelques pincées de ce silicate de magnésie et de chaux dans une partie du liquide à clarifier et l'on verse le tout dans l'entonnoir. Les fibrilles d'amiante viennent se feutrer contre une toile métallique fine, en cuivre rouge étamé, et forment ainsi la couche filtrante.

Pour le nettoyage, il suffit de projeter un jet d'eau sur la face opposée de la couche filtrante qui se détache immédiatement ; de la sorte, on opère chaque fois avec un

filtre neuf et la dépense est inférieure à celle qu'occasionne la filtration au papier.

2° Autre formule :

Quinquina Ledjériana finement concassé.　80 gr.
Ecorce d'orange amère . . . .　60 —
Serpentaire de Virginie . . . .　60 —
Alcool vieux à 60°. . . . .　100 —
Vin . . . . 1000 —

L'écorce d'orange amère provient du Bigaradier ou
Oranger amer (Citrus communis). C'est la peau du fruit
découpée en lanières et séchée au soleil.

La racine de la Serpentaire de Virginie (Aristolochia
serpentaria) possède une odeur aromatique camphrée et
une saveur chaude piquante et amère. Son action stimulante et tonique est précieuse contre les fièvres.

Manière d'opérer. — On fait macérer le quinquina,
l'écorce d'orange amère et la serpentaire dans l'alcool,
en ayant soin d'agiter souvent. Après 48 heures, on
ajoute la quantité de vin indiquée. On filtre au bout de
quinze jours.

3° Voici une formule pour préparer, en opérant comme
précédemment, un vin fébrifuge et digestif.

Quinquina Ledjériana. . . .　30 gr.
Quassia amara. . . . . . .　5 —
Rhubarbe. . . . .　2 —

On met à macérer dans un litre de bon vin blanc liquoreux pendant une huitaine de jours en agitant de
temps en temps. Ensuite on filtre.

Pour adoucir les vins trop amers au goût du consommateur, on emploie le sirop de sucre préparé ainsi que
suit :

On place 1 k. 800 de sucre raffiné très blanc cassé en
morceaux dans un plat, un saladier ou une soupière, et
on y verse dessus un litre d'eau bouillante en agitant
jusqu'à complète dissolution. Puis on filtre à la flanelle
ou au papier.

Le bois et l'écorce du Quassia amara de la tribu des

Eusimarubées, famille des Simarubées, possèdent une grande amertume et sont doués de propriétés toniques et apéritives.

4° Le *Vermout* ou le *Muscat à l'élixir de Garus* constitue une boisson délicate très appréciée des dames. On l'obtient avec :

Vermout ou Muscat. . . . . 900 gr.
Élixir de Garus. . . . . 100 gr..
Sucre candi.. . . . . 10 gr.

L'élixir de Garus se prépare avec diverses teintures qui se trouvent dans toutes les pharmacies, ainsi d'ailleurs que l'élixir lui-même.

Voici sa formule pour ceux qui, voulant être bien sûrs de sa composition, préféreront le préparer chez eux :

Teinture de safran . . . . 15 gr.
 — cannelle . . . . 10 gr.
 — girofle.. . . . . 10 gr.
 — muscades. . . . . 10 gr.
 — vanille. . . . . 10 gr.
Alcool à 90°.. . . . . 325 gr.
Eau de fleur d'oranger . . . . . . 100 gr.
Sirop de capillaire . . . . 600 gr.

Manière d'opérer. — On commence par peser très exactement les teintures dans un petit flacon, et on les ajoute aux 325 gram. d'alcool. Ensuite on mêle l'eau de fleur d'oranger au sirop de capillaire, et on verse ce mélange dans l'alcool aromatisé. Naturellement, la possession de l'élixir de Garus dispense de ce travail et donne tout de suite la dose nécessaire à la quantité de vin dont on dispose.

D'autre part, après avoir fait dissoudre 10 grammes de sucre candi dans 900 grammes de vin, on mélange avec l'élixir de Garus et on filtre.

5° Nous avons déjà vu, en parlant du *Vermout,* que le vin d'absinthe était très anciennement connu. Il est inscrit dans les pharmacopées modernes des différentes nations et passe pour tonique et apéritif pris à la dose d'un verre à madère avant le principal repas.

Il en est de l'absinthe comme de toutes choses en ce monde, l'abus engendre les plus funestes effets. Associée à l'alcool qui lui sert de véhicule, on doit la considérer comme une des causes principales du névropathisme moderne!

Nous avons le vif regret de ne point partager les espérances enthousiastes et les rêves généreux de ceux qui, ayant l'illusion facile, ont la noble ambition de lutter contre l'alcoolisme en préconisant l'alcool éthylique, l'alcool pur!

On laisse entendre au public qu'il existe un alcool presque hygiénique. Hélas! pour si éthylique qu'il soit, tout alcool régulièrement consommé mène fatalement à l'alcoolisme.

Nous ne pensons pas que cette odieuse plaie sociale constitue un simple problème de distillerie et de monopole d'État. La question est beaucoup plus haute.

Sans doute les huiles essentielles, les alcools supérieurs inoculés par MM. les physiologistes à de placides lapins ont provoqué des troubles épileptiformes, des contractures abracadabrantes.... mais, sans vouloir faire le moindre rapprochement entre l'homme et le classique rongeur de choux, on peut bien admettre qu'un corps à l'état pur ne se comporte pas dans l'organisme comme un corps à l'état dilué, et qu'il n'est pas indifférent de l'introduire directement dans l'estomac ou dans les veines.

Le vin est excellent, l'alcool est un poison.

Tout se résume en une question de mesure.

Les alcaloïdes les plus nocifs pour l'organisme sont des stimulants — des guérisseurs — précieux lorsqu'on les prend à petite dose. Les médecins ordonnent couramment, à leurs malades, arsenic, strychnine, aconit, etc.

D'ailleurs, si on y regardait d'un peu près, il en serait des poisons comme des microbes — on en trouverait partout.

Le bouillon ! ce produit que la tradition médicale et culinaire entoure d'une respectueuse vénération, renferme cependant des matières albuminoïdes solubles — *les peptones* — capables de tuer à faible dose le lapin ou le cobaye auquel nous les injecterions dans le torrent circulatoire.

L'acide acétique, condiment inoffensif et agréable de nos mets, devient un poison violent quand on l'avale concentré.

La théine, la caféine, ces stimulants dits hygiéniques que nous donnent le thé et le café, sont en réalité des poisons énergiques, et il suffit d'en consommer quelques grammes à la fois pour l'éprouver sur l'heure.

Nous n'en finirions point s'il nous fallait citer tous les exemples et nous oublierions peut-être la formule du vin d'absinthe à laquelle il faut bien revenir pour terminer.

Cette formule est fort simple :

Feuilles sèches d'absinthe	30 gr.
Alcool à 90° rectifié	60 gr.
Vin blanc sec ou doux.	1 litre.

Manière d'opérer. — On coupe finement les feuilles d'absinthe et on les met à macérer pendant 3 ou 4 jours dans l'alcool à 90 degrés. On ajoute alors le vin et on laisse macérer encore pendant une dizaine de jours, en agitant souvent. Ensuite on filtre et le vin d'absinthe est prêt à être consommé.

L'absinthe (*Artemisia absinthium*), cultivée sous le nom de grande absinthe, n'est pas rare dans la région méridionale et tempérée. C'est une plante très odorante, de la famille des Composées. On se sert des feuilles et des sommités fleuries que l'on dessèche et pulvérise. La récolte de l'absinthe a lieu en juillet-août, c'est-à-dire à l'époque de sa floraison.

Le vigneron peut trouver dans la flore de son pays une partie des plantes qui entrent dans la composition de l'extrait de vermout et vouloir les utiliser pour aromatiser un vin au gré de sa fantaisie.

Les tiges et les feuilles seront cueillies au moment favorable et séchées à l'ombre. On obtiendra facilement leur dessiccation en les étendant en couche très mince sur des clayons d'osier recouverts de papier gris, sur des châssis de toile, ou bien encore en les suspendant en bottes aux solives du toit. Le séchoir doit être à une exposition chaude et convenablement aéré.

6° La racine d'une Ménispermée, le Colombo (*Cocculus palmatus*) d'Afrique et de Madagascar, est un puissant tonique de l'appareil digestif. Elle sert à la préparation du *vin de Colombo*, dont voici la formule :

Racine de Colombo en poudre grossière . 30 gr.
Alcool à 60 degrés . . . . 60 —
Sucre candi . . . . 100 —
Vin rouge ou blanc. . . . . 1000 —

Manière d'opérer. — 1° On fait macérer le Colombo dans l'alcool pendant 48 heures.

2° On fait dissoudre le sucre à froid dans le vin et on verse la macération de racine sèche de Colombo dans cette dissolution.

3° On laisse macérer encore pendant huit à dix jours, en agitant souvent ; puis on filtre.

Le vin de *Gentiane* se prépare exactement de la même façon.

La Gentiane jaune ou grande Gentiane (*gentiana lutea*), commune dans les Alpes, possède une racine qui constitue un amer très pur et très intense. On l'emploie comme stomachique, tonique et fébrifuge.

TABLE DES CHAPITRES

TABLE DES VINS

TABLE DES CÉPAGES

En.
Baraf.
Caubrica,
Calorica...

DIVERS

TABLE DES FIGURES

EXPLICATION DES TABLEAUX

ERRATA

Page 26, ligne 29, au lieu de : *Muscat de Frontignan*; lire :
Muscat de Frontignan (1).

Page 53, ligne 29, au lieu de : fûts sixains : bordelaises, etc.;
lire : fûts : sixains, bordelaises, etc.

Page 72, ligne 19, lire : *Exemple :* Un vin titrant 11 o/o
d'alcool, pour l'élever à 15° avec un alcool de 89°,
nous dirons :

Page 119, ligne 22, au lieu de : 61 litres *et 1* décilitre; lire:
61 litres *8* décilitres.

Page 123, ligne 2, au lieu de : *0 gr. 33 ;* lire : *0.000.37.*

Page 153, au lieu de : *Fig. 21 ;* lire : *Fig. 21.— Appareil à
déplacement.*

Page 160, ligne 12, au lieu de : permanganate nécessaire
a—b pour oxyder; lire : permanganate nécessaire
pour oxyder.

Page 160, ligne 28, au lieu de : solution de *la* gélatine ;
lire : solution de gélatine.

Montpellier.— Impr. Serre et Roumégous, rue Vieille-Intendance.

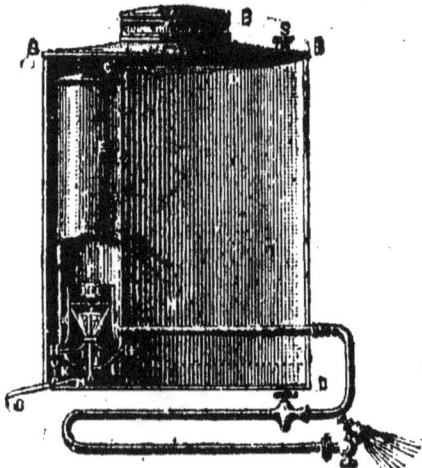

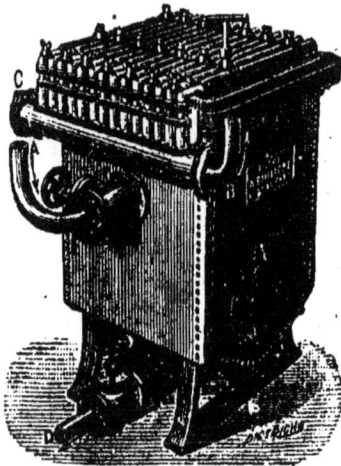

13ᵉ ANNÉE 1896

PARAIT TOUS LES DIMANCHES

LE

ʼROGRÈS AGRICOLE

ET VITICOLE

REVUE D'AGRICULTURE ET DE VITICULTURE

DIRIGÉ PAR **L. DEGRULLY**

Professeur à l'École nationale d'agriculture de Montpellier
Propriétaire-Viticulteur

avec le concours de MM. les Professeurs de l'Ecole d'Agriculture de Montpellier
Présidents de Sociétés agricoles, de Professeurs départementaux d'Agriculture
et d'un grand nombre d'agriculteurs et de viticulteurs

Le **Progrès Agricole** paraît tous les dimanches en un
fascicule cousu et rogné de 24 à 28 pages in-8º raisin et forme,
par an, 2 volumes de 600 à 700 pages chacun.

Le **Progrès agricole** répond **gratuitement** à toutes
les demandes de renseignements de ses lecteurs. — Il fait
ratuitement les **dosages de calcaire** dans les échan-
llons de terre qui lui sont adressés.

Le **Progrès agricole** donne en prime chaque année, à
es lecteurs, des gravures coloriées et des planches en photo-
pie sur des sujets d'actualité.

PRIX DE L'ABONNEMENT

France : Un an, 12 fr. — Recouvré à domicile, 12 fr. 50
Pays de l'Union postale : Un an, 15 francs.

On n'accepte pas d'abonnements pour moins d'un an. Les abonnements partent
du 1ᵉʳ janvier et du 1ᵉʳ juillet de chaque année

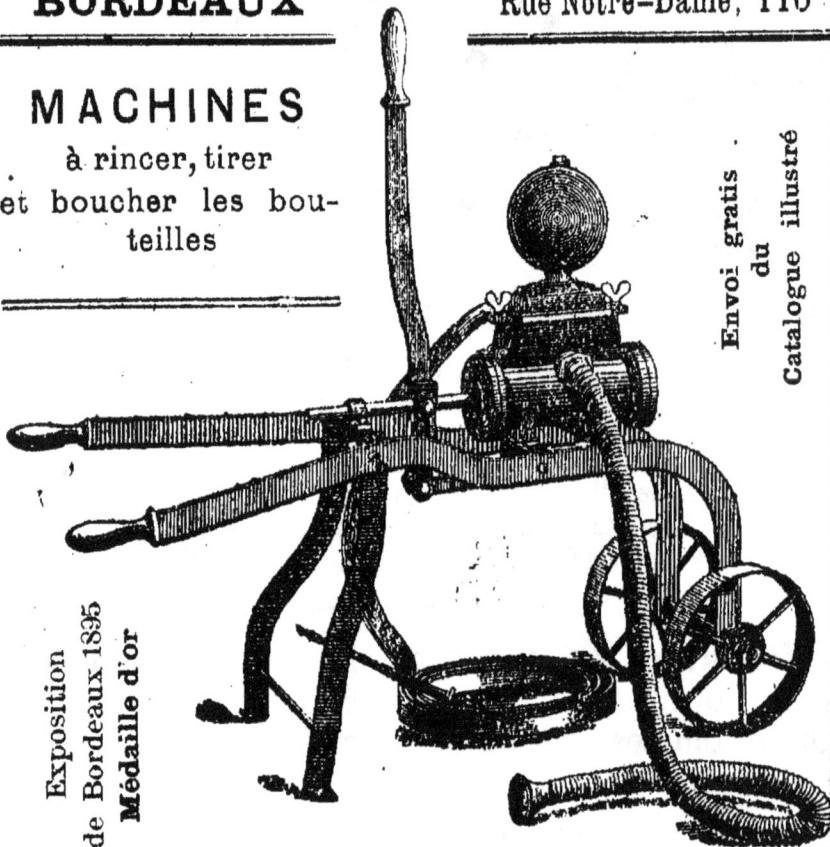

0   1   2   3   4

SERVICE P

5   6   8   9   10

OTOGRAPHIQUE